생각이 필요한 영양화학

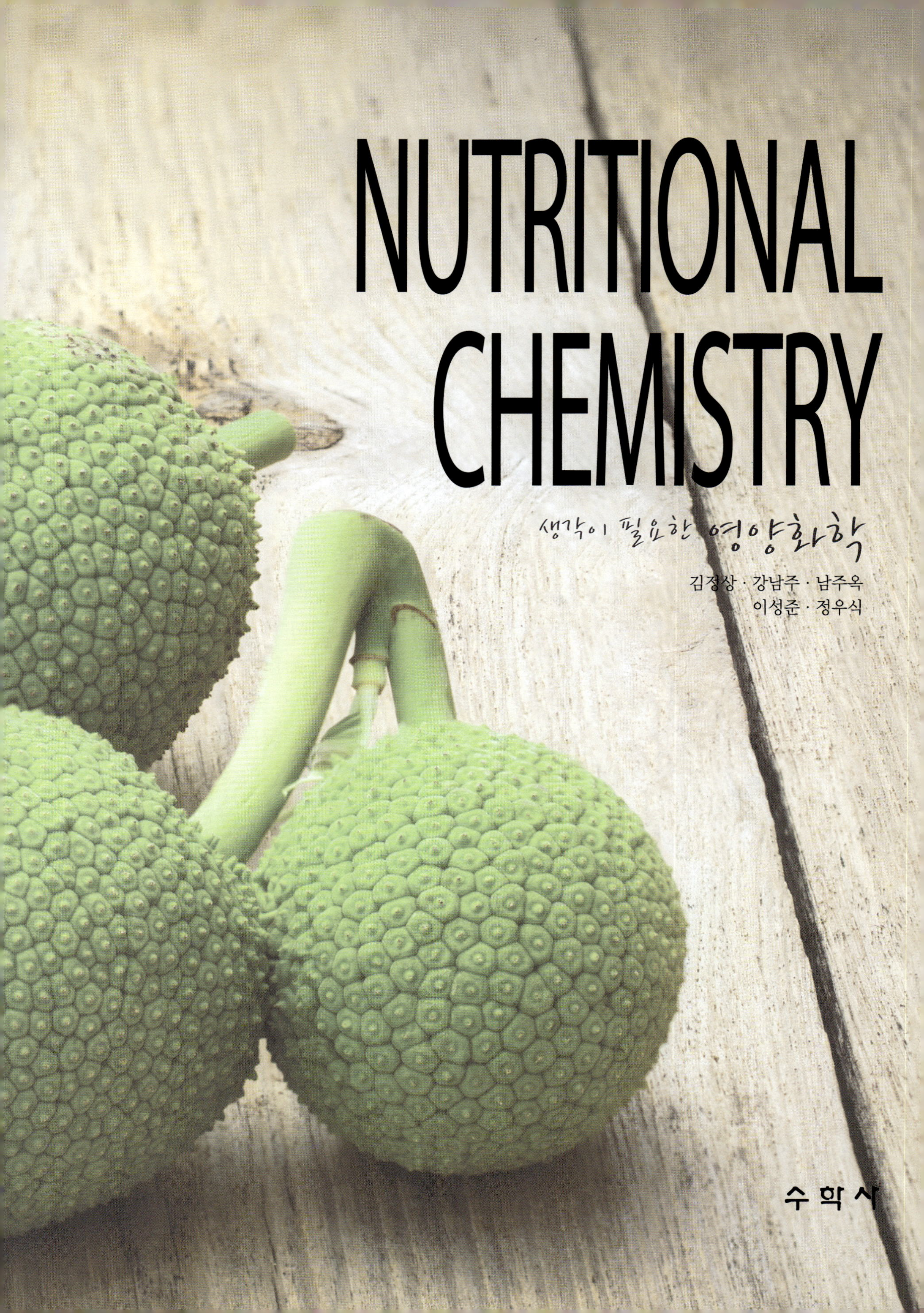

NUTRITIONAL CHEMISTRY

생각이 필요한 영양화학

김정상 · 강남주 · 남주옥
이성준 · 정우식

수학사

머리말

영양학 관련 도서는 많이 출간되어 있지만, 대부분 식품영양학 전공자를 위한 책이지 식품공학을 전공하는 이들을 위하여 쓰인 책은 상대적으로 많지 않다. 이에 『영양화학(Nutritional Chemistry)』은 식품공학도가 꼭 알아야 할 영양학적 지식을 정리하고 이를 가능한 한 쉽게 기술하려고 노력하였다. 그럼에도 영양학이 '생리학'과 '생화학'을 근간으로 형성된 학문이므로 이해하는 데 어려움을 느끼는 독자들이 있을 듯하다. 그런 경우 '생리학'의 소화 관련 부분과 '생화학'의 에너지 대사(energy metabolism) 부분을 참고하면 이해하는 데 도움을 받을 수 있을 것이라 생각한다.

저자가 학부와 석사 과정에서 식품공학을 전공하고 영양학 전공으로 박사 과정에 입학하여 첫 학기 영양학 수업을 들었을 때의 신선한 충격은 오랜 세월이 지난 지금도 잊을 수 없다. 대학을 졸업하고 식품회사에서 근무할 때나 이후 정부출연연구기관에서 연구할 때, 그리고 신제품을 개발하고 식품 가공을 연구하면서 식품의 영양학적 측면에 대하여 진지하게 생각해 본 적이 없었다. 그런데 영양학 과목을 수강하면서 식품이 우리 몸에 들어가 어떻게 소화되고 이용되는지, 영양소가 부족할 경우 우리 몸에 어떤 문제가 생기는지, 특정 영양소가 어떤 종류의 식품에 많이 함유되어 있는지 등을 공부하며 식품 공학도들이 영양학을 반드시 수강해야 할 필요가 있다는 생각을 갖게 되었다.

다행히 최근 건강기능식품 산업 규모가 커지고 건강식품에 대한 사회적 관심이 증가하면서 많은 대학에서 관련 교과목을 개설하고 있다. 건강기능식품학을 잘 이해하기 위해서는 영양학에 대한 지식이 선행되어야 할 것이다. 예를 들어 건강기능식품 가운데 많은 성분이 소화 또는 흡수가 안 되거나 극히 제한적으로만 흡수된다. 영양학 지식이 없는 상태에서는 소화, 흡수는 고려하지 않고 효능만을 보고 연구할 수 있다. 그중 하나가 기능성 펩타이드이다. 펩타이드는 영양학적으로 볼 때 거의 흡수가 안 되는 것으로 알려져 있다. 영양학에 대한 제대로 된 지식이 있었더라면 그러한 연구나 제품은 식품 원료로 개발할 시도조차 하지 않았을 것이다. 이러한 상황을 타개하기 위해 이 책은 식품공학도가 제품을 개발하거나 연구할 때, 적어도 자신이 개발하는 식품이 인체에서 어떻게 이용될 것인지에 대한 대략적인 이해를 갖추도록 디자인하였다.

이 책의 출간에 참여해 주신 집필진과 더불어 자료 정리에 도움을 준 경북대학교 식품공학부 오지선 교수, 박사 과정의 장찬호 군, 임지선 박사, 원고 입력을 열심히 해준 큰딸 에스더에게 감사한 마음을 전한다. 또한 이 책을 출판함에 있어 많은 격려와 도움을 주신 수학사 사장님과 전찬일 부장을 비롯한 직원들에게도 감사를 표한다.

대표 저자 김 정 상

차례

CHAPTER 01 서론

1. 영양소의 종류 14

2. 영양과 건강 14

1) 식생활 지침 14 | 2) 식품구성자전거 16 | 3) 한국인의 영양소 섭취기준 17

3. 영양표시제도 18

CHAPTER 02 탄수화물

1. 탄수화물의 종류와 구조 26

1) 단당류 26 | 2) 이당류 30 | 3) 다당류 32 | 4) 배당체 37

2. 탄수화물의 기능 38

1) 에너지 공급 38 | 2) 단백질 절약 39 | 3) 케톤증 예방 39 | 4) 감미료 39

3. 탄수화물 급원 식품 40

4. 탄수화물 관련 건강 문제 41

1) 당뇨병 41 | 2) 젖당불내증 42 | 3) 충치 42

CHAPTER 03 지질

1. 지질의 분류와 성질 48

1) 지질의 종류와 구조 48

2. 지질의 기능 52

3. 지질의 급원 식품 52

4. 지질 관련 건강 문제 52

1) 필수지방산의 기능 53 | 2) 트랜스지방과 콜레스테롤의 문제 53

CHAPTER 04 단백질

1. 단백질의 분류와 성질 60

1) 단백질의 분류 61 | 2) 단백질의 일반 성질 62 | 3) 아미노산 63
4) 단백질의 구조 69 | 5) 단백질 변성 72

2. 단백질의 기능 72

3. 단백질의 화학적 성질 74

1) 단백질의 종류별 물리화학적 특성 74 | 2) 단백질의 반응 77

4. 단백질의 품질 평가 80

1) 단백질 소화율 보정 아미노산가 81 | 2) 가소화 필수아미노산가 81 | 3) 생물가 81
4) 순단백질 이용률 82 | 5) 단백질의 상호 보완 82 | 6) 아미노산의 불균형 83

5. 단백질 섭취기준 83

1) 질소 균형 83 | 2) 단백질 섭취기준 84

6. 단백질 관련 건강 문제 85

1) 단백질 결핍증 85 | 2) 단백질 과잉증 86 | 3) 알레르기 87

CHAPTER 05 소화와 흡수

1. 소화기관 92

2. 소화 과정 92

1) 입에서의 소화 92 | 2) 위에서의 소화 93 | 3) 소장에서의 소화 94
4) 소화 관련 호르몬 95 | 5) 소화관 운동 96

3. 영양소 흡수 96

1) 영양소 흡수 부위 및 그 메커니즘 96 | 2) 운반 97

CHAPTER 06 에너지 대사

1. 에너지의 개념 102

2. 인체의 에너지 필요량 102

1) 기초대사율 103 | 2) 활동대사량 103 | 3) 식사에 따른 열발생 105
4) 에너지 섭취기준 105

3. 에너지 균형 106

4. 대사작용 107

1) 에너지 생성반응 107 | 2) 합성대사 108 | 3) 당질의 대사 109
4) 지질 대사 121 | 5) 단백질 대사 128

CHAPTER 07 물

1. 체내의 물 분포 138

2. 수분의 기능 139

3. 수분 평형 139

4. 수분 부족 140

CHAPTER 08 다량무기질

1. 다량 원소 148

1) 칼슘 148 | 2) 인 153 | 3) 나트륨 154 | 4) 칼륨 155 | 5) 염소 155
6) 마그네슘 155 | 7) 황 156

CHAPTER 09 미량무기질

1. 철 162

1) 흡수 및 대사 162 | 2) 기능 164 | 3) 급원 식품 164 | 4) 섭취기준 및 영양 건강 문제 165

2. 아연 165

1) 흡수 및 대사 165 | 2) 기능 166 | 3) 급원 식품 167 | 4) 섭취기준 및 영양 건강 문제 167

3. 구리 167

1) 흡수 및 대사 168 | 2) 기능 168 | 3) 급원 식품 168 | 4) 섭취기준 및 영양 건강 문제 169

4. 요오드 169

1) 흡수 및 대사 169 | 2) 기능 169 | 3) 급원 식품 170 | 4) 섭취기준 및 영양 건강 문제 170

5. 셀레늄 171

1) 흡수 및 대사 171 | 2) 기능 171 | 3) 급원 식품 172 | 4) 섭취기준 및 영양 건강 문제 172

6. 플루오린 172

1) 흡수 및 대사 172 | 2) 급원 식품 173

7. 망간 173

8. 몰리브덴 173

9. 크롬 174

CHAPTER 10 지용성 비타민

1. 서론 180

1) 정의 180 | 2) 비타민의 발견 역사 180

2. 비타민의 종류와 특성 181

3. 비타민의 흡수 183

4. 비타민 A 183

1) 비타민 A의 구조와 성질 183 | 2) 비타민 A의 흡수와 대사 185 | 3) 비타민 A의 기능 186
4) 섭취기준과 급원 식품 187 | 5) 영양 건강 문제 188

5. 비타민 D 189

1) 흡수 및 대사 189 | 2) 체내 기능 190 | 3) 급원 식품 191

6. 비타민 E 192

1) 흡수 및 대사 192 | 2) 체내 기능 192 | 3) 영양소 섭취기준 및 실태 193
4) 급원 식품 193 | 5) 영양 건강 문제 194

7. 비타민 K 194

1) 흡수 및 대사 195 | 2) 체내 기능 195 | 3) 영양소 섭취기준 및 실태 196
4) 급원 식품 196 | 5) 기타 196

CHAPTER 11 수용성 비타민

1. 비타민 C 202

1) 흡수 및 대사 202 | 2) 체내 기능 203 | 3) 영양소 섭취기준 및 실태 204
4) 급원 식품 204 | 5) 영양 건강 문제 205

2. 비타민 B_1 206

1) 흡수 및 대사 206 | 2) 체내 기능 207 | 3) 영양소 섭취기준 및 실태 208
4) 급원 식품 208 | 5) 영양 건강 문제 209

3. 비타민 B_2 209

1) 흡수 및 대사 210 | 2) 체내 기능 210 | 3) 영양소 섭취기준 및 실태 211
4) 급원 식품 211 | 5) 영양 건강 문제 212

4. 나이아신 212

1) 흡수 및 대사 213 | 2) 체내 기능 213 | 3) 영양소 섭취기준 및 실태 213
4) 급원 식품 214 | 5) 영양 건강 문제 214

5. 비타민 B_6 214

1) 흡수 및 대사 214 | 2) 체내 기능 215 | 3) 영양소 섭취기준 216
4) 급원 식품 216 | 5) 영양 건강 문제 216

6. 엽산 217

1) 흡수 및 대사 218 | 2) 체내 기능 218 | 3) 영양소 섭취기준 220
4) 급원 식품 220 | 5) 영양 건강 문제 220

7. 비타민 B_{12} 222

1) 흡수 및 대사 223 | 2) 체내 기능 223 | 3) 영양소 섭취기준 225
4) 급원 식품 225 | 5) 영양 건강 문제 225 | 6) 임상적 기능 226

8. 판토텐산 226

1) 흡수 및 대사 226 | 2) 체내 기능 227 | 3) 영양소 섭취기준 227
4) 급원 식품 228 | 5) 영양 건강 문제 228

9. 비오틴 228

1) 흡수 및 대사 229 | 2) 체내 기능 229 | 3) 영양소 섭취기준 230
4) 급원 식품 230 | 5) 영양 건강 문제 230

10. 비타민 유사 화합물 230

1) 리포산 230 | 2) 이노시톨 231 | 3) 카니틴 231 | 4) 콜린 232

부록

1. 2015 한국인 영양소 섭취기준 240
2. 미국인 영양소 섭취 기준(2015) 246
3. 표준주기율표 248
4. SI 단위 접두어 249

연습문제 풀이와 정답 251
찾아보기 259

01

NUTRITIONAL CHEMISTRY

CHAPTER 01

서론

영양소의 종류

영양과 건강

영양표시제도

사람은 음식 섭취를 통하여 살아가는 데 필요한 영양을 얻는다. 만약 적절한 영양 섭취가 이루어지지 않으면 신체 기능이 저하되고 심할 경우에는 결핍증상이 나타난다. 사람이 식품을 섭취하고, 섭취한 식품이 체내에서 이용되는 전반적인 과정을 다루는 학문이 영양학이고, 이 가운데 영양의 화학적 특성과 이용 과정을 화학적 측면에서 살펴보는 학문이 영양화학(nutritional chemistry)이다.

1. 영양소의 종류

인체는 생명현상을 유지하기 위하여 복잡한 화학반응이 끊임없이 일어나고 있는 시스템이며, 이 인체를 구성하고 유지하는 데 필요한 물질은 영양소라고 한다. 보통 영양소는 크게 6종으로 분류하며, 그중 탄수화물, 단백질, 지질은 에너지를 발생할 수 있는 열량소이고 비타민, 무기질, 물 등은 인체 내 화학반응을 직간접적으로 조절하는 비열량소이다.

2. 영양과 건강

건강은 신체의 모든 부위가 정상적으로 기능하며 육체적으로 질병이 없고 정신적, 사회적으로 쾌적한 상태를 의미한다. 신체 내 영양 상태는 적절, 잠재적 영양 불균형, 영양 불균형 등으로 나눌 수 있으며, 최근에는 영양 결핍과 더불어 영양 과잉이 건강 문제로 대두되고 있다.

최근 실시한 역학조사 결과, 부적절한 식생활로 인한 만성질환의 발병률과 그에 따른 사망률이 크게 증가하는 것으로 나타났다. 예를 들어 육류, 고지방, 고콜레스테롤 식품의 섭취와 관련이 깊은 암, 심혈관 질환, 뇌혈관 질환이 3대 사망 원인으로 보고되어 있다(그림 1-1).

1) 식생활 지침

이러한 만성질환을 예방하고 건강을 유지하기 위해 세계보건기구(WHO)가 제시한 5가지 주요 식이 지침은 다음과 같다.

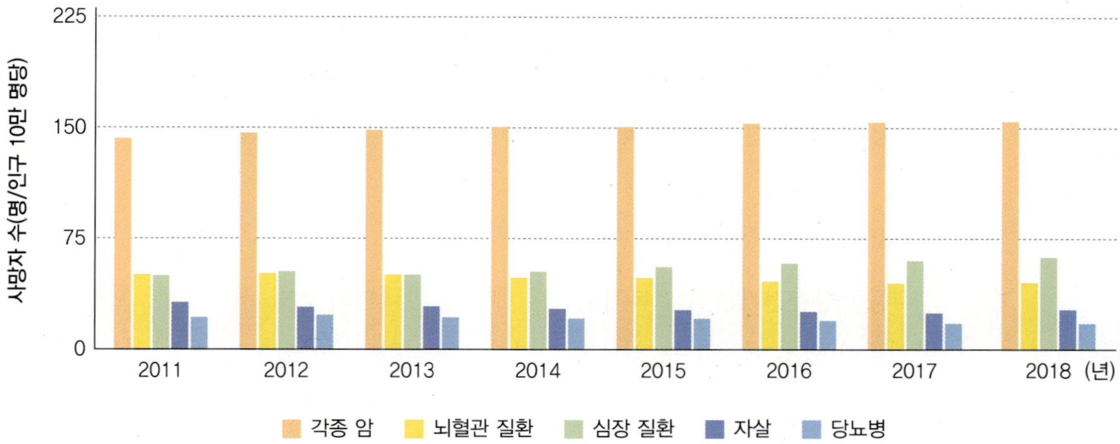

그림 1-1 **주요 사망 원인별 사망률 변화**
자료 : 통계청, 사망 원인 통계, 2019

① 생후 6개월 이상 모유 수유

② 다양한 식품을 골고루 섭취할 것

③ 과일, 채소류를 풍부하게 섭취할 것

④ 지방, 기름 섭취를 절제할 것

⑤ 소금, 설탕 섭취를 줄일 것

우리나라도 보건복지부에서 "한국인을 위한 식생활 지침"을 제시하였다.

① 각 식품군을 골고루 먹자

② 활동량을 늘리고 건강체중을 유지하자

③ 청결한 음식을 알맞게 먹자

④ 짠 음식을 피하고 싱겁게 먹자

⑤ 지방이 많은 고기나 튀긴 음식을 적게 먹자

⑥ 음주를 절제하자

미국 농무성(USDA)에서도 최근 미국인을 위한 식사 가이드라인을 발표하였다.

① 건강한 식생활 패턴을 따를 것

② 다양한 영양소를 선택하여 섭취하되 영양소 밀도, 영양소 함량을 고려할 것

③ 설탕, 포화지방, 소금 섭취를 제한할 것

④ 보다 건강 지향적 식품과 음료를 선택할 것

⑤ 가정, 지역사회, 기관 등 모든 영역에서 건강한 식생활 패턴을 지지할 것

2) 식품구성자전거

식품구성자전거는 보건복지부에서 제시한 한국인의 식품 섭취 권장 모형으로, 일반인들이 쉽게 이해할 수 있도록 이미지로 제작하였다(그림 1-2). 이는 식품군별 균형 잡힌 식사와 충분한 수분 섭취, 적절한 신체활동을 통하여 국민건강 유지 및 개선을 목표로 한다.

식품구성자전거에 의하면 고기나 생선, 달걀, 콩류는 매일 3~4회, 나물, 생채, 쌈 등 채소류는 매 끼니 2가지 이상 섭취할 것을 각각 권장한다. 과일류는 매일 1~2개를 먹는 것이 건강에 도움이 된다. 곡류 섭취는 매일 2~4회 정도 하는 것이 바람직하나, 곡류를 통해 얻는 탄수화물의 경우 50대 이상 중장년층에서 섭취량이 많은 편이므로 조정이 필요하다. 보건복지부에 따르면 한국인의 탄수화물 섭취량은 대부분 연령대에서 에너지 적정 비율(총에너지 섭취량 대비 탄수화물 영양소의 적정 섭취 범위)을 유지했지만, 50대 이상은 적정선을 넘는 것으로 보고되었다.

우유(유제품류 포함)는 매일 1~2잔가량 마시는 것이 권장된다. 2018년 제7기 국민건

그림 1-2 2015 식품구성자전거

자료 : 보건복지부·한국영양학회, 2015 한국인 영양소 섭취기준, 2015

강영양조사 결과에 의하면 우유 안에 많이 들어 있는 칼슘의 섭취량은 5세 이하를 제외한 모든 연령대에서 권장량에 미치지 못하였다.

3) 한국인의 영양소 섭취기준

영양소 섭취기준(dietary reference intakes, DRIs)은 건강한 개인 및 집단이 건강을 증진하고 생활습관 질환을 예방하여 최적의 건강 상태를 유지하는 데 필요한 영양소 섭취량의 기준이다. 영양소 섭취기준 설정의 목적은 영양소 섭취 부족과 과다 섭취로 인한 건강상의 위해를 예방하는 데 있으며 이를 위한 4가지 지표가 있다(그림 1-3).

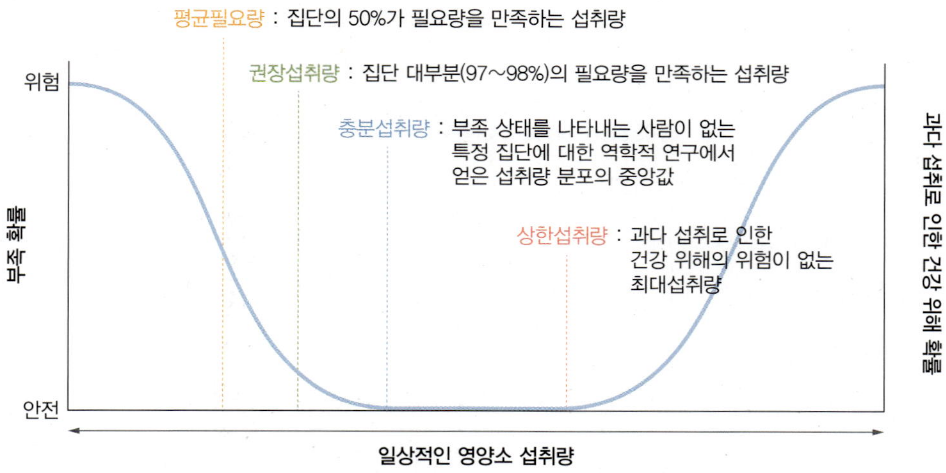

그림 1-3 2015 한국인의 영양소 섭취기준

자료 : 보건복지부·한국영양학회, 2015 한국인 영양소 섭취기준, 2015

① 평균필요량

평균필요량(estimated average requirements, EAR)은 건강한 사람들의 하루 영양소 필요량의 중앙값으로부터 산출한다. 영양소 섭취 부족을 예방하기 위한 지표인 평균필요량은 개인의 경우에는 해당 영양소가 부족할 확률이 50%, 집단의 경우에는 대상자 절반에서 해당 영양소의 영양 부족이 발생하는 섭취량 수준이다. 따라서 집단의 경우 섭취가 부족한 사람을 줄이기 위해서는 평균섭취량보다 적게 섭취하는 사람의 비율을 가능한 한 줄여야 한다.

② 권장섭취량

권장섭취량(recommended dietary allowances, RDA)은 인구집단의 건강한 대부분 사람(약 97.5%)의 영양소 필요량을 충족시키는 섭취 수준이다. 다음과 같은 식에 의해 계산할 수 있다.

$$권장섭취량 = 평균필요량 + 2 \times (표준편차\ 또는\ 변이계수)$$

권장섭취량은 영양소 섭취 부족을 예방하기 위한 지표로, 개인의 경우는 해당 영양소가 부족할 확률이 거의 없도록 설정한 섭취량이다. 그러나 집단의 경우 영양소 섭취량의 평균값이 권장섭취량과 동일하다고 해도 해당 영양소 섭취량이 부족할 확률에 포함될 대상자가 어느 정도(이론상으로는 2.5%)는 존재한다.

③ 충분섭취량

영양소 섭취 부족을 예방하기 위한 지표 중 하나인 충분섭취량(adequate intake, AI)은 섭취를 충족하고 있다고 판단되는 건강한 사람들을 대상으로 해당 영양소의 일상 섭취량을 조사한 다음 섭취량 분포의 중앙값을 구한 것이다. 따라서 충분섭취량에 근접하게 섭취한다면 적절한 섭취 상태라고 판단할 수 있다.

④ 상한섭취량

상한섭취량(tolerable upper intake levels, UL)은 영양소의 과다 섭취를 예방하기 위한 지표로, 이 값을 초과하여 섭취하면 과다 섭취로 인한 건강 위해가 일어날 수 있다. 섭취량이 상한섭취량을 넘어 계속적으로 증가할수록 건강이 침해될 확률은 증가한다.

3. 영양표시제도

영양표시제는 국가가 식품 생산자나 판매자에게 가공식품의 영양적 특성을 일정한 기준과 방법에 따라 표시하도록 명령하고 이를 관리하는 제도이다. 이 제도를 통해 제품에 대한 허위 및 과대 광고로부터 소비자를 보호하고, 합리적 선택을 유도할 수 있다. 우리나라는 1995년 영양표시제도가 도입되었으며, 영양성분을 표시해야 하는 식품의 종류는 다음과 같다(2015. 08 기준).

① 장기보존식품(레토르트 식품만 해당)

② 과자류 중 과자, 캔디류 및 빙과류

③ 빵류 및 만두류

④ 초콜릿류 및 코코아 가공품류

⑤ 잼류

⑥ 식용유지류(동물성 유지, 식용유지 가공품 중 모조치즈, 식물성 크림, 기타 식용유지 가공품은 제외)

⑦ 면류

⑧ 음료류(다류와 커피류 중 볶은 커피 및 인스턴트커피는 제외)

⑨ 특수용도식품

⑩ 어육 가공품 중 어육소시지

⑪ 즉석 섭취·편의 식품류 중 즉석 섭취 식품 및 즉석 조리 식품

⑫ 장류(한식 메주, 한식 된장, 청국장 및 한식 메주를 이용한 한식 간장은 제외)

⑬ 시리얼류

⑭ 유가공품 중 우유류·가공유류·발효유류·분유류·치즈류

⑮ 식육가공품 중 햄류, 소시지류

⑯ 건강기능식품

⑰ ①부터 ⑯까지의 규정에 해당되지 않는 식품 및 축산물로서 영업자가 스스로 영양표시를 하는 식품 및 축산물

〔*코코아 가공품류, 시리얼류, 즉석 섭취 식품(김밥, 햄버거, 샌드위치 이외의 즉석 섭취 식품) 및 즉석 조리 식품은 2021. 3. 14. 시행〕

한편 표시 대상 성분은 열량, 탄수화물, 당류, 단백질, 지방(포화지방, 트랜스지방), 콜레스테롤, 나트륨, 그 밖에 강조표시를 하고자 하는 1일 영양성분 기준치에 명시된

TIP 영양 강조표시

어떤 제품이 다른 제품에 비하여 특별한 영양적 특성을 가질 때 이를 직간접적으로 표시하는 것으로 두 종류가 있다. "영양성분 함량 강조표시"는 '무OO', '저OO', '고OO', 'OO 함유' 등의 표현을 사용하며, "영양성분 비교 강조표시"는 '덜', '더', '감소 또는 라이트', '강화', '첨가'라는 용어를 사용하여 제품에 함유된 영양성분을 강조한다.

영양성분으로 이에 대해서 표시할 수 있도록 규정하고 있다.

영양 강조표시제도는 '무지방', '저칼로리', '비타민 C 첨가', '칼슘 강화' 등과 같이 영양성분표를 읽지 않고도 제품에 함유된 영양소의 수준을 특정한 용어를 사용

표 1-1 영양성분 함량 강조표시의 세부 기준

영양성분	강조표시	표시 조건
열량	저	식품 100 g당 40 kcal 미만 또는 식품 100 mL당 20 kcal 미만일 때
	무	식품 100 mL당 4 kcal 미만일 때
지방	저	식품 100 g당 3 g 미만 또는 식품 100 mL당 1.5 g 미만일 때
	무	식품 100 g당 또는 식품 100 mL당 0.5 g 미만일 때
포화지방	저	식품 100 g당 1.5 g 미만 또는 식품 100 mL당 0.75 g 미만이고 열량의 10% 미만일 때
	무	식품 100 g당 0.1 g 미만 또는 식품 100 mL당 0.1 g 미만일 때
트랜스지방	저	식품 100 g당 0.5 g 미만일 때
콜레스테롤	저	식품 100 g당 20 mg 미만 또는 식품 100 mL당 10 mg 미만이고, 포화지방이 식품 100 g당 1.5 g 미만 또는 식품 100 mL 0.75 g 미만이며, 포화지방이 열량의 10% 미만일 때
	무	식품 100 g당 5 mg 미만 또는 식품 100 mL당 5 mg 미만이고, 포화지방이 식품 100 g당 1.5 g 또는 식품 100 mL 0.75 g 미만이며, 포화지방이 열량의 10% 미만일 때
당류	저	식품 100 g당 5 g 미만 또는 식품 100 mL당 2.5 g 미만일 때
	무	식품 100 g당 또는 식품 100 mL당 0.5 g 미만일 때
나트륨/소금(염)	저	식품 100 g당 120 mg 미만일 때 *소금(염)은 식품 100 g당 305 mg 미만일 때
	무	식품 100 g당 5 mg 미만일 때 *소금(염)은 식품 100 g당 13 mg 미만일 때
식이섬유	함유 또는 급원	식품 100 g당 3 g 이상 또는 식품 100 kcal당 1.5 g 이상일 때 또는 1회 섭취 참고량당 1일 영양성분 기준치의 10% 이상일 때
	고 또는 풍부	함유 또는 급원 기준의 2배
단백질	함유 또는 급원	식품 100 g당 1일 영양성분 기준치의 10% 이상, 식품 100 mL당 1일 영양성분 기준치의 5% 이상, 식품 100 kcal당 1일 영양성분 기준치의 5% 이상일 때 또는 1회 섭취 참고량당 1일 영양성분 기준치의 10% 이상일 때
	고 또는 풍부	함유 또는 급원 기준의 2배
비타민 또는 무기질	함유 또는 급원	식품 100 g당 1일 영양성분 기준치의 15% 이상, 식품 100 mL당 1일 영양성분 기준치의 7.5% 이상, 식품 100 kcal당 1일 영양성분 기준치의 5% 이상일 때 또는 1회 섭취 참고량당 1일 영양성분 기준치의 15% 이상일 때
	고 또는 풍부	함유 또는 급원 기준의 2배

자료 : 식품의약품안전처, 한눈에 보는 영양표시 가이드라인, 2019.

하여 표시하기도 한다. 제품의 영양적 가치를 '저', '무', '고(또는 풍부)', '함유(또는 급원)' 등의 용어로 강조표시를 하기 위해서는 정부가 정한 용어와 해당 기준을 따라야 한다(표 1-1). 원래 그 식품에 해당 영양소가 전혀 들어 있지 않은 식품(예를 들면 식물성 식용유에 '무콜레스테롤'의 표기)의 강조표시는 소비자가 오인, 혼동하는 표시로 간주하므로 표시해서는 안 된다. 콜레스테롤은 동물성 식품에만 들어 있으며 모든 식물성 식용유는 콜레스테롤을 함유하지 않기 때문이다.

단원정리

1. 세계보건기구(WHO)에 의하면 건강이란 단순히 질병이나 병약함이 없는 상태가 아니라 신체적, 정신적, 그리고 사회적으로 안녕한 상태를 말하며, 신체적으로 건강한 상태를 유지하려면 적절하고 충분한 영양소의 섭취가 필요하다.

2. 영양이란 우리 신체가 외부로부터 영양소를 섭취하여 소화, 흡수, 그리고 대사함으로써 신체의 각 부위가 정상적으로 기능을 하여 생명활동을 유지하고 신체활동을 가능케 하는 과정이다.

3. 신체를 구성하고 필요한 에너지를 공급하는 탄수화물(4 kcal/g), 지질(9 kcal/g), 단백질(4 kcal/g)과 신체의 생리활동을 조절하는 물, 무기질, 비타민 등이 영양소에 해당된다.

4. 적절하고 충분한 영양소의 섭취가 이루어지지 않으면 영양 결핍, 영양 과잉 및 영양 불균형과 같은 영양 불량 상태를 야기하여 건강문제가 유발될 수 있으므로, 건강을 지키기 위해서는 영양 상태를 평가함으로써 각 개인에게 필요한 적당한 양을 섭취하는 바람직한 식생활을 해야 한다.

5. 식사 구성안은 영양 권장량과 에너지 요구량을 토대로 영양소 섭취기준에 가까운 식사가 제공될 수 있도록 여섯 가지 식품군별 대표 식품과 섭취횟수를 제시하기 위해 고안된 것이다. 성별 및 연령에 따른 필요섭취량을 고려하여야 균형 잡힌 식단을 작성할 수 있다.

6. 여섯 가지 식품군은 ① 곡류(300 kcal), ② 고기·생선·달걀, 콩류(100 kcal), ③ 채소류(15 kcal), ④ 과일류(50 kcal), ⑤ 우유·유제품류(125 kcal), ⑥ 유지·당류(45 kcal)이며, 식품구성자전거 모형에는 각 식품군의 대표 식품 및 섭취횟수 등이 표기되어 있다.

7. 1995년에 도입된 우리나라의 영양표시제도는 가공식품의 영양적 특성을 소비자에게 전달하여 건강에 나은 제품을 선택할 수 있도록 돕는 제도이다. 현재 영양표시제도에는 제품의 일정량에 함유된 영양성분 정보를 표시하는 영양성분표와, 제품의 영양소 함량 또는 기능을 강조표시하는 영양 강조표시가 있다.

연습문제

1 영양에 대한 정의와 건강과의 연관성을 서술하시오.

2 여섯 가지 식품군과 영양소의 섭취기준이 되는 요소를 서술하시오.

참고문헌

문수재·김혜경·홍순명·이경혜·이명희·이영미·이경자·안경미·이민준·김정연·김정현, 알기 쉬운 영양학, 수학사, 2016.

보건복지부·한국영양학회. 2015 한국인 영양소 섭취기준, 2016.

식품의약품안전처, 한눈에 보는 영양표시 가이드라인, 2019.

이현기, 증보 영양화학, 수학사, 2004.

Carol Byrd-Bredbenner·Gaile Moe·Jacqueline Berning·Danita Kelley, 김미경·왕수경·신동순·권오란·박윤정 옮김, 생활 속의 영양학(3판), 라이프사이언스, 2016.

허채옥·권순형·김은미·원선임·박용순·박진희·김상연·정경아·김은영·박유신, 기초영양학, 수학사, 2016.

Dietary Guidelines for Americans 2015-2020, eighth edition, USDA, 2015.

WHO, https://www.who.int/nutrition/topics/5keys_healthydiet/en/, 2018.

02

NUTRITIONAL CHEMISTRY

CHAPTER 02

탄수화물

종류와 구조

기능

급원 식품

관련 건강 문제

1. 탄수화물의 종류와 구조

탄수화물의 분자식 중에 −CHO 또는 −C=O를 한 개 갖고 있는 당질을 단당류(monosaccharide), 단당류가 2개 결합된 것을 이당류(disaccharide), 3~10개가 축합(condensation)되어 이루어진 것을 올리고당(oligosaccharide), 10개 이상의 단당류로 구성된 당질을 다당류(polysaccharide)라고 한다(표 2-1). 그리고 당질이 산화, 환원, 치환되어 생긴 화합물이나 에스터(ester) 등도 총칭하여 당질이라 하는데, 이들은 식물의 광합성에 의해 물에서 얻은 이산화탄소(CO_2)를 환원하여 만들어 낸 화합물이다.

생체는 당질 중의 수소가 산소와 결합하여 물 분자를 구성할 때 생기는 막대한 에너지를 유효하게 이용하여 생명을 유지하고 활동 에너지원으로 사용한다.

이와 같이 당질은 생체에서 가장 중요한 에너지원이며 격렬한 운동을 할 때면 주로 저장된 당질이 분해되어 필요한 열량을 공급한다.

표 2-1 탄수화물의 종류

분류	종류
단당류(monosaccharides)	포도당(glucose), 과당(fructose), 갈락토스(galactose), 만노스(mannose), 리보스(ribose), 자일로스(xylose)
이당류(disaccharides)	엿당(maltose), 설탕(sucrose), 젖당(lactose)
올리고당(oligosaccharides)	라피노스(raffinose), 스타키오스(stachyose), 베바스코스(verbascose)
다당류(polysaccharides)	전분(starch), 글리코겐(glycogen), 셀룰로스(cellulose)

1) 단당류

단당류는 $C_nH_{2n}O_n$의 일반식을 가지는 당으로 포도당(glucose), 과당(fructose), 갈락토스(galactose), 만노스(mannose) 등이 대표적 당류이다. 또한 단당류에 포함된 탄소의 개수에 따라 2탄당, 3탄당, 4탄당, 5탄당, 6탄당 등으로 나뉜다(그림 2-1).

(1) 3탄당

3탄당〔triose, $C_3(H_2O)_3$〕은 자연계에는 거의 존재하지 않고 6탄당 대사의 중간 생성물로 근육 또는 효모 중에 존재하는 가장 단순한 당이다. 이에 속하는 것으로 글리세르알데하이드(glyceraldehyde), 다이하이드록시아세톤(dihydroxyacetone) 등이 있다.

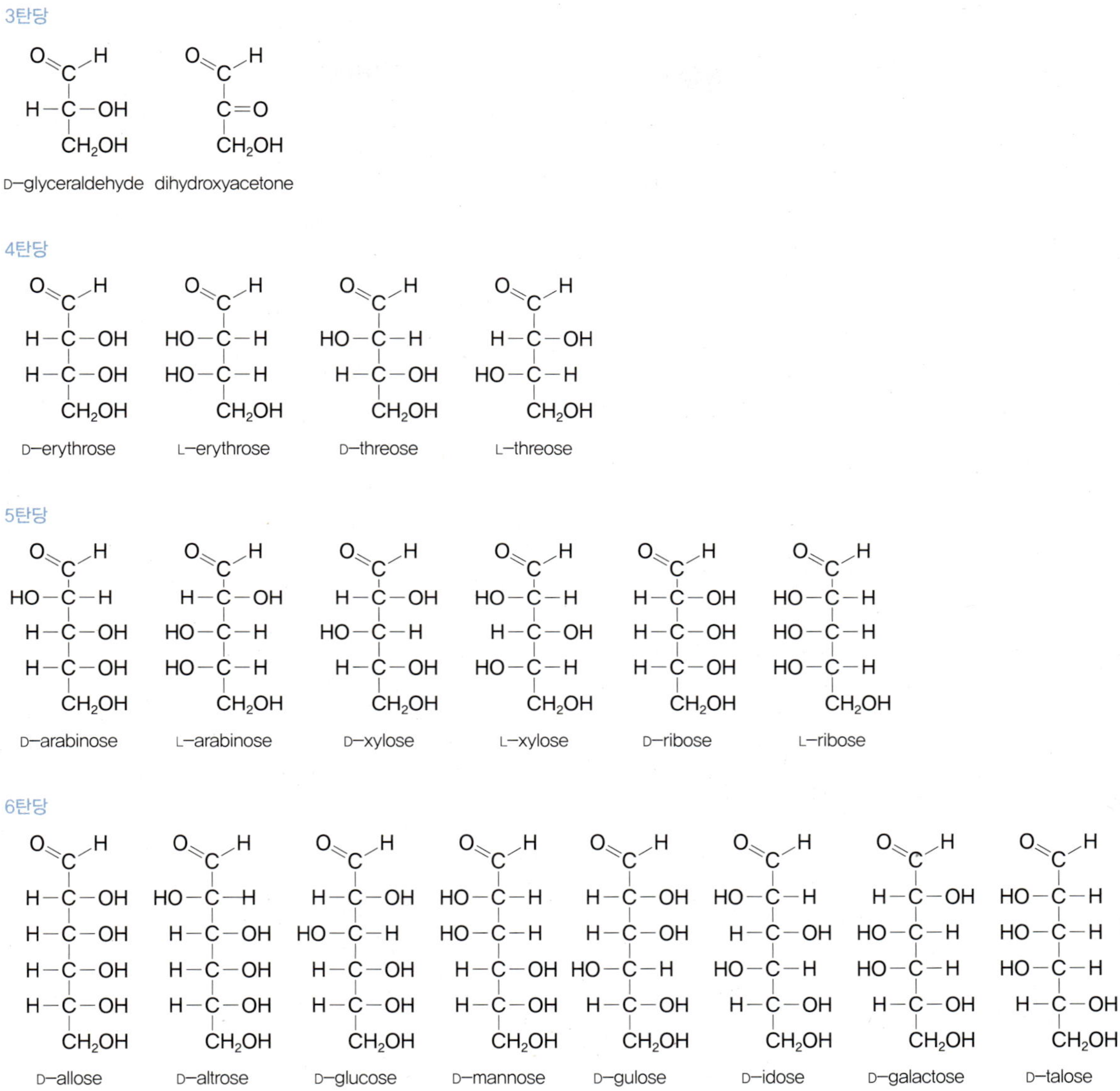

그림 2-1 3탄당, 4탄당, 5탄당, 6탄당의 종류

(2) 4탄당

자연계에 존재하는 대표적인 4탄당[tetrose, $C_4(H_2O)_4$]으로는 에리트로스(erythrose), 트레오스(threose)가 있다.

(3) 5탄당

대표적인 5탄당〔pentose, $C_5(H_2O)_5$〕으로는 아라비노스(arabinose), 자일로스(xylose), 리보스(ribose)가 있으며, 이 중 리보스와 데옥시리보스(deoxyribose)는 유전 정보를 갖고 있는 DNA, RNA와 에너지 대사에 관여하는 adenosine triphosphate (ATP), adenosine diphosphate (ADP) 등의 구성 성분으로 대단히 중요한 당이다.

(4) 6탄당

6탄당〔hexose, $C_6(H_2O)_6$〕은 자연계에 가장 많이 존재하는 당으로 여러 종류가 있으나 영양학적으로 중요한 것으로는 포도당, 과당, 갈락토스, 만노스 등을 꼽을 수 있다.

① 포도당

포도당(glucose, $C_6H_{12}O_6$)은 덱스트로스(dextrose)라고도 하며 영양 및 생리적으로 매우 중요한 당이다. 포도당은 식물의 광합성 과정에서 만들어지며, 전분, 섬유소(cellulose), 글리코겐의 구성당이다. 모든 생명체 내에서 대사되어 에너지를 발생하는 가장 중요한 에너지 공급원이다. 식물 가운데 과일이나 그 즙액에 많이 함유되어 있고, 특히 포도에 다량 함유되어 있다. 사람의 혈액에도 공복 시 약 0.1% 존재한다.

② 과당

과당(fructose, $C_6H_{12}O_6$)은 과실에 다량 함유되어 있으며, 'fruit sugar' 또는 'levulose'라고도 한다. 포도당과 결합하여 설탕(cane sugar; sucrose)으로, 또는 이눌린(inulin; fructan)으로 달리아나 뚱딴지 등의 뿌리에 들어 있다. 수용액을 가열하면 감미가 적은 α형이 많아지고, 냉각하면 감미가 강한 β형이 많아진다. 천연 당류 가운데 감미도가 가장 강하다.

③ 갈락토스

갈락토스(galactose, $C_6H_{12}O_6$)는 포도당과 결합하여 젖당(lactose)을 형성하며, 한천에는 갈락탄(galactan)으로 존재하고 뇌신경 조직의 구성 성분인 세레브로사이드(cerebroside)에도 존재한다. 수유기에는 모체의 혈액에 존재하는 포도당이 젖샘(mammary gland)에서 변화를 일으켜 그 절반 정도의 양이 갈락토스로 젖당화하여 분비된다.

④ 만노스

만노스(mannose, $C_6H_{12}O_6$)는 만난(mannan)의 형태로 식물의 종자, 커피, 대추 등에 들어 있다. 또 오브알부민(ovalbumin), 락트알부민(lactalbumin) 등의 당단백질 구성 성분을 이룬다. 최근 연구에 따르면 만노스는 암세포의 포도당 대사를 방해함으로써 항암 효과를 나타내는 것으로 알려졌다.

⑤ 6탄당 유도체

6탄당 유도체에는 당알코올, 황 함유 당, 우론산(uronic acid), 알돈산(aldonic acid), 아미노당(amino sugar)과 6탄당 인산에스터 등이 있다.

당알코올　단당류 분자 중의 알데하이드기(-CHO)가 환원되어 생긴 물질로, 수용성이며 단맛을 가지고 있다. 솔비톨, 만니톨, 이노시톨 등이 이에 속한다.

- 솔비톨(sorbitol) : 과실에 함유되어 있으며 포도당을 환원하여 인공적으로 만들기도 하며, 감미료와 설사제 등으로도 쓰인다.
- 만니톨(mannitol) : 만노스가 환원한 형태로 식물의 잎, 줄기, 뿌리, 껍질, 그리고 해조류, 버섯류, 균류, 그 외 미생물에 함유되어 있고 식물이 부패할 때 생기는 점질물 중에도 존재한다. 당뇨 환자용 감미료로 사용한다.
- 이노시톨(inositol) : 고리 모양의 당알코올이며 여러 종류의 이성질체가 존재한다. 그중 메조-이노시톨(meso-inositol)이 가장 많은데 이것은 근육당이라고도 하며 심장 근육이나 소변 중에 존재한다. 콩류, 포도, 호두, 아스파라거스 등의 잎에 함유되어 있으며 균류에도 포함되어 있다.
- 피트산(phytic acid) : 메조-이노시톨의 6인산 에스터(ester)로 쌀의 겨층에 많이 존재한다. 또 칼슘이나 마그네슘의 염으로 존재하기도 한다.

황 함유 당(유황당)　OH의 O 원자 대신 S 원자가 치환된 것으로, 싸이오글리코사이드(thioglycosides)는 그 일종이며, 무의 매운맛 성분인 시니그린(sinigrin)도 여기에 속한다.

우론산(uronic acid), 알돈산(aldonic acid)　당 분자 중의 제1 알코올이 카복실 라디칼(carboxyl radical)로 산화한 알데하이드산을 우론산(uronic acid)이라 한다.

- 갈락투론산(α-D-galacturonic acid) : 과즙 중에 있는 펙틴(pectin)의 성분이며 메틸 에스터로 함유되어 있다. 이외에 사포닌(saponin) 배당체의 당 성분으로 분포

되어 있는 β-D-글루쿠론산(β-D-glucuronic acid), 해조류에 함유되어 있는 만누론산(α-D-mannuronic acid) 등이 있다.

- 알도스(aldose)를 약하게 산화하면 알데하이드기(-CHO)가 산화되어 알돈산(aldonic acid)이 된다. 글루콘산(D-gluconic acid)이 그 대표적 예이다. 또한 포도당의 C_1과 C_6가 카복실기로 치환된 분자는 글루카르산(glucaric acid)이다.

아미노당 당 분자 C_2번의 수산기(-OH) 대신 아미노기($-NH_2$)가 치환된 것으로, 새우, 게 등의 껍질에 들어 있는 키틴(chitin)이 가수분해될 때 생기는 아세틸글루코사민(*N*-acetylglucosamine), 연골이나 힘줄(tendon) 등에 황산염으로 존재하는 갈락토사민(D-galactosamine) 등이 이 부류에 속한다.

2) 이당류

이당류는 두 분자의 단당류가 물 한 분자를 잃고 축합된 것으로 그 일반식은 다음과 같다.

$$2\,C_6H_{12}O_6 - H_2O \longrightarrow C_{12}H_{22}O_{11}$$

결합하는 6탄당의 종류에 따라 여러 종류의 이당류가 생성되나 그중 중요한 것은 설탕, 엿당, 젖당의 세 종류이다.

(1) 설탕(자당)

수크로스(설탕, 자당, sucrose)는 식물계에 널리 분포되어 있으며 특히 사탕수수(sugar cane)의 줄기와 사탕무(sugar beet)의 뿌리에 많이 들어 있으므로 주로 이들로부터 얻는다. 설탕(saccharose) 또는 사탕수수 설탕(cane sugar)이라고도 한다.

순수한 것은 160℃ 이상에서 분해되어 캐러멜(caramel)을 생성한다. 수용액은 우선성을 나타내며, 산 또는 사카라제(saccharase)에 의해 가수분해되어 포도당(α-D-glucose)과 과당(β-D-fructose)이 된다. 이때 과당의 좌선성이 포도당의 우선성보다 크므로 전체는 좌선성으로 된다. 즉, 선광성이 우측에서 좌측으로 옮기므로 이 변화를 전화(inversion)라고 한다. 이때 생성된 포도당과 과당의 혼합물을 전화당(invert sugar)이라 하며, 감미는 처음의 설탕보다 약간 더 달다. 설탕을 가수분해하는 효소를 전화효소(invertase) 또는 수크라제(sucrase)라고 하며 효모나 소화효소 중에 함유되어 있다.

설탕의 구조는 포도당과 과당이 서로 결합할 때 환원성 말단이 없어지게 되어 비환원당(nonreducing sugar)이 되며, 따라서 펠링 용액(Fehling's solution)을 환원시키지 못한다.

(2) 엿당(맥아당)

천연물 중에는 거의 존재하지 않으나 전분을 효소(amylase 또는 diastase)로 가수분해시킬 때 생성된다. 엿당(맥아당, maltose)은 포도당 두 분자로 구성되어 있으므로 환원성과 변광회전(mutarotation) 특성이 있다. 엿당은 소장 점막에서 분비되는 말타아제(maltase)에 의하여 쉽게 포도당으로 분해되므로 소화 흡수가 잘 된다.

(3) 젖당(유당)

포유동물의 유즙에는 항상 젖당(유당, lactose)이 존재하며 토끼 젖에는 2%, 코끼리 젖에 7.5%, 우유에 ~4.8%, 모유에 ~7% 함유되어 있다. 환원성은 있으나 감미가 적고, 치즈 제조 시 부산물로 다량 생산된다.

젖당은 한 분자의 포도당과 갈락토스가 β-1,4 결합으로 이루어져 있다. 젖당은 유아기에는 락타아제(lactase)에 의해서 분해되어 단당류로 전환된 후 용이하게 흡수되나, 성인이 되면서 락타아제 활성이 소실되어 젖당을 분해하지 못하는 젖당불내증(lactose intolerance)이 나타나는 경우가 많다. 젖당불내증이 있는 사람은 젖당이 함

펠링 용액(Fehling's solution)

강한 염기성의 산화력이 높은 용액으로 푸른색을 띤다. 알데하이드기의 환원성을 이용해 알데하이드기나 환원당 검출에 쓰는 시약이다. 1849년 독일의 H. 펠링(Hermann von Fehling)이 고안하여 그의 이름을 붙였다. 펠링 용액은 장시간 방치하면 분해되어 환원성 물질을 생성하므로 사용하는 용액은 미리 만들어 두었다가 사용해야 한다. 보통은 푸른색을 띠지만 알데하이드기와 반응하여 무색이 되고 붉은색 침전물이 생긴다. 구리 2가 이온(진한 푸른색)과 무색의 주석산칼륨나트륨(potassium sodium tartrate, 로셸염)을 섞어 만든다.

다이아스타제(diastase)

원래 전분을 엿당으로 분해하는 효소를 의미하였으나, 오늘날에는 탄수화물을 분해할 수 있는 아밀라아제 계열의 효소(α-amylase, β-amylase, 또는 γ-amylase)를 총칭한다.

유되어 있는 식품을 섭취한 후 30분에서 2시간 사이에 복부 통증 및 팽만, 설사, 가스 발생, 메스꺼움 등의 증상이 나타난다. 젖당불내증은 인종에 따른 차이가 커서 백인종은 드물고 흑인은 높은 편이다. 한국인의 약 60~70%가 젖당불내증을 가지고 있는 것으로 추정된다.

(4) 기타 이당류

기타 이당류로는 식물 섬유소에 셀룰라아제(cellulase)가 작용할 때 생기는 셀로바이오스(cellobiose), 버섯에 들어 있는 트레할로스(trehalose), 그 외 겐티오바이오스(gentiobiose), 투라노스(turanose), 멜리바이오스(melibiose) 등이 있으나 이들은 모두 소량이다.

표 2-2 이당류의 종류

설탕	sucrose (β-D-fructofuranosyl α-D-glucopyranoside)
엿당	maltose (4-O-α-D-Glucopyranosyl-D-glucose)
젖당	lactose (4-O-β-D-galactopyranosyl-D-glucose)
멜리바이오스	melibiose (D-galactosyl-α(1→6)-D-glucose)
셀로바이오스	cellobiose (4-O-β-D-glucopyranosyl-D-glucose)
트레할로스	trehalose (α-D-glucopyranosyl-(1→1)-α-D-glucopyranoside)
투라노스	turanose (α-D-glucopyranosyl-(1→3)-α-D-fructopyranose)
겐티오바이스	gentiobiose (6-O-β-D-glucopyranosyl-D-glucose)

3) 다당류

한 종류 또는 여러 종류의 단당류가 여러 개 탈수 및 축합하여 생긴 화합물을 다당류(polysaccharide)라 하며 그 일반식은 $(C_6H_{10}O_5)_n$으로 나타낸다. 이것은 식물에 존재하는 대표적인 것으로 전분, 섬유소 등이 있고, 동물에 존재하는 글리코겐(glycogen)도 포함된다.

다당류는 그 구성 성분인 당이 같은 종류로 되어 있느냐, 다른 종류로 되어 있느냐에 따라 단순다당류(simple polysaccharide)와 복합다당류(complex polysaccharide)로 나뉜다(표 2-3). 6탄당으로 구성된 다당류를 헥소산(hexosan), 5탄당으로 구성된 것을 펜토산(pentosan)이라 한다.

표 2-3 분류 기준에 따른 다당류의 구분

<table>
<tr><td rowspan="7">화학적
분류</td><td rowspan="6">단순다당류
(simple polysaccharide)</td><td rowspan="4">hexosan</td><td>glucan</td><td>starch
glycogen
cellulose</td></tr>
<tr><td>fructan</td><td>inulin</td></tr>
<tr><td>mannan</td><td></td></tr>
<tr><td>galactan</td><td></td></tr>
<tr><td rowspan="2">pentosan</td><td>araban</td><td></td></tr>
<tr><td>xylan</td><td></td></tr>
<tr><td>복합다당류
(complex polysaccharides)</td><td colspan="3">arabinoxylan
hemicellulose
gum
pectin
chitin</td></tr>
<tr><td rowspan="2">영양적
분류</td><td>소화효소로 가수분해되는 것</td><td colspan="3">starch
glycogen</td></tr>
<tr><td>소화효소로 가수분해되지 않는 것</td><td colspan="3">cellulose
pectin</td></tr>
<tr><td rowspan="3">생리적
분류</td><td>식물의 저장 물질</td><td colspan="3">starch
inulin</td></tr>
<tr><td>식물의 구성 물질</td><td colspan="3">cellulose
hemicellulose
pentosan</td></tr>
<tr><td>동물의 저장 물질</td><td colspan="3">glycogen</td></tr>
</table>

(1) 전분

전분(starch)은 식물의 저장 물질 또는 영양 당질이며 에너지원으로 중요하고 원료 식물에 따라 성질을 달리한다. 전분은 화학적 구조에 따라 아밀로스(amylose)와 아밀로펙틴(amylopectin)이 있는데, 아밀로스는 아밀로펙틴보다 물에 잘 안 녹는 특성을 가지고 있다. 아밀로스는 포도당이 $\alpha(1\to4)$ 결합으로 이어져 있으며(300~3,000개의 포도당 분자), 고도로 포개진 구조를 갖기 때문에 다른 전분 분자보다 소화가 어렵다. 반면 아밀로펙틴은 포도당 분자들끼리 $\alpha(1\to4)$ 결합과 $\alpha(1\to6)$ 결합으로 결합되어(2,000~200,000개의 포도당 분자) 존재하여 노화가 느리게 일어나며 소화가 쉬운 구조를 가지고 있다. 식물 종에 따라 아밀로스와 아밀로펙틴의 비율이 다르다. 예를 들어 찹쌀은 거의 전량이 아밀로펙틴으로 되어 있는 반면에, 멥쌀은 약 20% 아밀로스와 80%의 아밀로펙틴으로 이루어져 있다.

전분을 분해시키는 효소는 아밀라아제(amylase)이다. 아밀라아제에는 주로 동물에 있는 알파-아밀라아제(α-amylase)와 주로 식물에 있는 베타-아밀라아제(β-amylase)가 있다. 베타-아밀라아제를 아밀로스에 작용시키면 엿당을 생성하나, 아밀로펙틴에 작용시키면 당화가 완전히 일어나지 않는다. 이는 아밀로스의 포도당이 알파-1,4 결합으로만 연결된 반면에, 아밀로펙틴은 알파-1,4 결합 이외에도 알파-1,6 결합이 존재하기 때문이다

일반적으로 곡류와 같이 지상에서 생성된 전분은 분해 속도가 빠르고 감자처럼 지하에서 생성된 전분은 분해 속도가 느리다.

(2) 글리코겐

글리코겐((glycogen)은 동물에만 존재하며 간, 근육에 있다. 체중 70 kg의 성인 간에는 대략 100~120 g, 근육에는 400 g이 존재한다. 전분과 같이 포도당만으로 이루어져 있으나 그 분자량은 100만~1,000만이나 된다. 전분과 달리 찬물에도 녹고, 요오드에 적갈색 반응을 보인다. 아밀라아제에 의해 분해되어 엿당이 되며 생체 내에 섭취된 당질은 모두 이 형태로 저장되었다가 필요에 따라 쓰인다.

전분의 호화 및 노화

전분을 물과 함께 가열하면 점차 팽윤되어 대략 70~75°C에서 반투명한 콜로이드로 되는 현상을 호화(gelatinization)라고 한다. 호화는 열로 인해 전분 분자의 운동이 왕성해져서 먼저 가장 가장자리인 미셀(micell) 구조가 파괴되기 시작하며, 그 사이의 입자 내로 침입한 물 분자는 전분 분자 간의 결합을 약하게 하여 미셀 구조는 점차 파괴되고 입자는 팽윤한다. 가열이 계속되면 아밀로스나 아밀로펙틴도 모두 단분자로 되고 다량의 물 분자에 둘러싸여 콜로이드 상태로 강한 점성을 나타낸다. 이 상태가 바로 풀이며 Katz(1930)는 이와 같이 규칙성을 잃은 호화 상태의 전분을 α전분, 규칙적인 배열을 나타내는 전분을 β전분이라 하였다. X-선 회절도를 보면 β전분은 명료한 X-선 간섭 도형을 나타내지만 α전분은 희미한 도형을 나타낸다.

갓 지은 밥은 맛이 좋은 데 비해 식으면 맛이 떨어지는 것은 전분이 가열되면 α형, 식으면 β형으로 변화되기 때문이다. α형은 소화가 잘 되지만 β형은 소화가 잘 되지 않는다. α형 전분이 β형으로 되돌아오지 않게 하려면 급속히 탈수하면 된다. 건빵이나 비스킷 등은 이 α전분의 원리를 이용한 것이다.

호화된 전분을 상온에 방치하면 점차 규칙성이 나타나 β전분으로 되는데 이 현상을 노화(retrogradation)라고 한다. 이 변화는 수분 30~60%, 0°C에서 가장 잘 일어나며 겨울에 밥이나 떡의 맛이 떨어지는 것은 이 때문이다. 노화는 수분 15% 이하에서는 잘 일어나지 않는다. 따라서 α전분을 갑자기 건조하여 수분을 15% 이하로 보존하면 β화가 잘 되지 않는다. 이 원리로 만든 것이 알파화 쌀이다.

알칼리에 대단히 안정하며 글리코겐 분자는 아밀로펙틴과 같이 포도당 분자들이 알파-1,4와 알파-1,6 결합으로 연결되어 있다.

(3) 섬유소

식물체의 골격을 이루는 주요 성분이며, 지구상에 가장 풍부하게 존재하는 중합체(polymer)이다. 포도당이 베타-1,4 결합으로 길게 연결되어 직선 모양의 섬유 구조를 형성한다. 면화(목화)에는 섬유소 함량이 90%, 나무에는 40~50% 함유되어 있다. 섬유소(cellulose)는 종이나 종이판자 제조에 이용된다. 반추동물의 위내 미생물, 흰개미 등 일부 생물들에서 셀룰라아제 효소가 만들어지므로 섬유소를 분해하여 에너지원으로 이용할 수 있다. 인체에서는 소화되지 않고 배설되므로 변비 개선에 효과적이다. 초원심분리로 얻은 천연 셀룰로스의 평균 중합도(degree of polymerization)는 약 3,500이다.

(4) 덱스트린

전분을 여러 가지 방법으로 분해하면 여러 종류의 중간 생성물을 거쳐 이당류나 단당류로 만들 수 있다. 즉, 전분이 산, 열 또는 효소의 작용으로 분해될 때는 엿당 또는 포도당으로 전환되나 중간에 분해작용이 중지될 때는 분자량이 전분보다 작고 엿당보다 큰 다양한 중간 생성물을 얻게 된다. 이 중간 생성물을 통틀어 덱스트린(dextrin)이라 한다. 덱스트린의 요오드 반응은 청색에서 담황색의 여러 색을 나타낸다. 아밀로덱스트린(amylodextrin)은 청색, 에리트로덱스트린(erythrodextrin)은 적갈색, 아크로덱스트린(achrodextrin)은 무색, 말토덱스트린(maltodextrin)은 갈색을 띤다.

(5) 기타 다당류

① 이눌린

이눌린[inulin, $(C_6H_{10}O_5)_n$, n=2~60]은 프럭탄(fructan)의 일종으로 돼지감자(뚱딴지), 치커리, 달리아, 우엉 등에 들어 있으며, 과당이 베타(2→1) 결합으로 연결되어 있다. 소화효소인 아밀라아제에 의해서는 분해되지 않고 이눌라아제(inulase)에 의해 분해되어 과당을 생성한다. 찬물에는 녹지 않으나 더운 물에는 쉽게 녹는다. 요오드 반응은 나타내지 않고 환원성이 없으며 소화효소의 작용을 받지 않으므로 사람에게는 흡수되기 어려워 영양적 가치는 매우 낮다. 2018년 미국 식약처는 이눌린을 식이섬유로 정식 인정하였다.

② 만난

만난〔mannan, $(C_6H_{10}O_5)_n$, n=160~1,350〕은 만노스의 축합물로 백합의 뿌리 등에 들어 있으며 가수분해하면 한 분자의 포도당과 두 분자의 만노스(D-mannose)를 생성한다. 소화효소의 작용을 받지 않으므로 사람에게는 거의 이용되지 않는다. 그러나 사람이나 쥐의 장내에는 만난을 분해하는 세균이 있다.

③ 알긴산

해조류의 당질 중에는 알긴산〔alginic acid, $(C_5H_7O_4COOH)_n$〕을 비롯하여 푸신(fuscin), 푸코이딘(fucoidin), 라미나린(laminarin) 등이 있다. 이외에 다시마의 복합 당류인 라미나리오스(laminariose), 한천(agar)의 주성분이 갈락토스의 황산 에스터로 된 다당류도 있다.

알긴산은 일반적으로 해조류에서 알칼리에 의해 추출되며, 산, 염화칼슘, 염화바륨 등에 의해 침전하는 다당류로 물을 가하면 팽윤하여 겔(gel) 상태를 이룬다. 가수분해하면 D-만누론산(D-mannuronic acid)과 굴루론산(L-guluronic acid)을 생성한다. 알긴산은 셀룰로스의 구조를 닮았으며 알긴산의 나트륨염(알긴산나트륨, sodium alginate)은 아이스크림 등의 안정제로 이용된다.

④ 키틴

키틴(chitin)은 아미노당(amino sugar)의 일종인 *N*-아세틸글루코사민(*N*-acetylglucosamine) 중합물로 곤충, 새우, 게의 각질층(exo-skeleton) 성분을 이루고 있다. 산으로 가수분해하면 글루코사민(glucosamine)과 아세트산(acetic acid)이 되나 인체 내 소화관에서는 소화되지 않는다. 또한 알칼리로 적당히 분해하면 글루코사민(D-glucosamine)과 *N*-아세틸글루코사민이 베타(1→4) 결합으로 연결된 키토산으로 전환되며, 이것은 식이섬유, 생물농약, 의료용 밴드 등으로 활용된다.

그 밖에 키토산과 같은 식이섬유는 변비 개선, 비만 예방용 식품 소재로 가치가 있으며, 최근 연구에서 이들 다당류는 혈액이나 간의 콜레스테롤 농도를 저하시키는 작용이 있는 것으로 알려졌다.

4) 배당체

생물계에 널리 분포되어 있으며 생리적으로 특수 작용을 가지는 것이 많다. 배당체(glycosides)는 당(glycosyl group)과 비당 부분인 아그리콘(aglycone)으로 되어 있으며, 비당 부분으로는 알코올, 페놀 등 많은 물질이 있다. 천연 배당체의 대부분은 베타-글루코사이드(β-glucoside)이다.

(1) 플라본 배당체

꽃이나 과실 중에는 다양한 종류의 아름다운 색소가 있다. 이들 색소의 주성분은 플라본(flavone), 플라보놀(flavonol), 플라바논(flavanone), 안토시아니딘(anthocyanidine) 등이며, 이들은 배당체로 되어 있어 배당체 색소라고도 한다.

(2) 인디칸

인디칸(indican)은 가수분해에 의해 인독실(indoxyl)과 포도당으로 분해된다. 천연색소의 일종인 인디고(indigo)는 인디칸을 미생물 발효로 가수분해시켜서 생성된 인독실을 공기 중에서 산화시킨 것이다.

(3) 강심 배당체와 사포닌

강심작용을 가지는 일군의 배당체를 강심 배당체(cardiac glycoside)라고 한다. 그 비배당체(aglycone)는 스테롤(sterol)의 유도체로, 당 성분은 디기톡소스(digitoxose), 시마로스(cymarose), 람노스(rhamnose) 등의 데옥시기를 함유하고 있다.

사포닌(saponin)은 식물계에 널리 분포하는 배당체로 그 수용액은 거품을 만들기 쉬운 특성을 가지고 있으며, 동물에 주사하면 용혈작용을 나타내는 유독물질이다.

(4) 청산 배당체

살구, 배, 복숭아 등의 종자에는 청산을 함유한 배당체가 존재한다. 그중 아미그달린(amygdalin)은 널리 알려진 대표적인 청산 배당체(cyanogenic glycosides) 중의 하나이다.

(5) 세레브로사이드

동물의 뇌, 신경조직 등에는 세레브로사이드(cerebroside)라고 불리는 일군의 배당체가 존재한다. 공식 명칭은 모노글리코실세라마이드(monoglycosylceramides)이며, 글리코스핑고리피드(glycosphingolipids)에 속하는 지질로 세라마이드와 당, 그리고 지방산으로 이루어져 있다. 유전병인 고셰병(Gaucher's disease)은 이 분자의 대사 이상으로 생기는 것으로 알려져 있다.

(6) 핵산

핵산은 모노뉴클레오타이드(mononucleotide)가 다수 결합한 고분자 화합물이다. 이 모노뉴클레오타이드를 산 또는 효소로 가수분해하면 염기, 5탄당, 인산 등으로 된다. DNA 핵산을 가수분해하면 데옥시리보스(2-deoxy-D-ribose)가, RNA 핵산을 분해하면 리보스가 생성된다. 이와 같이 당 성분에 따라 리보핵산(ribonucleic acid, RNA)과 데옥시리보핵산(deoxyribonucleic acid, DNA)으로 나뉜다. 핵산은 DNA, RNA를 구성할 뿐만 아니라 생체 내 에너지 형태인 ATP, 코엔자임(coenzyme) A, 비타민 B_{12} 등을 구성하는 데 이용된다.

2. 탄수화물의 기능

1) 에너지 공급

탄수화물의 주요 기능은 에너지 공급으로 1 g당 4 kcal의 에너지를 낸다. 탄수화물은 3대 열량소 가운데 가장 먼저 필요한 에너지를 공급하며, 해당작용과 시트르산(구연산) 회로(citric acid cycle, Kreb's cycle) 및 전자전달계를 거쳐 포도당 1분자당 최대 32분자의 ATP를 생성할 수 있다. 인체 기관 중 뇌, 신경조직, 적혈구, 태아 등은 에너지원으로 포도당을 우선적으로 이용하며, 포도당이 부족할 경우 케톤체를 이용하기도 하지만 지방산은 이용하지 못한다.

우리 몸에는 체중 70 kg의 성인 기준으로 약 500~520 g 정도의 글리코겐과 약간의 포도당이 존재하며, 이 가운데 글리코겐은 주로 근육(~400 g)과 간(100~120 g)에 저장되어 있다. 혈중 포도당 농도는 정상인의 경우 79~110 mg/dL이다. 한편 과잉의 탄수화물은 대부분 지방으로 전환되어 체내에 저장된다.

2) 단백질 절약

단백질은 아미노산으로 이루어져 있으며, 대부분의 아미노산은 포도당 신생합성반응(gluconeogenesis)을 거쳐 포도당으로 전환되어 포도당을 필요로 하는 조직에 공급되어 에너지원이나 기타 용도로 활용된다. 이렇듯 탄수화물, 특히 포도당 공급이 부족할 경우에 신체를 구성하고 있는 단백질이 분해되어 포도당을 만들게 되므로, 충분한 탄수화물 공급은 신체에서 중요한 기능을 담당하는 단백질의 소모를 최소로 줄일 수 있다.

3) 케톤증 예방

탄수화물 섭취가 부족할 경우 인체는 지질을 주요 에너지원으로 사용하게 되므로, 지방조직에 저장되어 있던 중성지질이 지방산으로 분해되고 이어서 아세틸 CoA로 분해되어 케톤체(아세톤, 아세토아세테이트, 베타-하이드록시뷰티르산)를 형성하게 된다. 케톤은 포도당이 부족할 경우 뇌나 신경조직 등의 에너지원으로 이용된다. 혈중 케톤체의 농도가 높아진 상태(>0.5 mM)를 케톤증(ketosis)이라고 하는데, 생리적으로 건강상에 문제를 유발하지 않고 오히려 체중 조절 수단으로 활용되기도 한다.

4) 감미료

감미료의 상당수는 탄수화물이다. 단당류, 이당류는 단맛이 있으며, 과당 > 설탕 > 포도당 > 엿당 > 젖당 순으로 감미도가 낮다(표 2-4).

당알코올(sugar alcohol) 중에도 감미료로 활용되는 것이 있는데 솔비톨, 만니톨, 자일리톨 등이 그것이다. 과다 섭취 시 복부 팽만, 설사 등의 부작용이 있을 수 있지만,

표 2-4 각종 당류와 인공 감미료의 감미도/혈당지수

당류	감미도(혈당지수)	당류	감미도(혈당지수)
젖당	0.16 (46)	설탕	1.0 (65)
갈락토스	0.32 (25)	전화당	1.3 (60)
엿당	0.33 (105)	과당	1.7 (19)
자일로스	0.40	둘신(dulcin)	250
포도당	0.74 (100)	사카린	550 (0)

당알코올의 상대적 특성 비교

당알코올	상대적 감미도[1] (%)	열량(kcal/g)[2]	상대적 열량(%)[2]	혈당지수 (Glycemic index)[3]	Dental acidity[4]
arabitol	70	0.2	5.0	-	-
erythritol	60~80	0.21	5.3	0	None
glycerol	60	4.3	108	3	-
lactitol	30~40	2.0	50	5~6	Minor
maltitol	90	2.1	53	35~52	Minor
mannitol	40~70	1.6	40	0	Minor
sorbitol	60	2.6	65	9	Minor
xylitol	100	2.4	60	12~13	None

[1] 설탕 100% [2] 포도당, 4 kcal/g [3] 포도당, 100 [4] 충치지수

자료 : Kay O'Donnell; Malcolm Kearsley. Sweeteners and Sugar Alternatives in Food Technology. John Wiley & Sons. pp. 322-324, 2012. 7.

열량이 포도당의 1/2~1/3이고 혈당지수(glycemic index, GI)가 낮아 저열량 감미료로 체중 조절용으로 활용될 수 있으며, 혈당 상승을 거의 유도하지 않아 당뇨 환자용 대체 감미료로 사용된다.

3. 탄수화물 급원 식품

탄수화물이 많이 함유된 식품은 쌀밥, 빵, 국수, 떡, 감자, 고구마, 라면, 시리얼 등 평소에 많이 섭취하는 식품들이다. 그밖에 설탕이 많이 함유된 식품, 과일, 우유 및 유제품 등에도 탄수화물의 함량이 높다.

식이섬유는 난소화성 탄수화물로 급격한 혈당 상승 억제, 지방 및 콜레스테롤 흡

귀리 보리 버섯

그림 2-2 식이섬유를 많이 함유하고 있는 식품

수 저해, 대장균총의 개선 등에 효과가 확인되어 우리나라 식품의약품안전처에서 건강기능식품 소재로 허가하고 있다. 미국 FDA는 식이섬유와 관련하여 다음과 같은 건강 관련 홍보를 할 수 있도록 허용하고 있다. "식품 유래 수용성 식이섬유는 포화지방과 콜레스테롤이 낮은 식사와 함께 섭취 시 심장병 위험을 낮출 수 있다." 대표적인 수용성 식이섬유는 베타-글루칸(β-glucan)으로 귀리(oat bran), 보리, 차전자 껍질, 일부 버섯류에 많이 함유되어 있다.

4. 탄수화물 관련 건강 문제

1) 당뇨병

당뇨(diabetes mellitus)는 체내 탄수화물 대사 이상으로 혈당이 비정상적으로 높아진 상태를 가리키며, 원인에 따라 1형 당뇨(소아형 당뇨, 인슐린 의존성 당뇨, IDDM), 2형 당뇨(성인형 당뇨, 인슐린 비의존성 당뇨, NIDDM), 임신성 당뇨 등으로 구분한다. 1형 당뇨는 이자(췌장)의 베타-세포(β-cell)에서 인슐린 합성 및 분비가 안 되는 상태이며, 유전적이거나 이자염 등으로 인하여 이자가 손상되어 생기는 경우가 대부분이다. 2형 당뇨는 인슐린 분비는 정상적으로 이루어지나 신체를 이루고 있는 세포막에 인슐린 수용체의 변이 및 숫자 감소로 인슐린 민감성이 줄어서 나타난다. 2017년 기준, 전 세계적으로 4억 2,500만 명의 당뇨 환자가 있는 것으로 추산되며, 대부분이 2형 당뇨이다. 당뇨가 발생하면 포도당이 에너지원으로 활용되지 못하여 혈당이 높아지고, 포도당 대신 지방산이 에너지원으로 이용되면서 지방 분해가 빠른 속도로 진행되며 케톤혈증이 나타난다. 당뇨의 판정 기준은 8시간 이상 공복 시 혈당 126 mg/dL 이상 또는 식후(75 g 포도당 부하 후) 2시간 혈당 200 mg/dL 이상, 또는 당화헤모글로빈(HbAlc) 농도가 48 mM(6.5%) 이상인 경우이다(표 2-5).

표 2-5 당뇨의 기준

구분	공복혈당	식후 2시간 혈당
당뇨병	126 mg/dL 이상	200 mg/dL 이상
내당능 장애	-	144~199 mg/dL
공복혈당 장애	100~125 mg/dL	-

2) 젖당불내증

젖당불내증은 젖당을 분해, 소화하지 못하는 증상으로, 젖당이 많은 음식(특히 우유)을 먹으면 가스가 차서 복부 팽만이 유도되거나 심할 경우 설사를 한다. 원인은 락타아제(젖당분해효소)가 생성되지 않는 것으로, 젖당이 소장에서 분해되지 않은 채 대장으로 이송되어 미생물에 의해 급격히 분해되면서 가스가 발생하고 산이 생성되어 일어나며 심한 경우 설사를 유발한다. 보통 유아기에는 락타아제가 잘 만들어지지만 나이가 들면서 합성이 되지 않는 경우가 많다. 인종 간 차이도 심하여 한국인이나 아프리카 사람들은 성인의 75% 정도가 젖당불내증인 것으로 추정되는 반면에, 북유럽 사람들은 10% 이하로 상대적으로 발생 비율이 낮은 것으로 알려져 있다.

3) 충치

충치(dental caries)는 충치균이 당분을 분해함으로써 생성된 산이 치아의 에나멜질이나 상아질 등을 파괴한 것으로, 치아에 구멍이 뚫리고 까맣게 썩는 병이다. 치아우식증이라고도 한다. 충치를 조기에 치료하지 않으면 치료가 어렵고 심한 경우 발치를 해야 할 수도 있다. 충치의 주요 원인균은 스트렙토코쿠스 무탄스(*Streptococcus mutans*)와 락토바실루스이다. 우식증을 유발하는 주요 식품은 설탕이나 단순당이

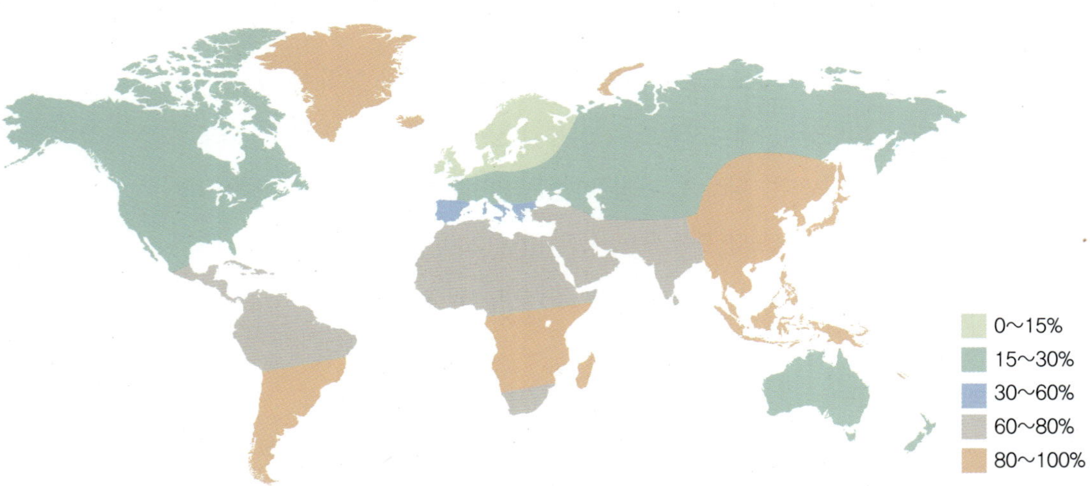

그림 2-3 국가별 젖당불내증 발생 빈도

자료 : https://www.food-intolerance-network.com/food-intolerances/lactose-intolerance/ethnic-distribution-and-prevalence.html

많이 함유되어 있으면서 점성이 높은 것으로, 예를 들면 젤리(46), 캐러멜(38), 비스킷(27), 인절미(19), 초콜릿(15), 청량음료(10), 딸기우유(6) 등이 충치 유발지수가 높다. 채소나 과일은 상대적으로 충치 유발지수가 낮다. 충치는 전염병이며 원인균은 외부 환경이 아니라 인간을 통해서만 전염된다. 따라서 신생아는 충치 원인균을 가지고 있지 않다.

유치는 생후 6~8개월 경 아래 앞니부터 나기 시작해서 약 2년에 걸쳐 전체 치열이 완성되며, 6세 이후에는 유치가 탈락하기 시작하면서 영구치로 교체된다. 출생 당시에는 육안으로 입안의 치아를 확인할 수 없지만, 출생 전부터 치아들이 턱뼈에 자리 잡고 있다가 적당한 시기가 되면 차례대로 잇몸 밖으로 나오는 것이다. 결손이나 병적인 손상이 없는 한 유치의 수는 보통 20개이다. 이가 나기 시작하면 비로소 이유(젖떼기)가 가능해지므로, 치아를 사용해 다양한 음식물을 씹어서 섭취할 수 있게 된다.

충치를 예방하는 가장 좋은 방법은 유아기까지 어른의 입, 특히 충치를 가지고 있는 어른의 입이나 어른의 입과 접촉한 물건이 아기의 입에 닿지 않도록 하는 것이다. 충치 원인균인 *S. mutans*균은 치아의 표면에서만 증식하는데, 생후 30개월 전후까지는 유치가 완성되지 않으므로 이 시기까지는 유아기 이후처럼 *S. mutans*균이 증식하기 어렵다. 유아기 동안 어른들의 입으로부터 *S. mutans*균에 감염되지 않아 입안에 다른 구강 세균이 자리를 잡게 되면 이미 균형이 잡힌 구강 내 생태계에 *S. mutans*균이 새로이 진입하기 어려워져 유아기 이후 일생 동안 충치에 걸릴 확률이 현저히 낮아진다. 이미 어른들의 입을 통해 원인균에 전염되었을 경우에는 양치질을 자주하고 입안을 청결하게 유지하는 것이 충치 예방에 도움이 된다. 다만, 일단 *S. mutans*균이 구강 내에 자리 잡았다면 박멸은 불가능하다. 이러한 특성을 응용하여 다른 구강 세균을 이용한 충치 예방법이 연구되고 있다.

단원정리

1. 탄수화물은 탄소(C), 수소(H), 산소(O)로 구성된 생체 분자이자 자연계 내에 가장 많이 존재하는 유기 화합물로 당류(saccharide)와 동의어이며 당, 전분, 셀룰로스 등을 포함한다.

2. 탄수화물은 구성하는 단당류의 개수에 따라 단당류(포도당, 과당, 갈락토스), 이당류(엿당, 자당, 젖당), 올리고당, 다당류(전분, 글리코겐, 식이섬유)의 4가지로 분류된다.

3. 탄수화물은 포도당으로 분해되어 체내에 필요한 에너지의 60% 이상을 공급하는 주된 에너지 영양소이며, 에너지로 공급되고 남은 포도당은 글리코겐 저장 및 체지방 형성에 이용되는데 간에 저장된 글리코겐은 공복 시 혈당 유지에, 그리고 근육에 저장된 글리코겐은 에너지 공급에 사용된다.

4. 탄수화물은 에너지 공급뿐만 아니라 단백질의 절약작용, 케톤증의 방지, 체구성 성분, 그리고 단맛을 제공하는 기능을 한다.

5. 탄수화물의 주요 급원 식품으로는 곡류 및 감자류 등이 있으며, 일부 식품과 과일 중에도 탄수화물 함량이 높은 것들이 있다. 콩류, 해조류, 과일류, 채소류 및 전곡류 등은 식이섬유의 함량이 높다.

6. 체내에 충분한 에너지를 공급하기 위해서는 하루에 최소한 100 g의 탄수화물을 섭취해야 하며, 식이섬유는 대략 25 g 정도가 권장 섭취기준이다.

7. 탄수화물의 섭취가 제한되면 체내 단백질이 분해되어 포도당으로 전환되고 이는 뇌와 간 등의 에너지원으로 활용된다. 나아가 단백질을 통한 포도당의 공급도 제한되면 신체는 불완전한 지방 대사의 산물인 케톤체를 에너지원으로 이용하게 되고, 이는 케톤증을 유발하는 원인이 된다.

8. 당뇨병은 탄수화물과 관련된 가장 대표적인 건강 문제로, 혈당 조절호르몬인 인슐린의 부족 및 부작용으로 발병한다. 전곡류에 들어 있는 다당류나 식이섬유 같은 복합당질의 섭취는 혈당의 급격한 상승을 억제시킨다.

9. 젖당(유당)불내증은 젖당분해효소가 부족하여 젖당이 소장에서 소화되지 않고 대장에서 박테리아에 의해 발효됨으로써 복부에 가스가 차고 설사 등이 나타나는 증상이다.

10. 탄수화물(단순당이나 설탕)은 충치 발생에 간접적인 역할을 하는 것으로 알려져 있다.

연습문제

1 탄수화물의 체내 기능과 중요성에 대해 서술하시오.

2 탄수화물과 관련한 대표적인 건강 문제인 당뇨병에 대해 서술하고, 당뇨병 관리를 위한 탄수화물 섭취법에 관하여 논하시오.

3 팥이나 콩을 많이 먹으면 배에 가스가 생성되는데, 이는 장에 있는 미생물이 이 당류를 이용하기 때문이다. 이 당의 구조와, 최근 이 당에 대해 기능성 식품(건강기능식품)으로 많은 관심을 갖는 이유를 설명하시오.

참고문헌

문수재·김혜경·홍순명·이경혜·이명희·이영미·이경자·안경미·이민준·김정연·김정현, 알기 쉬운 영양학, 수학사, 2016.

보건복지부·한국영양학회. 2015 한국인 영양소 섭취기준, 2016.

식품과학기술교수연구회, 문제해결능력을 키워주는 식품기사·산업기사, 수학사, 2014.

이현기, 증보 영양화학, 수학사, 2004.

Carol Byrd-Bredbenner·Gaile Moe·Jacqueline Berning·Danita Kelley, 김미경·왕수경·신동순·권오란·박윤정 옮김, 생활 속의 영양학(3판), 라이프사이언스, 2016.

허채옥·권순형·김은미·원선임·박용순·박진희·김상연·정경아·김은영·박유신, 기초영양학, 수학사, 2016.

Kay O'Donnell·Malcolm Kearsley, Sweeteners and Sugar Alternatives in Food Technology, John Wiley & Sons, pp. 322-324, 2012.

http://weekly.khan.co.kr/khnm.html?mode=view&artid=201112271738281&code=115#csidx275196e2a95275fbb4cc6ead76cd1e3

03

NUTRITIONAL CHEMISTRY

CHAPTER 03

지질

분류와 성질

기능

급원 식품

관련 건강 문제

1. 지질의 분류와 성질

1) 지질의 종류와 구조

지질이라 함은 유지와 그 유도체의 총칭으로 동식물의 구성 성분 및 저장 물질로서 중요하다. 원소 조성은 당질과 C, H, O로 이루어지나 P, S, N 등을 함유하는 것도 있다. 지질은 물에 녹지 않고 유기용매(ether, chloroform, hexane, benzene)에 녹는 물질을 총칭하며, 조지방(crude lipid)이라고도 한다. 지질은 중성지질, 인지질, 스테롤로 구분할 수 있으나, 주로 중성지질인 트라이아실글리세롤(triacylglycerol)이 대부분이다. 지질은 신체 내 저장 에너지로 같은 중량의 탄수화물인 전분의 2.25배의 열량을 발생한다. 이것은 그림 3-1에 나타낸 것과 같이 지질의 O 대비 C와 H의 함량이 탄수화물보다 훨씬 많기 때문이다.

(1) 지방산의 분류

① 탄소 수에 따른 분류

지방산은 탄화수소 골격 구조로 되어 있으며, 한쪽 끝에는 메틸기($-CH_3$), 다른 쪽에는 카복실기(−COOH)가 존재한다. 이를 분자식 $CH_3(CH_2)_nCOOH$로 표현할 수 있으며, n은 0~26으로 크기가 매우 다양하다. 지질의 물리적, 화학적 특성은 탄소 수와 이중결합 유무에 따라 달라진다. 탄소 수가 적을수록 물에 녹기 쉬운 반면, 탄소 수가 많을수록 지용성이 커지고 물에 잘 안 녹는 경향이 있다. 예를 들어 단쇄지방산(acetate, propionate, butyrate)은 수용성이고, 탄소 수가 6~12개인 중쇄지방산(caproic acid, caprylic acid, capric acid, lauric acid)은 수용성과 지용성 중간으로 유제품과 코코넛오일에 다량 함유되어 있으며, 탄소 수가 14~26개인 장쇄지방산(myristic acid, palmitic acid, stearic acid, arachidic acid 등)은 지용성으로 대부분의 동물성 및 식물성 지방을 구성하고 있다.

② 이중결합 유무에 따른 분류

분자 구조에 이중결합이 존재하지 않는 지방산은 포화지방산(saturated fatty acid), 이중결합이 1개 이상 존재하는 경우는 불포화지방산(unsaturated fatty acid)으로 분류한다. 식품에 존재하는 포화지방산은 주로 팔미트산(palmitic acid)과 스테아르산

(stearic acid)이다. 동물성 지방에는 포화지방산이 40~55% 정도 함유되어 있으며, 식물성 지방에는 10~25% 정도 함유되어 있다. 코코넛오일과 팜유는 식물성 지방이지만 포화지방산 함량이 각각 90%, 52% 정도로 높은 편이다. 탄소 수가 12개 이상인 포화지방산으로 이루어진 중성지질은 실온에서 고체이며, 탄소 수가 증가할수록 녹는점(melting point)이 높아진다.

이중결합이 1개인 지방산을 단일불포화지방산(monounsaturated fatty acid)이라고 하며, 올레산(oleic acid)이 대표적이라 할 수 있다. 이중결합이 2개 이상인 지방산은 다가불포화지방산(polyunsaturated fatty acid)이라고 하며, 리놀레산(linoleic acid), 리놀렌산(linolenic acid), 아라키돈산(arachidonic acid), EPA (eicosapentaenoic acid), DHA (docosahexaenoic acid) 등이 속한다. 불포화지방산은 이중결합의 위치에 따라 n-3, n-6, n-9(또는 ω-3, 6, 9) 계열로 나뉘는데, n 다음에 붙은 숫자는 지방산의 메틸기가 있는 탄소부터 번호를 붙였을 때 첫 이중결합이 나타나는 위치를 의미한다. 즉, n-3 계열 지방산은 메틸기로부터 번호를 붙였을 때 3번째 위치에 첫 이중결합이 나타나는 지방산으로 알파-리놀렌산(α-linolenic acid), EPA, DHA 등이 있으며, n-6 계

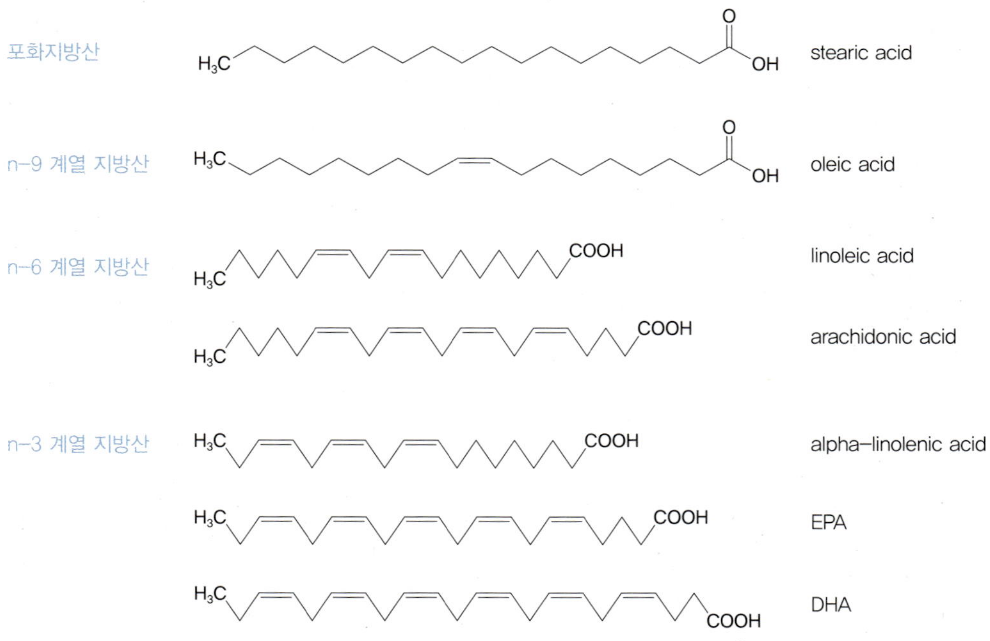

그림 3-1 지방산의 구조

열에는 리놀레산, 아라키돈산, 감마-리놀렌산(γ-linolenic acid) 등이 속하고, n-9 지방산으로는 올레산이 있다. 인체에 필수적인 지방산은 리놀레산과 알파-리놀렌산 등 2가지이다.

표 3-1 불포화지방산의 종류

	지방산
n-9 계열 지방산	올레산(oleic acid, 18 : 1)
n-6 계열 지방산	리놀레산(linoleic acid, 18 : 2) : 필수영양소 아라키돈산(arachidonic acid, 20 : 4)
n-3 계열 지방산	알파-리놀렌산(α-linolenic acid, 18 : 3) : 필수영양소 에이코사펜타엔산(eicosapentaenoic acid, EPA, 20 : 5) 도코사헥사엔산(docosahexaenoic acid, DHA, 22 : 6)

필수지방산은 정상적인 시력 유지, 세포막 형성, 호르몬 유사 물질의 생성 등에 관여하며, 부족할 경우 피부병의 일종인 피부 표피층 탈락, 탈모, 상처 치유 지연 등의 증상이 나타난다. 필수지방산의 섭취는 하루 에너지 섭취량의 1~2%를 권장하고 있다. 리놀레산은 대부분 식물성 지방(대두유, 홍화씨유, 해바라기씨유, 옥수수기름, 면실유, 참기름, 미강유)에 다량 함유되어 있는 반면, 알파-리놀렌산은 들깨유(58%), 아마씨유(55%), 치아씨유(64%) 등 소수의 식품 원료에만 고농도로 함유되어 있다. n-3 계열의 알파-리놀렌산은 인체 내에서 EPA와 DHA 합성의 원료가 되며, 심장병 발병을 예방하는 등 다양한 생리 활성을 갖는 것으로 보고되어 있다.

(2) 지질의 종류

① 중성지질

중성지질은 1분자의 글리세롤(glycerol) 골격 구조에 3분자의 지방산이 결합된 형태

공액리놀레산(conjugated linoleic acid, CLA)

공액리놀레산은 리놀레산의 이성질체로 자연계에서 28종 이상이 확인되었는데, 주로 소와 같은 반추동물의 고기와 유제품에 함유되어 있다. 일반 리놀레산과 달리 2개의 이중결합이 단일결합 1개 건너 나타난다. 공액리놀레산은 *cis*형과 *trans*형으로 존재하며 중성지질 형태로 사람이나 동물 체내에 존재한다. 공액리놀레산은 항암, 항비만, 근육 발달 등에 효과가 있는 것으로 보고되어 있으며 건강기능식품 원료로도 인정되고 있다.

로 식품이나 우리 몸의 지방 대부분을 차지한다. 글리세롤 골격에 지방산이 1개 결합한 것을 모노글리세라이드(monoglyceride 또는 monoacylglycerol), 2개 결합한 것을 다이글리세라이드(diglyceride 또는 diacylglycerol)이라고 한다.

② 인지질

인지질(phospholipid)은 글리세롤 골격에 지방산, 인산, 기타 유기 분자가 결합된 구조이다. 세포막의 주요 성분이며, 분자 내에 친유성과 친수성 기를 동시에 갖고 있어 우리 몸이나 식품 공업에서 유화제로 이용된다. 대표적인 인지질로는 레시틴(lecithin, phosphatidylcholine), 세팔린(cephalin, phosphatidyl ethanolamine), 포스파티딜세린(phosphatidyl serine), 포스파티딜이노시톨(phosphatidyl inositol) 등이 있다. 레시틴은 세포막의 주요 구성 성분인 반면에, 세팔린은 뇌에 많이 함유되어 있다. 뇌와 신경조직에는 또 다른 인지질인 스핑고미엘린(sphingomyelin)의 함량이 높다.

③ 스테롤

스테롤(sterols)은 스테로이드 계열 화합물 중 하나로, 중요한 유기 분자이다. 대부분의 식물과 동물, 곰팡이류(균류)에서 발견되고, 동물에서 가장 흔한 스테롤은 콜레스테롤이며, 곰팡이와 원생동물에는 에고스테롤(ergosterol)이 함유되어 있고, 식물체에는 시토스테롤(sitosterol), 캄페스테롤(campesterol), 스티그마스테롤(stigmasterol) 등이 존재한다. 콜레스테롤은 동물 세포막의 구조와 기능에 필수적인 역할을 하며, 지용성 비타민 D와 스테로이드 계열 성호르몬인 에스트로겐(estrogen), 프로게스테론(progesterone), 테스토스테론(testosterone)과 체단백질 분해와 관련된 코티졸(cortisol) 호르몬의 전구물질로 이용된다. 또한 간에서 쓸개즙산으로 대사되어 지질 소화 과정에서 유화제 작용을 한다.

콜레스테롤은 성인의 경우 1일 500~1,000 mg이 합성되며, 식품을 통하여 섭취하는 양은 300~500 mg 정도이다. 콜레스테롤은 동물의 뇌에 다량 함유되어 있으며, 달걀, 동물의 간, 새우, 우유 및 유제품에 높은 농도로 함유되어 있다.

에고스테롤은 버섯, 효모, 곰팡이 등에 함유되어 있으며, 비타민 D_2의 전구물질로 이용된다. 비타민 D_2는 사람에서는 비타민 D 활성이 나타나지만, 가금류에서는 활성이 거의 없다.

2. 지질의 기능

지질은 같은 양으로 가장 많은 에너지를 내는 영양소로 1 g당 9 kcal를 발생한다. 또한 우리 몸을 이루는 기본 단위인 세포 각각을 얇은 층으로 싸 주는 세포막의 성분이며, 지용성 비타민의 운반과 흡수를 돕는다. 그 밖에도 체온 유지, 충격 완화, 식품에 풍미 부여, 그리고 필수지방산의 공급원 등의 기능을 한다. 필수지방산은 성장과 피부 건강에 관여하는 중요한 영양소이다.

MCT 오일(medium-chain triglyceride oil, MCT oil)

2~3개의 중쇄지방산(탄소 수 6~12개)을 가지고 있는 중성지질을 말한다. 코코넛오일과 팜유에 풍부하게 들어 있다. MCT 오일은 소장에서 분해되어 보통 림프관 대신 혈액으로 빠르게 흡수되어 간문맥을 거쳐 몸 전체로 이동한다. 영양실조, 영양소 흡수 불량, 지방산 대사 관련 질환을 가지고 있는 환자에게 에너지원으로 공급된다. 맛이나 냄새가 거의 없어 색소나 의약품의 용매로 사용되기도 하며, 케톤체를 형성하므로 간질 환자에 이용되기도 한다.

3. 지질의 급원 식품

식품에 함유된 지질은 대부분 중성지질이다. 동물성 식품에는 포화지방산이 결합된 중성지질이 많고, 식물성 지방에는 불포화지방산이 결합된 중성지질의 함량이 높다. 포화지방 함량이 높은 식품은 육류, 버터, 마가린, 쇼트닝, 코코넛오일, 팜유 등이며, 불포화지방이 높은 식품은 식물성 식용유이다. 필수지방산인 리놀레산은 호두, 너트, 종자와 대두유, 홍화씨유, 옥수수기름에 다량 함유되어 있고, 알파-리놀렌산은 아마씨유(linseed oil), 호박씨유, 들기름, 호두, 치아씨, 키위씨 등에 풍부하게 들어 있다.

4. 지질 관련 건강 문제

고지방 식품은 에너지가 높고, 포화지방이나 콜레스테롤을 함유하고 있는 경우가 많아 고지혈증 또는 그에 따른 동맥경화, 심장병, 뇌졸중 등을 유발하는 원인이 될 수 있으므로 가능한 한 섭취를 줄이는 것이 좋다. 우리가 흔히 섭취하는 식품 가운데 포화지방이 많이 들어 있는 식품으로는 햄버거(17%), 휘핑크림(31%), 소갈비(42%),

프라이드치킨(17%), 콘 칩(33%), 소시지(29%), 샐러드드레싱(32%), 마가린(81%), 버터(60%) 등이 있다.

1) 필수지방산의 기능

지방산 중 사람의 몸 안에서 만들어지지 않는 지방산을 필수지방산이라고 하는데, 리놀레산과 알파-리놀렌산 등 2종류이다. 필수지방산이 결핍되면 발육 부진, 탈모, 신장 장애 등이 나타난다. 한편 필수지방산은 아니지만 n-3 지방산의 일종인 DHA는 두뇌 발달을 촉진하고 노인성 치매를 예방하며, 학습 기능을 향상시키는 역할을 한다.

2) 트랜스지방과 콜레스테롤의 문제

액체 상태의 식물성 기름을 마가린이나 쇼트닝 같은 고체 상태로 만들기 위해 수소를 첨가하는 과정에서 일부 지방산의 분자 구조가 변형된 것을 트랜스지방산(*trans*-fatty acid)이라고 하며, 트랜스지방산을 포함하고 있는 중성지질을 트랜스지방이라고 한다. 트랜스지방은 크림, 버터, 아이스크림 등 유제품이나 패스트푸드, 도넛, 과

표 3-2 트랜스지방 고함유 식품

식품 종류	트랜스지방(g/100 g당)
쇼트닝	10~33
마가린	0.2~26
버터	2~7
우유	0.07~0.1
빵류, 케이크	0.1~10
쿠키, 크래커	1~8
소금 함유 스낵	0~4
케이크 프로스팅(cake frostings)	0.1~7
동물 지방	0~5
다진 쇠고기	1

자료 : MT. Tarrago-Trani·KM. Phillips·LE. Lemar·JM. Holden, New and existing oils and fats used in products with reduced trans-fatty acid content. Journal of the American Dietetic Association. 106(6): 867-80, 2006.

자 등 가공식품에 많이 포함되어 있다. 이러한 식품을 오랫동안 섭취하면 비만이 생길 뿐만 아니라 심장병을 일으킬 가능성이 높으므로 트랜스지방 섭취에 주의해야 한다. 최근에는 식품 가공 기술이 발달하여 식물성 가공 유지에 트랜스지방이 매우 낮거나 함유되어 있지 않다.

한편, 지질의 다른 종류인 콜레스테롤은 심장병이나 동맥경화와 같은 심혈관계 질환을 일으킬 수 있지만, 우리 몸에서 뇌와 신경세포의 구성 성분이 될 뿐만 아니라 성호르몬, 부신호르몬, 쓸개즙 합성에 이용되는 중요한 물질이다. 다만, 인체 내에서 합성되기 때문에 음식으로는 과잉 섭취하지 않도록 주의해야 한다.

단원정리

1. 지질은 탄소(C), 수소(H), 산소(O)로 구성된 유기 화합물로 탄수화물에 비하여 수소가 많고 산소는 적게 함유되어 있으며, 물에는 쉽게 용해되지 않으나 유기 용매에는 잘 용해되는 특성을 가지고 있다.
2. 지질은 크게 중성지질, 인지질 그리고 스테롤로 분류된다. 중성지질은 글리세롤 1분자와 지방산 3분자가 에스터 결합된 것으로 주로 자연계에 존재한다. 식품에 존재하는 지질의 95%가 중성지질 형태이다.
3. 인지질은 글리세롤 분자의 세 번째 수산기에 인이 결합된 형태로 세포막의 주요 구성 성분이며, 특히 뇌와 신경조직에 다량 함유되어 있다. 스테롤은 세포막의 구성 성분이자 성호르몬과 스테로이드계 호르몬, 쓸개즙산, 그리고 비타민 D 합성에 사용된다.
4. 중성지질과 인지질의 구성 성분인 지방산은 한쪽 끝은 카복실기(-COOH), 반대쪽 끝은 메틸기(-CH_3), 그리고 중간 부분은 탄소사슬에 수소들이 결합되어 있는 형태로 이중결합의 유무에 따라 이중결합이 없는 포화지방산과 이중결합이 있는 불포화지방산으로 분류된다.
5. 불포화지방산은 이중결합이 하나인 단일불포화지방산과 두 개 이상인 다가불포화지방산으로, 메틸기에서 가장 가까운 이중결합이 존재하는 탄소의 위치에 따라 n-3, 6, 9 지방산으로, 이중결합을 중심으로 좌우측 탄소사슬의 모양에 따라 시스형과 트랜스형으로 나뉜다.
6. 식품에 함유되어 있는 대표적인 포화지방산은 팔미트산과 스테아르산이고, 불포화지방산은 리놀레산, 알파-리놀렌산 그리고 아라키돈산이다. 이 중 리놀레산과 알파-리놀렌산은 체내에서 합성되지 않으므로 반드시 음식으로 섭취를 해야 하는 필수지방산으로 분류된다.
7. 필수지방산은 신체의 정상적인 성장과 유지 및 생리 기능에 필수적이며, 충분히 섭취하지 못하면 피부병, 성장 지연 및 감염 등의 증세가 나타나기도 한다.
8. 지질은 1 g당 9 kcal를 발생하는 중요한 에너지원일 뿐 아니라 체온을 유지하고 내장기관을 보호하는 역할을 한다.
9. 지질은 적절히 섭취하는 것이 중요한데 한국인의 영양소 섭취기준에서 성인의 경우 하루 총에너지의 15~30%를 지질로 섭취할 것을 권하고 있다. 그리고 n-3 지방산과 n-6 지방산의 섭취비율은 1:4~10을 권장한다.
10. 중성지질과 관련된 대표적인 건강 문제는 심혈관계 질환이다. 중성지질이 많아지면 LDL 콜레스테롤은 증가하고 HDL 콜레스테롤은 감소함으로써 동맥경화증이 촉진되어 고혈압의 원인이 되기도 한다.

연습문제

1 포화지방산과 불포화지방산의 차이에 대해 서술하고, 불포화지방산의 종류에 대해 설명하시오.

2 알파-리놀렌산이 필수영양소인 반면, 감마-리놀렌산은 필수지방산이 아닌 이유를 설명하시오.

3 n-3 지방산과 트랜스지방에 대해서 설명하고, 이와 관련된 건강 문제에 대해서도 서술하시오.

참고문헌

문수재·김혜경·홍순명·이경혜·이명희·이영미·이경자·안경미·이민준·김정연·김정현, 알기 쉬운 영양학, 수학사, 2016.

보건복지부·한국영양학회. 2015 한국인 영양소 섭취기준, 2016.

식품과학기술교수연구회, 문제해결능력을 키워주는 식품기사·산업기사, 수학사, 2014.

이현기, 증보 영양화학, 수학사, 2004.

Carol Byrd-Bredbenner·Gaile Moe·Jacqueline Berning·Danita Kelley, 김미경·왕수경·신동순·권오란·박윤정 옮김, 생활 속의 영양학(3판), 라이프사이언스, 2016.

허채옥·권순형·김은미·원선임·박용순·박진희·김상연·정경아·김은영·박유신, 기초영양학, 수학사, 2016.

S. Marventano·P. Kolacz·S. Castellano·F. Galvano·S. Buscemi·A. Mistretta·G. Grosso, A review of recent evidence in human studies of n-3 and n-6 PUFA intake on cardiovascular disease, cancer, and depressive disorders: does the ratio really matter?, ***Int J Food Sci Nutr***, 66(6): 611-221, 2015.

https://www.myfooddata.com/articles/high-fat-foods-to-avoid.php

MEMO

04

NUTRITIONAL CHEMISTRY

CHAPTER 04

단백질

분류와 성질

기능

화학적 성질

품질 평가

섭취기준

관련 건강 문제

1. 단백질의 분류와 성질

단백질(protein)은 동식물체를 구성하는 핵심 성분이며, 구성단위는 아미노산이다. '단백질'이라는 이름은 1839년 멀더(Gerard Jan Mulder)에 의하여 처음으로 붙여졌으며, 그리스어 'proteios(primary, 제1)'에서 유래되었다. 단백질은 탄수화물이나 지질과 달리 질소를 함유하고 있다. 이는 단백질을 구성하는 20종류의 아미노산이 모두 질소 원자를 가지고 있기 때문이다.

단백질 또는 구성 아미노산을 이루는 주요 원소의 함량은 탄소(C)가 45~55%, 수소(H)가 6~8%, 산소(O)가 19~25%, 황(S)이 0.2~2.5%이며, 질소(N)는 14~20%이나 평균하면 단백질의 종류에 관계없이 약 16%이다. 따라서 식품의 단백질 함량을 측정할 때는 질소(N)량을 측정하여 이것에 $\frac{100}{16} = 6.25$를 곱하여 구한다. 최근 N의 함

표 4-1 식품 종류별 질소 계수

식품 종류		질소 계수
동물성 식품	달걀	6.25
	고기	6.25
	우유	6.38
식물성 식품	보리	5.83
	옥수수	6.25
	조	5.83
	귀리	5.83
	쌀	5.95
	호밀	5.83
	수수	6.25
	밀(전체)	5.83
	밀기울	6.31
	밀가루	5.70
	콩류 : 캐스터 빈	5.30
	잭빈, 리마, 네이비 빈, 녹두	6.25
	콩	5.71
	벨벳 빈	6.25
	땅콩	5.46

량이 알려져 있는 것에 대해서는 질소 환산계수(nitrogen conversion factor, NCF)를 사용하고 있다(표 4-1).

단백질을 가수분해하면 보통 20종의 아미노산을 얻을 수 있는데 단백질의 다양성은 이 아미노산의 종류와 그 결합 수, 배열 상태 등에 의하여 좌우된다. 단백질은 대단히 복잡한 화합물로 분자량이 수백만에 달하는 것도 있으나 구성원소는 앞에서 설명한 것과 같이 C, H, O, N, S 등 불과 몇 가지밖에 안 된다.

표 4-2 몇 가지 단백질의 분자량 및 구성 아미노산 개수

단백질 종류	분자량	아미노산 개수	폴리펩타이드 사슬 개수
Cytochrome(사람)	12,400	104	1
Ribonuclease A(소 췌장)	13,700	124	1
Lysozyme(달걀흰자)	14,300	129	1
Myoglobin(말 심장)	16,700	153	1
Chymotrypsin(소 췌장)	25,200	241	3
Chymotrypsinogen(소)	25,700	245	1
Hemoglobin(사람)	64,500	574	4
Serum albumin(사람)	66,000	609	1
Hexokinase(효모)	107,900	972	2
RNA polymerase (*E. coli*)	450,000	4,158	5
Apolipoprotein B(사람)	513,000	4,536	1
Glutamine synthetase (*E. coli*)	619,000	5,628	12
Titin(사람)	2,993,000	26,926	1

1) 단백질의 분류

단백질은 용해성과 조성에 의하여 분류되며, 염산, 황산 등의 강산으로 가수분해하면 모두 구성 아미노산으로 분해된다. 이와 같이 아미노산만으로 구성된 것을 단순단백질(simple protein)이라 하고 단순단백질에 특수한 보결분자단(prosthetic group)이 결합되어 있는 것을 복합단백질(conjugated protein)이라 한다.

(1) 단순단백질

순수하게 아미노산으로만 구성되어 있는 단백질이다.

(2) 복합단백질

단순단백질과 비단백질성 물질이 결합된 것의 총칭으로, 비단백질성 물질에는 핵산, 당질, 지질, 인산, 색소, 금속 등이 있다. 특히 핵산 단백질은 고분자의 핵산과 결합한 단백질로 핵산 부분에는 RNA와 DNA가 있다.

(3) 유도단백질

천연단백질(native protein)이 어떤 원인에 의하여 분해 또는 변화된 것을 유도단백질(derived protein)이라 한다. 이 변화는 인공적인 경우도 있고 동식물체 내에서 일어날 수도 있다. 예를 들어 젤라틴(gelatin)은 콜라겐(collagen)을 열처리하여 얻은 인공단백질로, 따뜻한 물에는 녹고 냉수에서 겔(gel) 상태가 된다. 이와 같은 것을 변성단백질(denatured protein)이라 한다. 콜라겐에는 필수아미노산인 트립토판(tryptophan)이 함유되어 있지 않아 영양적 가치는 낮다.

프로테오스(proteose)는 단백질이 펩신(pepsin) 등의 효소에 의해 분해되어 생긴 펩타이드(peptide)이다. 이와 같은 단백질 분해물에는 메타단백질(metaprotein), 프로테우스, 펩톤, 펩타이드 등이 있다.

2) 단백질의 일반 성질

단백질은 물에 잘 녹는 것이 많으나 염류의 수용액이 아니면 녹지 않는 것, 보통의 용매에는 녹지 않는 것, 물보다 알코올에 잘 녹는 것 등이 있다. 알부민(albumin), 글로불린(globulin) 등은 묽은 염류 용액에는 순수한 물보다 녹기 쉬운데 이것을 염용(salting in)이라 한다.

염류의 농도가 높아지면 단백질의 용해도는 저하되면서 결국 침전되어 석출된다. 이러한 특성을 이용하여 단백질을 침전하고자 할 때는 물에 잘 녹고 단백질 변성을 최소화하는 황산암모늄[$(NH_4)_2SO_4$]을 많이 사용한다.

달걀흰자위나 혈청 등에 존재하는 천연단백질을 가열하거나 동결하는 경우에, 높은 에너지를 갖는 초음파·X-선·자외선을 조사할 때 알코올·클로로폼 등의 유기 용매나 수은염·구리염 등의 중금속염 등을 작용시키면 물에 대한 용해도가 저하되어 안정성을 잃고 침전하며 효소단백질은 효소작용을 잃게 된다. 이와 같은 변화는 단백질의 독특한 성질이며, 이를 변성(denaturation)이라고 한다. 단백질에 한번 일어난 변성은 원래의 상태로 되돌리기가 대단히 어렵다. 단백질 변성은 구상 단백질(globulin 등)에서 잘 일어나며, 상대적으로 섬유상 단백질에서는 잘 일어나지 않는다.

곡류에 많이 함유된 글루텐(gluten)은 프롤라민(prolamine)과 글루텔린(glutelins)으로 불리는 단백질군을 말한다. 이들 단백질은 곡류의 배젖(endosperm) 내 전분과 함께 존재한다. 글루텐은 제빵용 밀 단백질의 75~85%를 차지하는데 밀 이외에 보리, 호밀, 귀리에도 함유되어 있다. 밀 글루텐은 독특한 점탄성(viscoelasticity)과 부착성(adhesiveness)을 가지는데, 이로 인해 반죽에 탄성이 부여되고 부풀어 오르며 형태 유지 및 쫄깃한 조직감을 갖게 된다. 글루텐은 곡류의 종류에 따라 명칭이 다른데, 밀에 존재하는 것은 글리아딘(gliadins)과 글루테닌(glutenins), 보리는 호데인(hordeins), 호밀은 세칼린(secalins), 귀리는 아베닌(avenins)이라 한다. 이들 4종의 곡류 단백질만이 순수 글루텐이고, 쌀이나 옥수수의 저장단백질도 종종 글루텐이라 부르기는 하지만 순수 글루텐은 아니다. 글루텐 단백질은 일부 사람들에게서 염증반응을 유발하는 것으로 알려져 있다. 일반인의 6~10%가 글루텐에 민감성을 나타내고, 1~2%는 셀리악병(celiac disease)이 발현된다.

3) 아미노산

아미노산 분자는 공통적으로 아미노기($-NH_2$)와 카복실기(-COOH)를 함유하며(그림 4-1, 4-2 참조), 생물체 단백질 분자를 구성하는 아미노산의 종류는 20종이다(표 4-3). 또 카복실기를 기점으로 하여 α, β, γ 등의 위치에 아미노기를 가지는 것이 있으나 일반적으로 아미노산은 알파-아미노산(α-amino acid)이다. 글리신(glycine)을 제외한

코스모트로픽(Kosmotropic)

물 이외의 공용 용매가 용질을 더 잘 녹이고 수용액의 안정성을 증가시키는 현상을 말한다. 대표적인 예가 어떤 단백질의 경우는 순수한 물보다 약한 염 용액에 더 잘 녹는데, 이는 염(salt)이 단백질 분자 내 상호작용을 안정화시켜 물 분자로 하여금 단백질을 잘 녹일 수 있도록 돕기 때문이다. 코스모트로프(kosmotropes)와 반대되는 작용을 하는 물질은 카오트로프(chaotropic agents, disorder-makers)라고 한다.

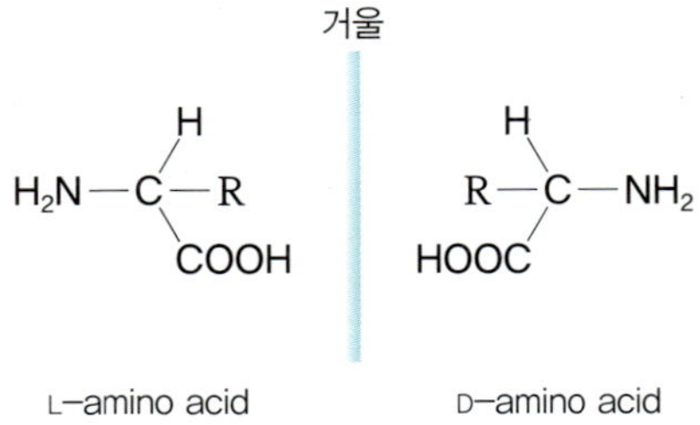

그림 4-1 아미노산의 입체이성질체

모든 아미노산은 입체이성질체로 D형과 L형이 있으며, 자연계에는 대부분 L형 아미노산 형태로 존재한다.

(1) 아미노산의 일반 성질

대부분의 아미노산은 물에 잘 녹으며(leucine, tyrosine, cystine은 예외), 열에 안정하고 녹는점이 높다. 글리신을 제외한 나머지 아미노산은 비대칭탄소(asymmetric carbon, chiral carbon)를 1개 가지고 있어 입체이성질체가 존재한다.

아미노산은 물에 녹아 이온화되어 등전점(isoelectric point, pI)에서 아미노기는 NH_3^+로, 카복실기는 COO^-로 존재하며 순전하(net charge)는 0이다(그림 4-2).

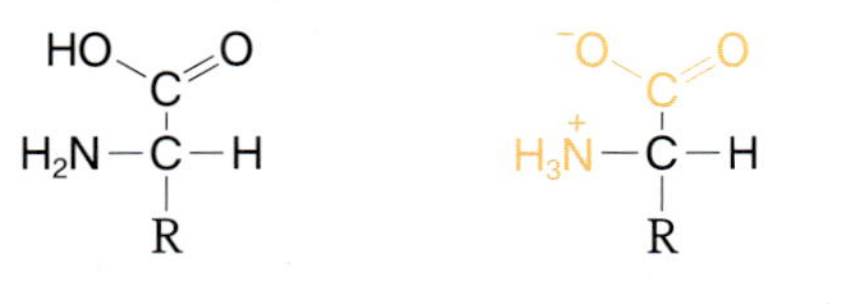

그림 4-2 아미노산의 분자 형태 및 이온화 형태

따라서 H^+이 많은 산성 용액 또는 등전점보다 낮은 pH에서는 (+)로 전하를 띠고, OH^-이 많은 알칼리 용액 또는 등전점보다 높은 pH에서는 (−)로 전하를 띤다.

아미노산은 감칠맛(umami)을 가지는 것이 많다. 단백질 가수분해물, 간장이나 된장의 감칠맛도 함유되어 있는 아미노산에 의한 것이고, 다시마의 감칠맛은 글루탐산에 의한 것이란 사실은 잘 알려져 있다.

두 개의 아미노산이 화학적 반응을 통하여 펩타이드를 형성하는데, 이 과정에서

표 4-3 아미노산의 특성

아미노산명	기호	약자	질량(amu)	등전점	pK_1 (α-COOH)	pK_2 (α-NH_3^+)
글리신(glycine)	G	Gly	75.06714	6.06	2.35	9.78
글루타민(glutamine)	Q	Gln	146.14594	5.65	2.17	9.13
글루탐산(glutamic acid)	E	Glu	147.13074	3.15	2.10	9.47
라이신(lysine)	K	Lys	146.18934	9.60	2.16	9.06
류신(leucine)	L	Leu	131.17464	6.01	2.33	9.74
메티오닌(methionine)	M	Met	149.20784	5.74	2.13	9.28
발린(valine)	V	Val	117.14784	6.00	2.39	9.74
세린(serine)	S	Ser	105.09344	5.68	2.19	9.21
시스테인(cysteine)	C	Cys	121.15404	5.05	1.92	10.70
아르기닌(arginine)	R	Arg	174.20274	10.76	1.82	8.99
아스파라긴(asparagine)	N	Asn	132.11904	5.41	2.14	8.72
아스파트산(aspartic acid)	D	Asp	133.10384	2.85	1.99	9.90
아이소류신(isoleucine)	I	Ile	131.17464	6.05	2.32	9.76
알라닌(alanine)	A	Ala	89.09404	6.01	2.35	9.87
타이로신(tyrosine)	Y	Tyr	181.19124	5.64	2.20	9.21
트레오닌(threonine)	T	Thr	119.12034	5.60	2.09	9.10
트립토판(tryptophan)	W	Trp	204.22844	5.89	2.46	9.41
페닐알라닌(phenylalanine)	F	Phe	165.19184	5.49	2.20	9.31
프롤린(proline)	P	Pro	115.13194	6.30	1.95	10.64
히스티딘(histidine)	H	His	155.15634	7.60	1.80	9.33

한 개 아미노산의 카복실기와 다른 아미노산의 아미노기가 결합하면서 물 1분자가 생성되고, 두 개의 아미노산은 결합하여 1개 분자의 펩타이드가 된다. 이런 펩타이드 결합이 모여서 폴리펩타이드 또는 단백질을 구성한다.

또 다른 아미노산 반응은 닌하이드린(ninhydrin) 반응인데, 아미노산 용액에 닌하이드린 시약을 넣고 가열하면 산화적 탈아미노반응을 일으켜 보라색 색소를 생성한다(그림 4-3). 이 반응은 식품 또는 분리된 단백질의 아미노산 조성을 밝히는 데 이용된다.

(2) 아미노산의 분류

아미노산은 측쇄(R기)의 특성에 따라서 5개 군으로 나눌 수 있다. 즉, 비극성 지방

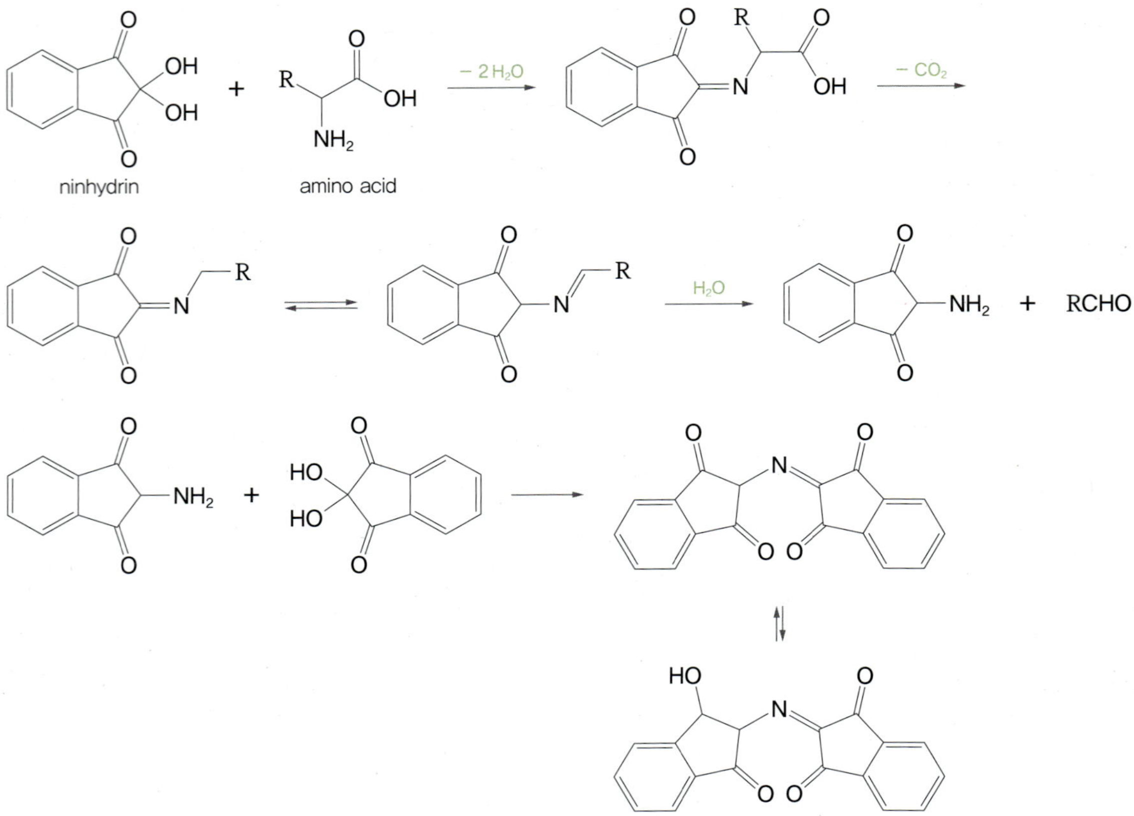

그림 4-3 아미노산과 닌하이드린과의 반응에 의한 발색

족 아미노산(glycine, alanine, valine, leucine, isoleucine, proline, methionine), 비전하 극성 아미노산(serine, threonine, cysteine, asparagine, glutamine), 방향족 아미노산(phenylalanine, tyrosine, tryptophan), 염기성 아미노산(lysine, arginine histidine), 산성 아미노산(aspartic acid, glutamic acid)으로 나뉜다(그림 4-4).

(3) 필수아미노산

체내에서 합성이 불가능하거나 충분한 양이 합성되지 않아 반드시 외부에서 공급되어야 하는 아미노산을 필수아미노산(essential amino acid)이라 하며, 사람에게는 8~9종이 알려져 있다. 히스티딘(histidine)의 경우는 영아기에는 필수적이나 성인이 되면 체내에서 충분한 양이 합성되어 만들어지므로 필수아미노산이 아니라는 주장도 있다. 필수아미노산의 1일 권장섭취량은 표 4-4와 같다.

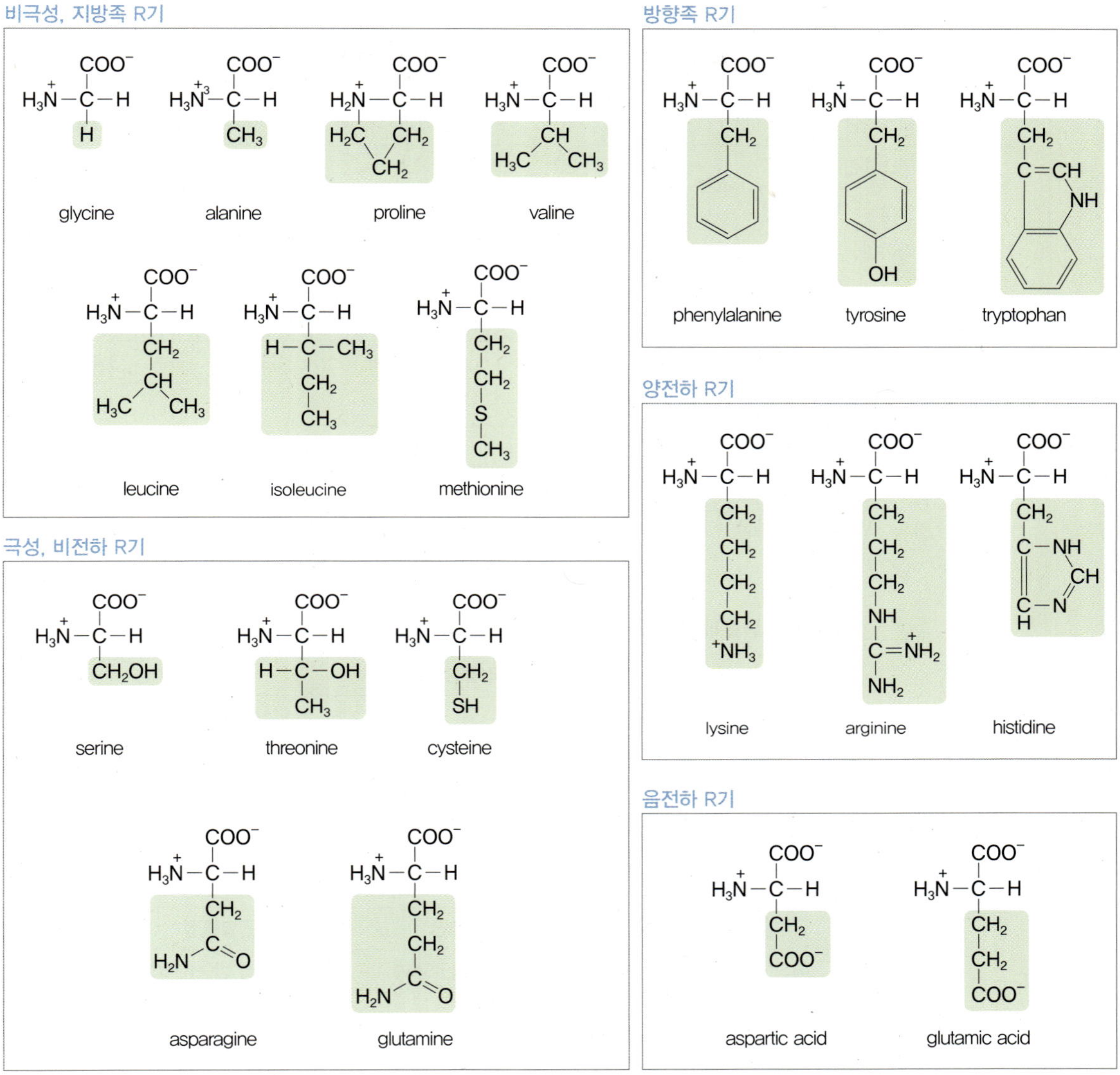

그림 4-4 아미노산의 분류

(4) 생리활성물질 합성

아미노산은 단순히 단백질 합성의 소재로서 필요할 뿐만 아니라 체내에서 대사되어 도파민(dopamine), 에피네프린(epinephrine), 감마-아미노뷰티르산(γ-aminobutyric acid, GABA), 세로토닌(serotonin) 등의 신경전달물질이나 나이아신(niacin), 콜린(choline) 등 비타민의 원료로 이용되기도 한다(표 4-5).

표 4-4 사람의 필수아미노산 권장섭취량

아미노산	WHO (mg/체중 kg)	WHO (g/70 kg)	US (mg/체중 kg)	한국인 〔g/일, 20세, 남 (여)〕
히스티딘	10	0.7	14	1.0 (0.8)
이소류신	20	1.4	19	1.3 (1.1)
류신	39	2.73	42	3.0 (2.4)
라이신	30	2.1	38	3.0 (2.5)
메티오닌 + 시스테인	10.4 + 4.1 (15 total)	1.05 (total)	(19) total	1.3 (1.1)
페닐알라닌 + 타이로신	25 (total)	1.75 total	33 total	3.4 (2.8)
트레오닌	15	1.05	20	1.4 (1.1)
트립토판	4	0.28	5	0.3 (0.3)
발린	26	1.82	24	1.6 (1.3)

자료 : 보건복지부·한국영양학회, 2015 한국인의 영양소 섭취기준, 2015; 세계보건기구, 2015.

표 4-5 생리활성물질과 그 전구 아미노산

전구 아미노산	생리활성물질	기능
글리신, 글루탐산, 시스테인	글루타티온	항산화
타이로신	도파민	신경전달물질
	노르에피네프린, 에피네프린	신경전달물질
	멜라닌	피부색
아르기닌	요소	요소회로
글루탐산	감마-아미노뷰티르산	신경전달물질
메티오닌	S-아데노실메티오닌(SAM)	메틸화 반응(단백질, DNA)
트립토판	나이아신, 세로토닌	비타민, 신경전달물질
라이신, 글리신	카니틴	지방산 운반

즉, 타이로신은 카테콜아민 신경전달물질 합성의 전구물질이며, 피부에 검은색의 멜라닌 생성에 이용되기도 한다. 트립토판은 세로토닌의 전구물질, 글루탐산은 GABA의 전구 아미노산이다. 아르기닌은 간에 있는 요소회로에서 아미노산의 암모니아를 요소로 전환하는 데 밀접하게 관여하며, 메티오닌은 생체 내 메틸화 반응에서 메틸기 공여자로 중요한 역할을 담당하고 있다.

그밖에 비타민 가운데 나이아신은 트립토판으로부터 합성되며, 생체 내 중요 항산화물질인 글루타티온(glutathione)은 글루탐산, 글리신, 시스테인으로 이루어진 트라이펩타이드이다.

4) 단백질의 구조

(1) 1차 구조

단백질의 1차 구조(primary structure)는 구성 아미노산의 순서를 의미한다. 단백질은 아미노산끼리 펩타이드 결합으로 연결되어 있으며, 이 결합은 일종의 공유결합이며 이중결합 특성을 갖고 있어 결합 주위로 회전이 불가능하다.

인체에는 10만 종 정도의 단백질이 존재하는 것으로 추정되는데, 이론적으로 이들 단백질은 모두 아미노산 배열순서가 다르다. 같은 효소나 혈색소일지라도 동물의 종류가 다르면 아미노산 배열순서에 차이가 있을 수 있다. 단백질은 유리 아미노기가 있는 부분이 머리 부분이며 N-말단이라 한다. 반면 유리 카복실기가 위치한 부분이 끝 부분이며 C-말단이라 부른다.

(2) 2차 구조

단백질의 2차 구조(secondary structure)는 단백질 내에 부분적으로 존재하는 3차원적 구조를 의미한다. 가장 일반적인 구조는 알파-나선(α-helix)과 베타-구조(β-sheet)이며, 그 외에도 베타-회전(β-turn), 오메가-루프(omega loop) 등이 있다. 2차 구조는 3차 구조가 완성되기 전에 보통 중간산물로 자발적으로 형성된다.

① 알파-나선 구조

펩타이드 결합으로 이루어진 단백질 사슬이 열역학적으로 가장 안정한 상태를 취하는 경향을 갖는데, 그 가운데 한 종류가 알파-나선 구조(α-helix structure)이다. 이 구조는 우선성 나선형이며 3~4개 떨어져 있는 아미노산에 있는 펩타이드 결합끼리 수소결합에 의해 안정화된다. 즉, 첫 번째 펩타이드 결합의 N-H기와 3~4번째 아미노산의 C=O기 간 수소결합이 형성되고, 그 결합의 개수는 펩타이드 결합에 비례한다. 알파-나선 구조에서 구성 아미노산의 측쇄기는 바깥쪽을 향하게 된다. 알파-나선 구조에서 1회전당 아미노산 잔기 수는 3.6개, 직선 길이가 5.4Å이다.

② 베타-구조

베타-구조(β-sheet) 또는 베타-병풍 구조(β-pleated sheet structure)는 2 또는 3개의 사슬 골격이 평행하게 존재하면서 사슬 골격 간 수소결합을 통해서 안정화된다(그림 4-5). 2줄의 펩타이드 골격(β strand)은 같은 방향성을 가질 경우 평행(parallel)하다고 하며, 서로 반대 방향으로 되어 있는 경우는 역평행(anti-parallel)으로 정의한다. 알츠하이머 등에서 관찰되는 단백질 집합체 또는 불용성 섬유상 구조는 베타-구조가 분자 내 초분자 연합(supramolecular associations)에 의해서 형성되는 것으로 추정되고 있다.

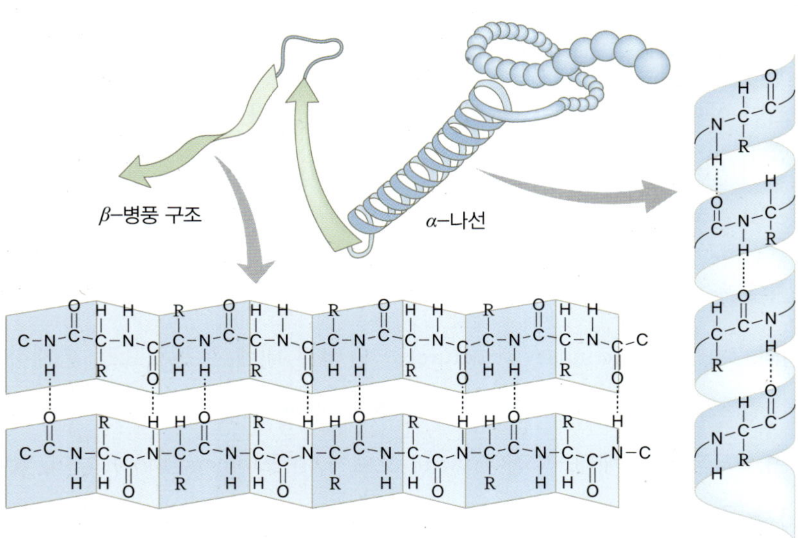

그림 4-5 단백질의 대표적인 2차 구조

③ 베타-회전

폴리펩타이드 사슬의 방향을 180도 회전하는 부위에 나타나는 구조로, 보통 4개의 아미노산으로 이루어져 있으며 프롤린 아미노산이 방향 회전에 직접 관여한다. 첫 번째와 세 번째 또는 4번째 아미노산 간의 수소결합에 의하여 구조가 안정화된다.

(3) 단백질의 3차 구조

단백질 사슬이 3차원 공간에서 포개져 있는 상태를 3차 구조(tertiary structure)라고 한다. 3차 구조를 이루는 힘은 수소결합을 비롯하여 소수결합, 이온 결합, 반데르발스 인력 등이 있으며, 이 가운데 수소결합이 가장 중요한 역할을 한다.

① 수소결합

수소결합(hydrogen bond)은 단백질 구조 내 수소가 상대적으로 전기 음성도가 높은 원자와 전자를 공유하면서 형성된다. 알파-나선 구조에서와 같이 보통 펩타이드 결합 내 아미노기의 수소와 다른 펩타이드 결합 내 카보닐기의 산소 사이에 결합이 이루어지는 경우가 대부분이다.

② 소수결합

3차 구조는 측쇄 간 상호작용에 의한 소수결합(hydrophobic bond)에 의해서도 이루어지는데, 기름을 물에 넣었을 때 기름 분자끼리 서로 집합하여 기름방울을 형성할 때의 결합력이다. 즉 비극성의 탄화수소나 유기 용매는 물에 녹지 않는다. 아미노산 가운데 발린(Val), 류신(Leu), 이소류신(Ile), 페닐알라닌(Phe)은 측쇄가 비극성이고 서로 소수결합으로 집합하여 단백질 분자의 내측에 위치한다.

③ 정전기적 결합

라이신(Lys), 아르기닌(Arg)과 같이 $-NH_3^+$를 갖는 염기성 아미노산과 아스파트산(Asp), 글루탐산(Glu) 등 $-COO^-$를 갖는 산성 아미노산 사이에는 정전기적 결합(electrostatic bond)이 작용한다($-COO^-\cdots\cdots{}^+H_3N$). 이들이 가지는 극성기는 단백질의 표면에 있으며 물 분자($H_2O \longleftrightarrow H^+ + OH^-$)를 잡아당겨 단백질을 물에 잘 녹게 한다.

④ -S-S-결합

S-S결합(S-S bond)은 시스테인(Cys)의 측쇄 $-CH_2-SH$가 산화되어 다른 시스테인(Cys)과 $-CH_2-S-S-CH_2-$의 결합을 만들어 폴리펩타이드 사슬 간 또는 사슬 내 다리(bridge)를 만든다.

(4) 단백질의 4차 구조

폴리펩타이드 사슬의 3차 구조 2개 이상이 비공유결합 또는 cys-cys 결합에 의해 연결된 구조를 의미한다. 즉, 3차 구조끼리의 집합을 4차 구조(quaternary structure)라고 한다. 예를 들면 혈액에서 산소 운반을 담당하는 헤모글로빈(hemoglobin)은 미오글로빈(myoglobin)과 기능 및 3차 구조가 유사하다. 그러나 미오글로빈은 폴리펩타이드 사슬 1개로 이루어져 있어 4차 구조가 없지만, 헤모글로빈은 α-사슬, β-사슬이 2개씩 집합하여 단백질을 형성하고 있으며 사슬과 사슬 간에는 공유결합이 아닌 수소결합과 소수결합에 의해 4차 구조가 유지된다.

5) 단백질 변성

수용성 단백질을 열, 산, 알칼리 등으로 처리하면 불용성이 되며 고유 기능도 상실하게 된다. 이것은 달걀흰자의 응고반응 등에서 잘 알려져 있는 현상이다. 이 원인은 단백질의 고차 구조, 즉 2차, 3차, 4차 구조의 변화임을 알 수 있으며 이것을 변성(denaturation)이라 한다. 단백질 분자의 소수성(물에 불용) 잔기가 표면에 노출되어 분자가 이온 결합이나 이황화결합(disulfide bond)을 일으켜 불용성이 된다. 단백질이 변성되면 가지 사슬이 노출되거나 펩타이드 주사슬이 풀어지므로 단백질 분해효소에 의한 작용을 받기 쉬워진다. 단백질을 약한 조건에서 변성시켰을 때는 그 원인을 제거하면 원래 고차 구조로 부분적으로 또는 완전하게 복원(renaturation)되는 경우도 있다.

고차 구조는 분자의 입체적 형태를 나타내며, 고유한 구조를 유지하는 것은 단백질의 생물학적 활성에 필수적이다. 예를 들어 효소는 고차 구조가 명백하며, 특이적으로 어떤 물질과 결합하여 화학반응을 일으키기 위해서는 원래의 고차 구조를 정확하게 유지해야 한다. 면역 단백질, 혈색소, 근단백질의 활성도 고차 구조가 필수적이며, 단백질의 변성에 의해 불활성화(inactivation)된다. 예를 들어 고온에서의 열처리는 병원균의 단백질을 불활성화시켜 독성을 잃게 한다.

2. 단백질의 기능

식품의 형태로 체내에 들어온 단백질은 다음과 같이 여러 가지 중요한 기능을 한다. 우선 체내 구성 성분을 만드는 데 이용되고 호르몬이나 신경전달물질을 합성하는 데 기여하며 면역, 체액 균형 유지, 산-염기 균형 유지, 포도당 생성 등에 이용된다.

(1) 신체 구성

인체의 성장 및 정상적인 기능을 위해 단백질의 섭취가 반드시 필요하다. 특히, 근육, 뼈, 털, 손톱 등 다양한 신체 내 기관을 구성하는 단백질 합성에 이용된다.

(2) 호르몬, 효소, 신경전달물질의 형성

신체 기능의 중요한 조절물질인 호르몬, 신경전달물질의 일부는 단백질 또는 구성 성분인 아미노산으로 만들어진다. 즉, 대부분의 효소는 단백질로 이루어져 있으며, 여러 종류의 호르몬, 예를 들면 혈당을 조절하는 인슐린(insulin), 글루카곤(glucagon) 등은 대표적인 단백질(또는 펩타이드) 호르몬이며, 신경전달물질인 세로토닌은 단백질의 구성 단위인 트립토판으로부터, 카테콜아민(epinephrine, norepinephrine, dopamine)은 타이로신(tyrosine)으로부터, 그리고 가바(GABA)는 글루타메이트(glutamate)로부터 만들어진다.

(3) 체액의 균형 유지

단백질은 체내 수분 유지에 중요한 기능을 담당한다. 만약 결핍될 경우, 혈중 단백질 농도가 낮아지면서 수분이 세포간질액(interstitial fluid)으로 이동하여 부종(edema)이 발생한다.

(4) 산-염기 균형

단백질은 체액의 pH에 따라 음전하 또는 양전하를 띠게 되므로, 혈액 또는 체액의 pH를 가능한 일정(pH 7.4)하게 유지하도록 완충 역할을 한다.

(5) 포도당 신생 및 에너지 공급

에너지 공급이 전반적으로 부족할 경우 단백질은 에너지원으로서 기능을 담당하게 되는데, 특히 포도당 합성에 이용된다. 우리 몸에는 뇌, 신경조직, 적혈구, 태아 등과 같이 포도당을 에너지로 필요로 하는 기관이 있어 포도당 공급이 제한될 경우에는 주로 단백질로부터 분해된 포도당 생성 아미노산(glucogenic amino acids)이 포도당 신생합성반응(gluconeogenesis)을 통하여 포도당으로 전환된다.

3. 단백질의 화학적 성질

1) 단백질의 종류별 물리화학적 특성

(1) 난백 단백질

달걀흰자(난백)는 10~11%의 단백질을 함유하고 있으며, 그중 64.9%가 오브알부민, 13.8%가 콘알부민이고 그 밖에 글로불린 단백질이 약 11.7%, 당질성 단백질 등으로 이루어져 있다.

오브알부민(ovalbumin)은 1889년 호프마이스터(Hofmeister)에 의해 결정화되었으며, 황산암모늄〔$(NH_4)_2SO_4$〕 또는 황산나트륨(Na_2SO_4)을 가하거나 오브알부민의 등전점인 pH 4.7로 조절하면 쉽게 결정으로 석출되고 가열에 의해서도 불용성 침전을 형성한다. 385개 아미노산으로 이루어져 있으며 분자량은 42,700이다.

콘알부민(conalbumin, ovotransferrin)은 달걀흰자의 당단백질로 황산암모늄 등 염의 존재 하에서 pH 3~4 정도의 산성이 되면 침전하므로 오브알부민과 구별된다. 콘알부민은 철염으로 결정성을 얻을 수 있다. 그 분자량은 76,000이며 700개의 아미노산으로 되어 있다.

(2) 난황 단백질

달걀노른자(난황)는 그 건조 중량의 40%를 차지하는 지단백질(lipoprotein), 인단백질(phosphoprotein), 글로불린 등으로 이루어져 있다. 지단백질에는 리포비텔린(lipovitellin)과 리포비텔레닌(lipovitellenin)이 있으며, 난황 단백질의 약 30%를 지단백질이 차지하고 있다. 포스비틴(phosvitin)은 인(P)을 10% 정도 함유하고 있는 인단백질의 일종으로 달걀노른자 총 단백질의 6~7%을 차지하며, 달걀노른자의 총 인(P)의 60~70%를 차지한다. 글로불린의 함량은 매우 적다.

달걀노른자에 같은 양의 10% 식염수를 넣고 이 액에 에테르를 가하여 잘 저은 후 달걀노른자의 황색이 완전히 없어질 때까지 에테르 추출을 반복한 다음, 2배의 물을 가하면 리포비텔린이 석출된다. 좀 더 간단한 방법으로는 달걀노른자에 2배의 물을 넣고 강하게 원심분리(40,000 rpm)하여 얻어지는 침전 부분에 리포비텔린이 있으므로 이 부분을 반복하여 에테르로 추출시키면 정제물을 얻을 수 있다. 이때 윗물에 에테르를 넣고 다시 원심분리하면 에테르층, 불용층, 물층(水層)으로 나뉜다. 물층부를 제거하고 에테르를 증발시키면 리포비텔린을 얻을 수 있다.

(3) 유단백질

유단백질(milk protein)은 동물의 종류에 따라 다르다. 우유 100 mL는 540 mg의 단백질성 질소를 가지고 있고 모유는 162 mg을 함유한다. 그중 대부분은 카세인(우유는 약 80%, 모유는 약 30%)이며, 그 외에 락트알부민, 락토글로불린 등을 함유하고 있다.

① 알파-락트알부민

알파-락트알부민(α-lactalbumin)은 유청(whey : 카세인을 침전 제거시키고 난 웃물)의 10% 전후를 차지하는 알부민류 단백질로 결정상으로 얻을 수 있다. 물에 녹으며 묽은 암모니아수에는 더 잘 녹는다. 분자량은 17,000이며 pH 5.2, 0.1 N 식염수에 베타-락토글로불린은 녹으나 알파-락트알부민은 녹지 않으므로 이 성질을 이용하여 이 둘을 분별할 수 있다. pH 6.6, 58% 황산암모늄 포화액으로 결정화시키며, 이때 60 L의 탈지유에서 4 g의 알파-락트알부민을 얻을 수 있다. 유청 단백질은 그 대부분이 글로불린성 단백질이며 그중 베타-락토글로불린이 55%를 차지하고 이외에 올리고글로불린 6%, 유사-글로불린 4%가 존재한다.

② 베타-락토글로불린

베타-락토글로불린(β-lactoglobulin)은 50% 황산암모늄 포화용액에서 락트알부민과 같이 침전되므로 연구 초기에는 락트알부민으로 취급되었으나, 순수한 물에 녹지 않으므로 글로불린에 속하는 단백질로 다루게 되었다.

③ 카세인

유단백질의 대부분을 차지하는 인단백질이며 단일한 것이 아니라 여러 종류의 단백질 혼합물이다. 혼합물의 평균 분자량은 측정에 따라 일정하지 않으나 수만~수십만이다. 카세인의 특징은 평균 약 0.9%의 인(P)을 함유하고 있다는 것이며, 영아에게는 인과 칼슘의 중요한 보급원이다. 카세인은 전기영동법에 의해 4가지 성분을 나타내는데 αS1-casein, αS2-casein, β-casein, γ-casein의 4종이다.

(4) 근육 단백질

근육에는 횡문근, 평활근, 심근(횡문근과 평활근으로 이루어짐) 등이 있다. 근육은 포유동물 체중의 약 40%를 차지하며, 근육 단백질은 식사 중 섭취하는 동물성 단백질의 대부분을 차지한다. 근육은 근섬유, 그것을 둘러싼 콜라겐 막, 근섬유 간의 액체인 근장으로 이루어져 있으며 단백질이 그 주요 구성 성분이다.

근육에서 냉수로 추출되는 알부민 계열의 단백질 분획물을 미오겐(myogen)이라 하며, 해당작용에 필요한 효소의 대부분이 이에 속한다. 근육을 묽은 염액(0.1N KCl)으로 추출한 후 투석(dialysis)으로 염을 제거하면 대량의 글로불린류 단백질이 침전하는데 이 분획물은 근단백질 전량의 20%를 차지한다.

근육을 진한 염액, 예를 들어 알칼리성 0.6 N KCl로 추출하면 대량의 단백질을 얻을 수 있는데 이 분획물이 미오신(myosin), 액틴(actin) 등이다. 이들의 단백질이 근수축의 본체이며 ATP와 협력하여 수축, 이완을 가역적으로 실행한다.

(5) 콜라겐과 케라틴

동물체 중의 결합조직 등을 구성하는 주요한 단백질 성분은 콜라겐이라는 불용성 단백질이다. 콜라겐은 사람의 총 단백질량의 25~35%를 차지하며, 케라틴(keratin)과 같이 동물체의 지주조직을 이루고 있다.

콜라겐은 물, 염류 액, 묽은 산, 묽은 알칼리에 거의 녹지 않으며 트립신에 의해서도 잘 분해되지 않으므로 다른 단백질과는 차이가 있다. 아미노산 조성을 살펴보면 트립토판 등을 함유하지 않고 시스테인과 타이로신을 소량 함유하며 글리신, 프롤린, 알라닌, 하이드록시프롤린 등은 대단히 많이 함유하고 있다.

케라틴은 머리카락, 손톱, 발톱 등을 이루고 있는 주요 단백질이며, 시스테인(cysteine) 함량이 높고 이들 간의 S-S 결합으로 인하여 견고한 구조를 형성한다.

(6) 쌀 단백질

쌀은 약 6~7%의 단백질(rice protein)을 함유하고 있으며, 소량의 글로불린 단백질과 알부민도 존재하나 대부분이 프롤라민과 글루텔린이다. 쌀의 글루텔린을 오리제닌(oryzenin)이라 한다. 시스테인과 메티오닌 등 황 함유 아미노산 함량이 비교적 높은 반면에 라이신 함량은 낮다.

(7) 밀 단백질

밀은 약 10%의 단백질을 함유하고 있다. 밀 단백질(wheat protein)은 글루텔린에 속하는 글루테닌과 글리아딘이 대부분이다. 이 두 가지를 합쳐, 특히 밀의 경우 글루텐이라 한다. 밀가루에서 빵이 잘 구워지는 정도는 글루테닌의 성질에 기인하므로, 이 단백질의 함량이 적은 곡분은 빵이 잘 만들어지지 않는다.

글루텐 단백질에는 글루탐산이 많이 함유되어 있어, 가수분해하여 천연 조미료 원료로 사용하기도 한다.

(8) 옥수수 단백질

옥수수 단백질(corn protein)의 주성분은 글리아딘에 속하는 제인(zein) 단백질이다. 그 분자량은 3만~4만 정도이며 아미노산 조성은 글리아딘과 유사하게 글루타민, 류신, 프롤린 함량이 높고, 라이신, 트립토판, 메티오닌 함량은 매우 낮아 영양적으로는 열등한 편이다.

(9) 콩류 단백질

콩류는 다량의 단백질을 함유하고 있으며 글로불린이 그 주체를 이루고 있다. 대두의 글로불린은 글리시닌(glycinin)이라는 물질로 등전점이 pH 4.7~5.2이다. 탈지 콩가루를 물, 식염수, 알칼리 등으로 추출하고 투석하여 염을 제거한 후 침전시켜 얻는다. 또 글리시닌이 55% 황산암모늄 포화용액에 침전되는 성질도 정제에 이용된다.

땅콩 단백질은 소량의 알부민과 글로불린이다. 글로불린 중 40% 황산암모늄 포화용액으로 침전되는 것은 아라킨(arachin)이라 한다. 팥이나 완두콩 단백질의 주성분은 파세올린(phaseolin)이다.

콩류 단백질(bean protein)은 황 함유 아미노산(methionine, cysteine)의 함량이 낮다.

2) 단백질의 반응

단백질의 종류는 다양하지만 단백질 종류별로 특유의 반응을 나타내므로 이를 통해 단백질의 존재 여부를 알 수 있다. 이 반응들은 정색반응(color reaction), 응고반응(coagulation reaction), 침전반응(precipitation reaction)의 3대 성질에 기인된다. 그러나 모든 단백질이 반드시 위와 같은 반응이 일어난다고 할 수는 없다. 예를 들어 어떤 특정 아미노산을 가지지 않은 단백질은 그 아미노산에 유래하는 정색반응을 일으키지 않는다. 또 어떤 종류의 단백질은 응고반응을 나타내지 않을 수도 있다. 따라서 단백질의 존재 여부를 검사하려면 적어도 다음과 같은 여러 가지 방법을 활용해야 한다.

(1) 정색반응

① 뷰렛 반응

단백질 용액에 수산화나트륨(NaOH) 용액을 가하고 여기에 1%의 황산구리($CuSO_4$) 수용액 1~2방울을 떨어뜨리면 적자색 내지 청자색을 나타내는 반응을 뷰렛 반응(Biuret reaction)이라 한다. 이 반응은 2개 이상의 펩타이드기(−CONH−)를 가지는 화합물임을 나타낸다. 540 nm에서 흡광도를 측정하여 단백질 함량을 계산할 수 있다.

② 잔토프로테인 반응

단백질 용액에 진한 질산(HNO_3) 몇 방울을 떨어뜨리면 백색 침전이 생성된다. 이것을 가열하면 침전은 녹아서 황색이 되고, 식힌 후 암모니아를 가하여 알칼리성으로 하면 오렌지색으로 된다. 이와 같은 반응은 단백질 분자 중에 벤질기($C_6H_5^-$)가 존재하기 때문이다. 즉, 트립토판, 페닐알라닌, 타이로신 등이 존재할 때 일어나는 반응으로 잔토프로테인 반응(xanthoprotein reaction)이라고 한다.

③ 밀론 반응

단백질에 밀론 시약[금속 수은(Hg) 1에 진한 질산(비중 1.42) 2배의 양을 가하여 녹이고 이것을 다시 2배의 물로 희석하여 만듦]을 가하면 백색 침전이 생성되고 가열하면 적색으로 된다. 이러한 반응을 밀론 반응(Millon reaction)이라 하며, 페놀기(HOC_6H_4-)를 가지는 타이로신이 존재할 때 일어난다.

④ 에를리히 반응

단백질 용액에 에를리히(Ehrlich) 시약을 가하고 진한 염산을 첨가한 후 가열하면 자청색을 나타낸다. 이 반응은 인돌기(indole group)를 갖는 트립토판이 존재할 때 일어난다.

⑤ 홉킨스-콜 반응

단백질 용액에 홉킨스-콜(Hopkins-Cole) 시약(옥살산 포화용액에 분말 마그네슘을 가하여 반응 후 여과한 것)을 가하고 진한 황산을 시험관 벽에 붙여서 서서히 첨가하면 접촉면에 적색 고리를 생성한다. 이 반응은 트립토판이 존재할 때 일어난다.

⑥ 유황 반응

단백질에 40% 수산화나트륨을 가하여 2분간 끓인 후 아세트산납 수용액을 가하면 황화납의 침전이 생긴다. 이것은 황 함유 아미노산이 있을 때 반응한다.

(2) 응고반응

어떤 종류의 단백질(albumin, globulin 등)은 열로 인해 응고 및 침전이 일어난다. 또 단백질 용액에 알코올을 많이 가하면 침전이 생기고, 진한 질산에 단백질 용액을 유입시키면 그 접촉면에 응고 단백질의 백색 침전이 생긴다.

(3) 침전반응

① 중금속에 의한 침전

단백질 용액에 수은, 은, 구리, 납 등의 중금속 염류의 용액을 가하면 침전을 일으키는데 이 침전반응은 중~약 산성에서 예민하다. 너무 많이 첨가하면 수은염 이외의 것은 재용해한다. 승홍($HgCl_2$)액을 단백질 용액에 몇 방울 떨어뜨리면 백색의 침전이 생기는데 여기에 소금을 조금 넣으면 침전은 없어진다. 다시 새로 묽은 산을 몇 방울 넣으면 재침전된다.

황산구리를 단백질 용액 중에 넣으면 청색 침전이 생성되는데 여기에 수산화나트륨을 첨가하면 녹아서 자색 용액으로 된다. 염화제1철($FeCl_2$) 용액을 단백질 용액에 넣으면 침전이 생기는데 이때 과잉의 양을 첨가할 경우에는 침전이 다시 녹는다. 이때 아세트산납〔$Pb(CH_3COO)_2$〕에 의하여 단백질은 백색 침전이 생긴다.

② 기타에 의한 침전

단백질 용액에 빙초산 몇 방울을 떨어뜨린 후 황산염 용액을 넣으면 침전한다. 피크르산(picric acid), 삼염화아세트산, 탄닌산, 살리실설폰산, 인텅스텐산, 인몰리브텐산, 규소텅스텐산 등에 의해서도 침전된다. 또 설포살리실산(sulfosalicylic acid)에 의한 침전반응은 소변 중의 단백질 검출에 사용된다.

4. 단백질의 품질 평가

식품의 단백질은 아미노산의 조성과 인체에서 필요로 하는 필수아미노산의 요구량을 비교하여 질이 우수한 것과 낮은 것으로 나눌 수 있다. 단백질은 일단 아미노산까지 분해된 다음, 흡수되어 체내에서 다시 단백질로 조립되지만 재조립할 때는 원래의 단백질과는 달리 섭취 개체의 특유한 단백질로 된다. 체내 단백질 합성은 필요한 종류와 수의 아미노산이 준비된 후에 일시에 합성되기 때문에 필요한 아미노산은 동시에 공급되어야 한다. 이 중 필수아미노산은 체내에서 합성되지 않으므로 반드시 식품을 통해 공급받아야 한다. 따라서 식이 단백질의 품질은 필수아미노산의 조성에 의해 평가된다. 즉, 단백질의 품질은 소화율과 인간이 필요로 하는 필수아미노산을 얼마나 공급하는가에 의해 결정된다.

그동안 단백질 품질 평가지표로 다양한 방법이 개발되었으나 상당수는 더 이상 사용하지 않고 있다. 유엔세계식량농업기구(FAO)에서 권장하는 단백질 품질 평가방법은 단백질 소화율 보정 아미노산가(Protein Digestibility Corrected Amino Acid Score, PDCAAS)이다. FAO는 최근 PDCAAS 대신 새로운 평가지표로 가소화 필수아미노산가(Digestible Indispensable Amino Acid Score, DIAAS)를 제안하였다.

표 4-6 FAO/WHO/UNU에서 제시한 학령기 이전 아동에 대한 단위 단백질 무게당 필수아미노산 필요량

아미노산	필요량(mg/g 조단백질)
이소류신	28
류신	66
라이신	58
총 황 함유 아미노산	25
총 방향족 아미노산	63
트레오닌	34
트립토판	11
발린	35
합계	320

자료 : FAO/WHO/UNU, 전문가 상담 보고서, 1985

1) 단백질 소화율 보정 아미노산가

단백질 소화율 보정 아미노산가(PDCAAS)는 평가 대상 식품 단백질의 아미노산 조성과 기준 아미노산 조성을 비교하여 결정한다. PDCAAS는 다음과 같이 산출한다.

$$\text{PDCAAS} = \frac{\text{시료 단백질 1 g에 함유된 제한 아미노산 함량(mg)} \times \text{순 소화율(\%)}}{\text{기준 단백질 1 g에 함유된 해당 아미노산 함량(mg)}}$$

이 기준에 따라 식품 단백질의 품질을 평가했을 때, 달걀은 118, 우유 121, 쇠고기 92, 콩 91, 밀 42 등으로 나타났다. 참고로 이전에 사용해 왔던 아미노산가(amino acid score)는 PDCAAS 계산식에서 순 소화율(%)을 제외하고 산출하였다.

2) 가소화 필수아미노산가

이 단백질 품질 평가방법은 2013년 FAO가 기존의 PDCAAS를 대체할 방법으로 제시하였다. 가소화 필수아미노산가(DIAAS)는 소장 말단에서 아미노산 소화율을 측정하므로 소화흡수율에 대한 보다 정확한 정보를 제공한다는 것이 기존 방법과 다른 점이다. PDCAAS는 소화관 전체에 걸친 조단백질 소화율의 추정치를 이용하기 때문에 흡수된 아미노산 양이 실제보다 높게 평가될 수 있다.

$$\text{DIAAS(\%)} = \frac{100 \times \text{시료 단백질 1 g에 함유된 가소화 제한 아미노산 함량(mg)}}{\text{기준 단백질 1 g에 함유된 해당 아미노산 함량(mg)}}$$

3) 생물가

생물가(biological value)란 섭취 단백질 유래 질소 가운데 흡수된 질소 대비 체내 보유된 비율을 의미한다. 생체 내에서의 단백질 이용률을 식품에 따라 동물실험을 통하여 직접 측정한다.

- 흡수된 질소(N) 양

  = 섭취한 질소 − (단백질 투여 기간의 변 중 질소 − 무단백 투여 기간의 변 중 질소)

- 체내 보유 질소량

  = 흡수된 질소 − (단백질 투여 기간의 요 중 질소 − 무단백 투여 기간의 요 중 질소)

$$\bullet\ \text{생물가(BV)} = \frac{\text{체내 보유 질소 양}}{\text{흡수된 질소 양}} \times 100$$

$$= \frac{\text{음식물 중 질소} - (\text{변 중 질소} - \text{대사 질소}) - (\text{요 중 질소} - \text{내생 질소})}{\text{음식물 중 질소} - (\text{변 중 질소} - \text{대사 질소})} \times 100$$

4) 순단백질 이용률

총 단백질 중 실제 이용률(net protein utilization, NPU)이라 함은 식품 단백질의 생물가에 해당 단백질의 소화율을 고려하여 계산한 값이다. 생물가는 식품 단백질의 소화율을 고려하지 않는 반면, 순단백질 이용률(NPU)은 소화율을 고려하여 산출하므로 식품 단백질에 대한 보다 정확한 품질지표라 할 수 있다.

$$\bullet\ \text{소화율(\%)} = \frac{\text{흡수된 질소 양}}{\text{음식물 중 질소 양}} \times 100$$

$$= \frac{\text{음식물 중 질소} - (\text{변 중 질소} - \text{대사 질소})}{\text{음식물 중 질소}} \times 100$$

$$\bullet\ \text{NPU} = \text{생물가} \times \text{소화율} = \frac{\text{보유 질소 양}}{\text{섭취 질소 양}} \times 100$$

5) 단백질의 상호 보완

단백질 상호 보완(protein complementation)이란 품질이 낮은 식품 단백질에 부족한 제한 아미노산을 대신 공급할 수 있는 다른 식품과 혼합하여 단백질의 품질을 높이는 것을 뜻한다. 예를 들어 쌀 단백질은 우유 단백질인 카세인에 비해 영양가가 떨어지지만 쌀 단백질에 라이신(lysine)을 첨가하면 품질이 개선되어 동물의 성장을 유의적으로 증가시킨다. 옥수수 단백질도 영양가는 낮으나 라이신과 트립토판을 개별적으로 첨가할 경우 미미하지만 품질 개선 효과가 있으며, 동시에 두 가지 아미노산을 첨가하면 동물 성장을 유의적으로 증가시킨다. 이와 같이 단백질의 영양가는 그 종류에 따라 큰 차이가 있으나 영양가가 낮은 단백질일지라도 하나 또는 여러 종류의 제한 아미노산을 보충해 주면 동물 발육을 촉진시킬 수 있다. 따라서 단백질의 영양가는 이를 구성하는 필수아미노산의 종류에 따라 결정되는 것이라고 추정할 수 있다.

대체로 식물성 단백질이 동물성 단백질에 비하여 영양가가 낮은 편이다. 이는 동물성 단백질에는 모든 필수아미노산이 골고루 함유되어 있는 반면, 식물성 단백질에는 한두 개의 필수아미노산〔특히 라이신, 트립토판, 트레오닌(threonine)〕의 함량이 낮기 때문이다.

6) 아미노산의 불균형

아미노산의 불균형(amino acid imbalance)이란 제2 제한 아미노산 또는 특정 필수아미노산이 결핍된 혼합물을 1개 또는 2종 이상의 필수아미노산이 경계 수준인 식이에 보충하였을 때에 부작용이 나타나는 현상을 말한다. 최근에는 아미노산의 혼합물에 어떤 아미노산을 과잉으로 첨가하였을 때 아미노산의 이용이 방해받는 현상으로 많이 사용된다. 아미노산의 불균형은 유사한 구조를 갖는 아미노산 사이에서 일어난다. 예를 들어 이소류신(isoleucine), 발린(valine)의 이용을 류신(leucine)이, 라이신의 이용을 아르기닌(arginine)이 방해한다.

5. 단백질 섭취기준

1) 질소 균형

건강한 성인은 열량 섭취가 적절하여 단백질이 에너지로 사용되지 않는 한 단백질 손실량과 섭취량은 같다. 이를 단백질 균형 상태 또는 질소 균형(nitrogen balance)이라고 한다. 반면에 단백질의 섭취량이 손실량보다 많거나 적은 경우에는 각각 양의 질소 균형 또는 음의 질소 균형이라고 한다.

성장기와 질병 회복기에는 단백질의 축적이 손실보다 많아 양의 질소 균형을 보이며, 소모성 질환(결핵, 당뇨, 암) 또는 화상을 입은 경우에는 단백질 손실이 섭취량보다 많아 음의 질소 균형을 나타낸다. 인슐린, 성장호르몬, 남성호르몬과 같은 호르몬은 양의 단백질 또는 질소 균형에 기여하는 반면에, 코티졸 같은 호르몬은 음의 질소 균형과 관련이 깊다.

단백질의 구성 원소인 질소의 섭취와 손실을 추적하는 것이 단백질보다 훨씬 쉽기 때문에, 실제로 단백질 섭취량과 체단백질 손실량을 측정할 때는 단백질보다 질소 균형으로 계산한다. 질소가 단백질 또는 아미노산에서 차지하는 비중이 평균적으로 약 16%이므로 질소 섭취량에 100/16 = 6.25를 곱하여 단백질 섭취량을 계산할 수 있다.

$$질소\ (g) \times 6.25 = 단백질\ (g)$$

질소 균형에 관한 연구는 24시간 동안의 모든 질소 급원의 섭취량과 손실량을 정확히 측정해야 하므로 수행하기 어렵다.

2) 단백질 섭취기준

2015년에 발표된 '한국인 영양소 섭취기준'에 따르면 단백질 섭취기준은 6개월 이상 연령층에서는 평균필요량과 권장섭취량을 설정하고, 영아 전반기에는 충분섭취량만을 설정하였다. 단백질의 평균필요량은 국제적으로 통용되는 질소 균형 실험 결과를 근거로 하되 소화율을 반영하여 추정하였다. 성인의 경우 성별에 상관없이 질소 균형 실험 결과로부터 얻은 0.66 g/체중kg/일에 단백질의 소화율을 보정한 0.73 g/체중kg/일을 질소 평형 유지를 위한 체중 kg당 1일 필요량으로 정하고, 성별 및 연령 구간별 평균체중을 곱하여 1일 단백질 필요량을 산출한다. 권장섭취량은 인구의 97~98%(평균필요량 + 2 × 표준편차)에 해당하는 사람들이 필요량을 충족시킬 수 있도록 평균필요량에 변이계수(12.5%)를 적용하여 산출(0.91 g/체중kg/일)한다.

'국민건강영양조사' 보고서(질병관리본부, 2018)에 따르면 우리나라 국민의 1일 하루 평균 단백질 섭취량은 71 g이며 총 열량의 15.7%(남자) 또는 14.8%(여자)를 차지하였다. 한편 1일 총 섭취에너지에서 차지하는 3대 열량소인 탄수화물 : 지질 : 단백질의 비중이 남자는 61.6 : 22.7 : 15.7이었고, 여자는 62.8 : 22.4 : 14.8로 성별 간 유의적 차이는 없었다.

2018년 조사에서 성인의 권장섭취량 대비 단백질 섭취비율은 109~129%로 나타났으며, 동물성 단백질 섭취 비중이 48.2%로 크게 높아진 것으로 나타났다. 동물성 단백질의 비중이 높아진 것은 아동의 전반적인 성장 촉진 등 긍정적인 측면과 만성질환의 증가와 같은 부정적 측면이 있을 수 있다. 한편 65세 이상의 노인들은 54.64 g/일로 권장섭취량 대비 섭취비율이 99.3~121%로 다른 연령층에 비해 낮은 수준으로 나타났다.

단백질의 대표적 급원식품 중 필수아미노산이 충분히 함유되어 있는 완전 단백질의 급원식품은 동물성 육류(쇠고기, 돼지고기, 닭고기), 생선, 달걀, 우유 및 유제품(치즈, 요거트) 등을 꼽을 수 있다. 곡류, 견과류, 대두 등은 일부 필수아미노산이 양적으로 부족한 부분적 완전 단백질의 급원식품이므로 필수아미노산의 부족을 예방하기 위해서는 완전 단백질 급원식품과 함께 섭취할 것을 권장한다.

단백질의 과잉 섭취가 건강 상태에 직접적인 해를 미치는지에 대해서는 아직 근거자료가 부족하다. 기존의 과학적 근거 자료들은 짧은 기간 동안의 고단백질 섭취에 대한 연구 보고로 장기간 섭취 영향에 대한 연구 근거가 아직 부족하기 때문이다. 그럼에도 동물성 단백질의 높은 섭취량은 비만, 당뇨병, 심장 질환, 뇌졸중, 암의 위험 증가와 관련된 것으로 보고되고 있다. 또한 영유아 및 아동에서의 증가된 단백질 섭취는 비만 위험의 가능성을 높이는 것으로 보고되었으나, 질병 발병의 위험 및 건강에 해를 미친다는 직접적인 영향에 대한 자료는 아직 부족한 실정이다. 단백질 과잉 섭취를 예방하기 위해 건강한 성인이 2 g/kg/일 이상의 단백질을 섭취하지 않도록 제안된 바 있다(Durnin 등, 1999).

체내에서 필요로 하는 양 이상의 단백질을 섭취할 경우, 초과분 단백질은 분해되어 탄소 골격은 포도당이나 지방으로 전환되어 저장되거나 열량으로 이용된다. 일상적인 스트레스, 신체적 노동, 보통의 스포츠 활동 등은 단백질 권장량을 증가시키는 요인이 아니므로 섭취량을 증가시킬 필요는 없다. 그러나 전문가들은 질병이나 외상으로부터 회복기 환자, 지구력 강화 훈련과 고강도의 훈련을 받는 운동선수들은 일반적인 단백질 권장섭취량보다 더 많은 단백질을 섭취할 것을 권한다.

6. 단백질 관련 건강 문제

1) 단백질 결핍증

단백질은 우리 몸에서 가장 중요한 역할을 하는 영양소이므로 결핍 시 심각한 건강상의 문제를 일으킨다. 대표적 증세로 발육 부진, 체중 및 피하지방 감소, 근육량 감소로 인한 근력 저하, 부종, 저혈압, 질병 저항성 감소, 무월경 등이 있다. 특히 어린이(유아~10세)에게 단백질이 결핍되면 콰시오커(kwashiorkor) 또는 마라스무스

(marasmus) 증상이 나타난다.

마라스무스는 에너지와 단백질이 동시에 결핍되는 경우로, 보통 심하게 마른 체형을 가지게 되는 것이 특징이다. 반면 에너지는 어느 정도 공급이 되면서 단백질만 선택적으로 결핍된 상태를 콰시오커라고 하는데, 대표적 증상으로는 부종(edema), 간비대증이 나타나며 면역력 저하로 감염에 취약한 상태가 된다. 이는 에너지 공급으로 코티솔(cortisol) 호르몬 분비가 억제되어 상대적으로 중요도가 낮은 근육 단백질의 분해가 안 되고, 이에 따라 우리 몸이 정상적으로 작동하는 데 필요한 단백질(예를 들어 알부민, 각종 효소, 면역 관련 인자 등)을 합성하지 못하기 때문에 나타나는 건강상의 문제이다. 특히, 알부민 합성이 원활하지 못하면 혈중 삼투압 저하로 물이 세포간질로 이동하여 몸이 붓는 증상(부종)이 관찰된다.

2) 단백질 과잉증

단백질의 과잉 섭취에 따른 연구 보고는 많지 않지만, 체중 kg당 2 g 이상 장기간

표 4-7 국가별 알레르기 유발 식품 표시 현황

한국	미국	유럽연합	캐나다	일본
1. 달걀 2. 우유 3. 땅콩 4. 호두 5. 밀 6. 메밀 7. 콩 8. 새우 9. 게 10. 고등어 11. 조개류(굴, 전복, 홍합) 12. 아황산염 13. 오징어 14. 돼지고기 15. 닭고기 16. 쇠고기 17. 복숭아 18. 토마토 19. 잣	1. 달걀 2. 우유 3. 땅콩 4. 견과류(아몬드, 호두, 피칸 등) 5. 밀 6. 콩 7. 갑각류(게, 바다가재, 새우 등) 8. 생선(가자미, 대구 등)	1. 달걀 2. 우유 3. 땅콩 4. 견과류(아몬드, 호두, 피칸 등) 5. 글루텐 함유 곡류 6. 콩 7. 갑각류(게, 바다가재, 새우 등) 8. 생선 9. 아황산염 10. 조개류 11. 겨자 12. 참깨 13. 루핀콩 14. 셀러리	1. 달걀 2. 우유 3. 땅콩 4. 견과류(아몬드, 호두, 피칸 등) 5. 밀 6. 호밀 7. 글루텐 곡류 함유 8. 콩 9. 갑각류 10. 생선 11. 조개류 12. 아황산염 13. 겨자씨 14. 참깨	〈의무〉 1. 달걀 2. 우유 3. 땅콩 4. 밀 5. 메밀 6. 새우 7. 게 〈권장〉 전복, 오징어, 연어알, 오렌지, 캐슈넛, 키위, 쇠고기, 호두, 참깨, 연어, 고등어, 콩, 닭고기, 바나나, 돼지고기, 송이버섯, 복숭아, 참마, 사과, 젤라틴

자료 : 전유훈 등, AARD, 7:67-72, 2019.

섭취 시 소화불량, 설사, 탈수, 메스꺼움, 두통, 간과 신장 손상, 요독증 등과 연관이 있다는 보고가 있다. 또한 체액의 산성화로 뼈에서 칼슘의 용출이 증가되어 골밀도를 저하시킬 수 있다.

3) 알레르기

식품 알레르기는 특정 식품에 대한 면역반응에 의해 발생하는 비정상적 과민반응이다. 식품 알레르기는 두드러기, 구토, 기침, 코막힘 등 신체의 모든 기관에 증상이 발생할 수 있으며, 삶의 질을 떨어뜨릴 뿐만 아니라 아나필락시스(anaphylaxis) 형태로 사망에 이를 수도 있어 생명을 위협하는 중요 질환이다. 식품 알레르기의 유병률은 세계적으로 증가 추세에 있으며 국내에서도 증가하고 있다. 특히 소아에서 발병 가능성이 높다. 표 4-7은 국가별 알레르기 유발 식품 표시 현황을 나타낸 것이다.

단원정리

1. 단백질은 신체의 16% 정도를 차지하는 신체 구성 성분으로 수분 다음으로 많으며, 아미노산이 펩타이드로 결합된 필수 영양소이다.

2. 아미노산은 20여 종으로 체내의 단백질 합성에 필수적이며, 체내에서 합성될 수 없는 필수아미노산과 체내의 질소를 이용하여 합성되는 비필수아미노산으로 분류된다.

3. 식품의 단백질을 구성하는 아미노산의 종류와 양에는 차이가 있는데 하나 또는 그 이상의 필수아미노산이 부족하면 불완전단백질이라 하고 이때 부족한 아미노산을 제한 아미노산이라 한다. 부족한 필수아미노산을 보충하거나 부족한 필수아미노산이 풍부한 식품을 같이 먹으면 단백질의 질은 향상되며 이를 상호 보완 효과라고 한다.

4. 단백질은 신체의 구성 성분일 뿐만 아니라 산과 염기의 평형을 통해 체액을 중성으로 유지시키고 효소, 호르몬, 항체 및 신경전달물질을 합성하는 기능이 있다. 또 영양소의 운반, 포도당의 신생합성 및 에너지원으로도 기능한다.

5. 성인의 단백질 필요량은 체내의 질소 균형 결과와 소화율(90%)을 고려하여 0.73 g/kg/일로 결정되었으며, 권장섭취량은 평균필요량에 변이계수(12.5%)의 2배를 곱한 값을 더하여 0.91 g/kg/일로 결정하였다.

6. 단백질의 주요한 급원 식품에는 유제품, 어육류, 알류 등의 동물성 식품과, 콩류나 견과류 같은 식물성 식품이 있다. 단백질의 질은 생물가, 순단백질 이용률, 가소화 필수아미노산가 및 아미노산가에 의해 평가된다.

7. 단백질은 섭취가 부족하면 발육 장애, 체중 및 피하지방의 감소, 근육 쇠약, 2차성 빈혈 및 부종 등을 일으킨다. 특히 어린이의 경우 장기적으로 단백질 섭취가 부족하면 콰시오커와 마라스무스 같은 단백질 결핍증이 나타난다.

8. 아미노산 풀이 크면 체내 단백질 합성이 일어나고 포도당과 지방이 합성되며, 아미노산 풀이 작으면 체내 단백질이 분해된다.

연습문제

1 단백질의 구성단위인 아미노산에 대해서 설명하고, 단백질의 체내 기능을 서술하시오.

2 단백질 섭취와 관련한 건강 문제에 대해서 서술하시오.

참고문헌

문수재·김혜경·홍순명·이경혜·이명희·이영미·이경자·안경미·이민준·김정연·김정현, 알기 쉬운 영양학, 수학사, 2016.

보건복지부·질병관리본부, 2018 국민건강영양조사, 2019.

보건복지부·한국영양학회, 2015 한국인 영양소 섭취기준, 2016.

식품과학기술교수연구회, 문제해결능력을 키워주는 식품기사·산업기사, 수학사, 2014.

이현기, 증보 영양화학, 수학사, 2004.

전유훈·김현희·박용민·장광천·김혜영·염혜영·김지현·안강모·민택기·편복양·이수영·김경원·김윤희·이정민·이소연·김우경·송태원·김정희·이용주·대한소아알레르기 호흡기학회 식품알레르기 아토피피부염 연구회, 국내 알레르기 유발식품 표시제의 현황과 문제점. AARD, 7:67-72, 2019.

Carol Byrd-Bredbenner·Gaile Moe·Jacqueline Berning·Danita Kelley, 김미경·왕수경·신동순·권오란·박윤정 옮김, 생활 속의 영양학(3판), 라이프사이언스, 2016.

허채옥·권순형·김은미·원선임·박용순·박진희·김상연·정경아·김은영·박유신, 기초영양학, 수학사, 2016.

D. Geraghty·MA. Peifer·I. Rubenstein·J. Messing, The primary structure of a plant storage protein: zein. *Nucleic Acids Res.*, 9(19): 5163-5174.1981.

DL. Nelson·MM. Cox·AL. Lehninger, *Lehninger Principles of Biochemistry*, w.h. Freeman and Company, 2017.

FAO, Dietary protein quality evaluation in human nutrition, Report of an FAO Expert Consultation, 2011.

G. Schaafsma, "The protein digestibility-corrected amino acid score". *Journal of Nutrition*, 130(7): 1865S-7S, 2000.

https://www.medicalnewstoday.com/articles/322825.php

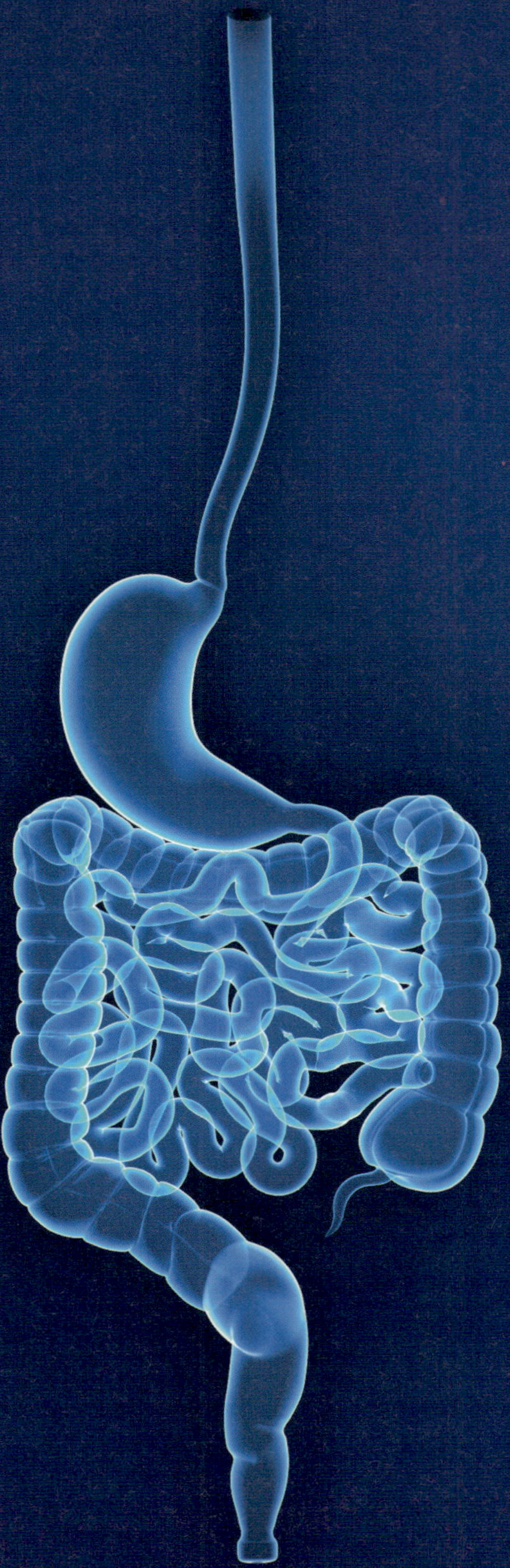

05

NUTRITIONAL CHEMISTRY

CHAPTER 05

소화와 흡수

소화기관

소화 과정

영양소 흡수

1. 소화기관

소화기관은 소화관과 부속 기관으로 나뉜다. 소화관은 입에서 항문에 이르는 기관으로, 섭취한 음식물을 잘게 부수고 분해하여 흡수되기 쉬운 형태로 만드는 기능을 한다(그림 5-1). 부속 기관들은 소화 과정이 잘 이루어지도록 돕는 역할을 한다. 대표적 소화기관은 입, 위, 소장, 대장이며, 소화를 돕는 부속 기관으로는 침샘(타액선), 이자(췌장), 간과 쓸개(담낭) 등이 있다.

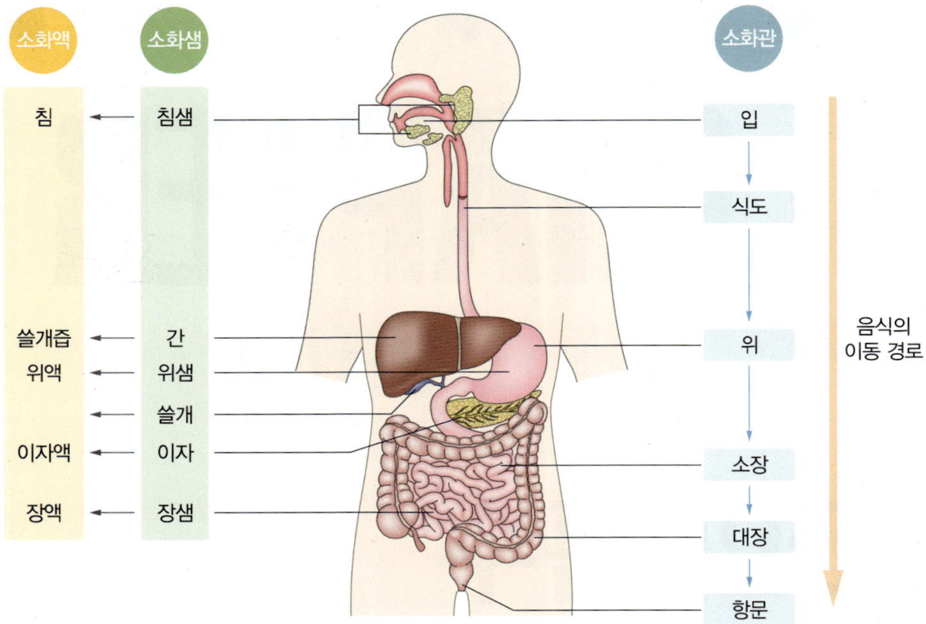

그림 5-1 사람의 소화기관

2. 소화 과정

1) 입에서의 소화

입(mouth)에서는 주로 물리적 소화가 이루어지며 약간의 화학적 소화도 일어난다. 구강 내 치아는 음식물을 자르고, 찢고, 부수는 역할을 하는데, 앞니(incisor)는 자르는 기능을 담당하고, 송곳니(canine)는 찢는 역할을, 어금니(premolar와 molar)는 잘게 부수는 일을 한다(그림 5-2). 성인의 경우 총 28~32개의 치아를 가지고 있는데 앞니

8개, 송곳니 4개, 작은 어금니 8개, 큰 어금니 8개, 사랑니는 0~4개로 개인에 따라 차이가 있다. 한편 3개의 침샘(턱밑샘, 귀밑샘, 혀밑샘)에서 분비되는 침(타액, saliva)은 음식물을 부술 때 윤활작용을 하기도 하고, 프티알린(ptyalin)과 같은 효소를 분비하여 전분을 분해하기도 한다. 어린이의 침에는 리파아제(lipase)도 함유되어 있어 약간의 지방 분해도 일어날 수 있다.

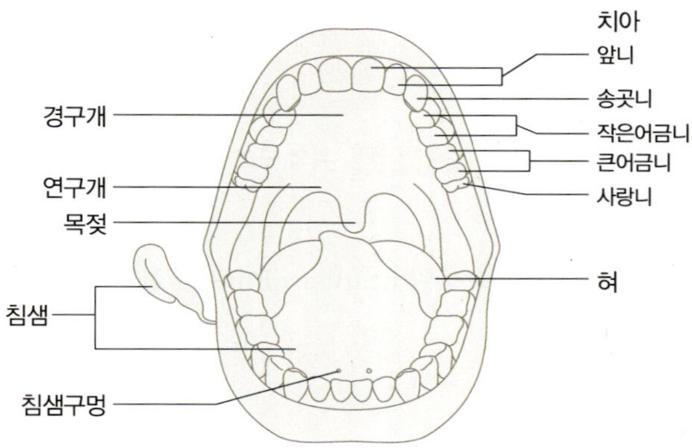

그림 5-2 구강 구조

2) 위에서의 소화

입안에서 잘게 부서진 음식물은 식도를 거쳐 위(stomach)로 넘어가는데, 위에서는 벽세포(parietal cell)에서 분비되는 위산(gastric acid, HCl)과 음식물이 혼합되어 산성 유미즙(chyme)이 만들어진다. 또 위의 주세포(chief cell)에서 분비되는 펩시노겐(pepsinogen)이 위산에 의하여 펩신(pepsin)으로 활성화되고, 이 효소는 유미즙에 있는 단백질을 분해하여 펩톤(peptones)과 펩타이드(peptides)로 전환한다.

위의 벽세포에서는 내인성 인자(intrinsic factor)가 분비되는데 이는 비타민 B_{12} 흡수에 필수인 당단백질이며, 유전적으로 이 단백질 합성이 안 될 경우에는 악성빈혈(pernicious anemia)이 유발된다.

식도와 위의 분문부 사이에는 식도괄약근(esophageal sphincter)이 존재하는데 위로 이송된 음식물이 역류되는 것을 방지하는 기능을 한다(그림 5-3). 이 괄약근(조임근)이 어떤 생리적 이상에 의해 산성을 띠는 위의 내용물이 식도로 역류하면 심한

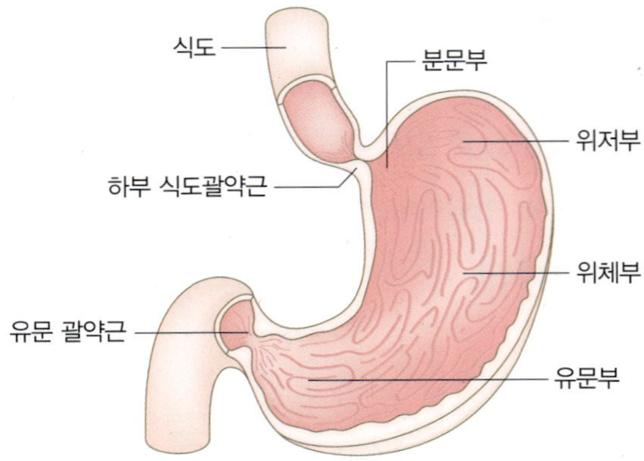

그림 5-3 위의 구조

가슴 통증을 유발하는데 이를 속쓰림(heartburn)이라고 한다.

3) 소장에서의 소화

소장(작은창자, small intestine)은 위에서 가까운 부위부터 십이지장(duodenum), 공장(jejunum), 회장(ileum)의 세 부분으로 나뉘며, 위와 십이지장 사이에는 유문괄약근(pyloric sphincter)이 있어 위로부터 산성 유미즙이 십이지장으로 유입되는 속도를 조절한다. 음식물의 궁극적인 소화는 대부분 소장에서 이루어지고, 이자에서 분비되는 소화효소와 장 점막에서 분비되는 효소가 주요한 역할을 한다. 이자에서 분비되는 액체 성분을 이자액(췌액, pancreatic juice)이라고 하며, 위에서 넘어오는 유미즙을 중화하는 중탄산 성분을 비롯하여 탄수화물, 단백질, 지방 소화효소(아밀라아제, 트립신, 키모트립신, 리파아제) 등이 함유되어 있다. 아밀라아제는 전분을 분해하여 엿당과 덱스트린으로 만들고, 트립신과 키모트립신은 단백질을 분해하여 펩타이드와 펩톤을 만든다. 단백질 분해효소들은 비활성 효소원(zymogen)의 형태로 분비되는데 이는 분비되는 동안 분비관을 손상시키지 않기 위해서이다. 일단 분비되면 엔테로키나아제(enterokinase)가 트립시노겐을 트립신으로 활성화하고, 트립신은 키모트립시노겐, 프로카복시펩티다아제, 프로엘라스타제 등 다른 이자액 단백질 소화효소를 활성화시킨다.

한편 지질이 분해되기 위해서는 간에서 만들어지고 쓸개(gallbladder)에 저장되었

전구체	활성화 효소	활성 효소
트립시노겐	엔터로키나아제 →	트립신
키모트립시노겐	트립신 →	키모트립신
프로카복시펩티다아제	트립신 →	카복시펩티다아제
프로엘라스타제	트립신 →	엘라스타제

다가 유미즙이 십이지장으로 유입될 때 분비되는 쓸개즙(담즙, bile)이 필요한데, 이는 지질 성분을 유화하여 이자 리파아제가 작용하기 용이하게 해준다. 이자 리파아제는 유미즙 내 중성지질을 분해하여 모노글리세라이드와 지방산으로 만들며, 이들은 보통 유미관(lacteal)을 거쳐 림프관(lymphatic duct)으로 흡수되고, 계속하여 흉관(thoracic duct)을 거쳐 심장으로 들어간 이후 온몸으로 전달된다. 쓸개즙의 성분은 콜레스테롤에서 유도된 글리코콜산(glycocholic acid), 데옥시콜산(deoxycholic acid) 등을 포함하여 빌리루빈, 콜레스테롤, 지방산, 인지질, 미량의 무기질을 함유하고 있다. 쓸개즙은 지질을 유화하여 효소작용을 돕는 기능을 마친 후 대부분 회장에서 흡수되어 혈액을 거쳐 간으로 되돌아온다. 이러한 일련의 과정을 장간순환(enterohepatic circulation)이라고 한다.

소장 점막에서도 탄수화물 분해효소와 펩타이드 또는 단백질 분해효소가 분비되는데, 예를 들어 엿당을 분해하는 말타아제(maltase), 젖당을 분해하는 락타아제(lactase), 설탕을 분해하는 수크라아제(sucrase) 등이 있으며, 아미노펩티다아제(aminopeptidase), 다이펩티다아제(dipeptidase), 트라이펩티다아제(tripeptidase) 등은 단백질이나 펩타이드를 분해하여 아미노산으로 전환시킨다.

4) 소화 관련 호르몬

소화가 이루어지는 과정은 호르몬에 의해서 조절되며, 대표적 호르몬으로는 가스

장간순환(enterohepatic circulation)

쓸개즙과 비타민 B_{12}와 같은 성분이 소장과 간을 순환하는 과정을 의미한다. 예를 들어 쓸개즙산염은 간에서 콜레스테롤로부터 만들어져 쓸개에 저장되었다가, 음식물의 섭취 및 소화가 시작되면 십이지장으로 분비되어 지질을 유화하여 소화를 돕고, 회장 부위에서 재흡수되어 혈액과 간문맥을 거쳐 간으로 되돌아온다. 쓸개즙산의 95%는 재순환된다.

트린(gastrin), 세크레틴(secretin), 콜레시스토카이닌(cholecystokinin, CCK) 등이 있다. 이들은 각각 위 운동 촉진, 이자액 분비 촉진, 쓸개 수축 등의 작용을 한다. 자세한 분비 위치와 작용 메커니즘은 표 5-1에 나타내었다.

표 5-1 소화 관련 호르몬의 종류 및 기능

종류	분비 위치	분비 메커니즘	기능
가스트린(gastrin)	위	위 내 음식물	위 운동 촉진
세크레틴(secretin)	십이지장	소장 내 유미즙 유입	이자액 분비 촉진
콜레시스토카이닌 (cholecystokinin)	십이지장	소장 내 펩톤 또는 지방 유입	쓸개 수축 및 이자액 분비 촉진
가스트린저해펩타이드 (gastric inhibitory peptide)	십이지장	소장 내 산성 유미즙 유입	위 운동 억제

5) 소화관 운동

소화관에서 일어나는 대표적 운동은 분절운동(segmentation movement)과 연동운동(peristalsis)이다. 분절운동은 소장과 대장에서 주로 이루어지며 소화관 내 윤근(circular muscle, 돌림근)이 수축하는 운동으로, 음식물과 소화액의 혼합이 잘되도록 돕고 유미즙의 이동을 느리게 한다. 연동운동은 식도에서 주로 일어나며, 종주근(세로근, longitudinal muscle)이 규칙적으로 수축하면서 음식물을 소화기관 아래 방향으로 이동시킨다.

3. 영양소 흡수

1) 영양소 흡수 부위 및 그 메커니즘

음식물의 소화물은 대부분 소장에서 흡수되며, 물과 알코올만 위에서 일부 흡수된다. 소장의 길이는 3~5 m이고, 해부학적 구조를 보면 돌기, 융모, 미세융모로 이루어져 있어 단순한 평면 구조에 비하여 표면적이 600배 정도 커서 전체 면적이 300 m^2 정도가 되어 효율적으로 영양소를 흡수할 수 있다.

포도당, 갈락토스, 아미노산 등이 흡수되기 위해서는 에너지(ATP)와 운반체가 필요하며, 이러한 흡수 형태를 능동수송(active transport)이라고 한다. 반면 지방산과 지용성 성분의 흡수는 농도 기울기에 따라 운반체나 에너지 소모 없이 융모세포를 거쳐 유미관으로 흡수되며, 이러한 흡수 형태는 수동적 확산(passive diffusion)이라고 한다. 대부분의 수용성 비타민과 무기질, 과당은 촉진확산(facilitated diffusion)에 의하여 흡수된다.

한편 대장에서는 수분 흡수가 주로 이루어지며, 일부 전해질(Na^+, Cl^-) 및 대장균에 의해서 합성된 비타민 K, 비오틴 등의 일부가 흡수된다. 소화되지 못한 유기물 가운데 수용성 탄수화물(펙틴, 검, 베타-글루칸 등)은 대장균에 의해서 휘발성 지방산(acetate, propionate, butyrate)으로 발효되어 흡수되는 것으로 알려져 있다.

2) 운반

포도당, 아미노산, 무기질, 수용성 비타민 등과 같은 수용성 영양소들은 소장 점막 근처에 분포하는 모세혈관으로 흡수되어 심장을 거쳐 간으로 운반되어 대사 과정을 거치고, 중성지질, 콜레스테롤, 인지질, 지용성 비타민들은 소장점막에서 킬로미크론(chylomicron)으로 전환된다. 킬로미크론은 유미관으로 이송되어 림프관, 흉관을 거쳐 심장으로 들어가서 여러 신체조직으로 운반되어 에너지원으로 이용되거나 저장된다.

킬로미크론과 지단백

중성지질은 소장에서 소화되어 모노글리세라이드와 지방산의 형태로 장점막 세포 안으로 들어와서 중성지질로 재합성된다. 이렇게 형성된 중성지질은 인지질, 콜레스테롤 지방산 에스터, 단백질(Apo B-48)과 결합하여 킬로미크론을 형성한다. 킬로미크론은 소장의 흡수세포(점막세포)의 소포체에서 만들어진다. 새로 만들어진 킬로미크론은 유미관 방향으로 분비되어 림프관으로 들어가서 간문맥을 거치지 않고 조직으로 운반된다. 킬로미크론은 혈액에서 순환하면서 고밀도지단백(high density lipoprotein, HDL)으로부터 아포지단백 C-II(apolipoprotein C-II, APOC2)와 아포지단백 E(apolipoprotein E, APOE)를 받아 성숙한 킬로미크론으로 전환된다. 킬로미크론의 중성지질은 지방조직 등으로 이동하고 나면 킬로미크론 잔유물(chylomicron remnant)이 되고, 이는 간으로 흡수되어 리소좀(lysosome)에서 가수분해되고 구성 성분은 재활용된다.

한편 혈액에서 지질 운반을 담당하는 지단백의 종류는 킬로미크론 외에도 VLDL(very low density lipoprotein), LDL(low density lipoprotein), IDL(intermediate density lipoprotein), HDL(high density lipoprotein) 등이 있으며, 이들의 조성과 기능은 각각 다르다.

단원정리

1. 입으로 섭취된 탄수화물은 위와 소장을 거치면서 구강, 이자 및 소장에서 분비되는 소화액에 의해 단당류로 소화된다.

2. 단당류들은 소장의 공장 점막세포에서 주로 흡수되며, 과당은 촉진확산, 포도당과 갈락토스는 능동수송에 의해 흡수된다. 올리고당과 식이섬유는 소장 내 소화효소에 의해 분해되지 않는다.

3. 탄수화물이 소화된 단당류들은 흡수된 후 여러 가지 과정을 거쳐서 대부분 포도당으로 대사되며, 필요한 에너지를 공급하기 위해서 포도당 한 분자가 해당 과정과 시트르산 회로(TCA 회로)를 통해 대략 30~32 ATP를 생성한다.

4. 지방의 소화는 소장에서 본격적으로 일어나는데 쓸개즙에서 분비된 쓸개즙이 지질을 유화시키고, 이자에서 지방분해효소(lipase)를 활성화시켜 중성지질을 모노글리세라이드와 지방산으로 분해한다.

5. 글리세롤은 모세혈관을 통해서, 모노글리세라이드와 지방산은 지단백질의 형태인 킬로미크론을 형성하여 유미관을 통해서 흡수되어 간으로 운반된다.

6. 섭취된 단백질은 단백질 소화효소의 작용으로 아미노산으로 분해되어 소장 점막에서 단순확산이나 능동수송에 의해 흡수된다. 흡수된 아미노산은 문맥을 거쳐 간으로 이동하고 체내 단백질의 분해로 생성된 아미노산과 함께 아미노산 풀을 형성하여 체내 대사를 조절한다.

7. 식품으로 섭취된 콜레스테롤은 장에서 흡수되어 장벽에서 킬로미크론의 형태로 만들진 후 혈액 속으로 이동하여 간에서 흡수된다. 체내에 합성된 콜레스테롤은 간에서 킬로미크론과 결합해 지단백질인 VLDL 형태로 방출되며, 지단백질 지방 분해효소에 의해 LDL로 전환되어 콜레스테롤을 운반한다. HDL은 각 조직에서 제거된 콜레스테롤을 간으로 운반하는 역할을 한다. 이 중 LDL은 콜레스테롤의 함량이 가장 높아서 동맥경화증의 발병률을 높이고 HDL은 낮추는 것으로 알려져 있다.

연습문제

1 식이섬유를 포함한 탄수화물의 소화와 흡수에 대해서 서술하시오.

2 단백질과 지질의 소화와 흡수 과정에 대해 간략하게 서술하시오.

3 소장에서 흡수된 아미노산과 당은 간문맥(portal vein)을 통해 간으로 이송되었다가 신체의 나머지 부분으로 이동한다. 지질의 분해물은 흡수되어 어떻게 이송되는지를 설명하시오.

참고문헌

문수재·김혜경·홍순명·이경혜·이명희·이영미·이경자·안경미·이민준·김정연·김정현, 알기 쉬운 영양학, 수학사, 2016.

보건복지부·한국영양학회. 2015 한국인 영양소 섭취기준, 2016.

식품과학기술교수연구회, 문제해결능력을 키워주는 식품기사·산업기사, 수학사, 2014.

이현기, 증보 영양화학, 수학사, 2004.

Carol Byrd-Bredbenner·Gaile Moe·Jacqueline Berning·Danita Kelley, 김미경·왕수경·신동순·권오란·박윤정 옮김, 생활 속의 영양학(3판), 라이프사이언스, 2016.

허채옥·권순형·김은미·원선임·박용순·박진희·김상연·정경아·김은영·박유신, 기초영양학, 수학사, 2016.

06

NUTRITIONAL CHEMISTRY

CHAPTER 06

에너지 대사

에너지의 개념

인체의 에너지 필요량

에너지 균형

대사작용

1. 에너지의 개념

에너지는 일할 수 있는 능력으로 정의하며, 인체는 에너지의 생성과 소비가 균형을 이루고 있다. 우리가 섭취하는 식품 성분 가운데 탄수화물, 단백질, 지질은 에너지를 발생하는 열량소이며, 1 g당 4 kcal(탄수화물, 단백질) 또는 9 kcal(지질)의 열량을 발생한다. 1 kcal는 물 1 kg을 1기압하에서 14.5℃에서 15.5℃로 1℃ 높이는 데 필요한 열량으로 정의한다. 1 kcal는 4.184 kJ과 같은 양이다. 식품의 열량은 봄열량계(bomb calorimeter)를 이용하여 직접 측정하거나, 소모된 산소나 발생한 이산화탄소의 양을 측정하여 간접적으로 에너지 대사량을 측정할 수 있다.

신체를 이루고 있는 세포에서 이용되는 에너지 형태는 대부분 ATP이다. 따라서 세포에는 유기 화합물을 대사하여 ATP를 생성하는 경로가 존재한다. 식품 성분은 ATP 이외에도 열(heat)의 형태로 에너지를 전환하기도 한다.

2. 인체의 에너지 필요량

인체는 끊임없이 에너지를 소모하고, 또 이를 보충하기 위해 에너지를 생성한다. 보통 정상 상태에서는 에너지의 생성량과 소비량이 동일하므로 에너지 균형

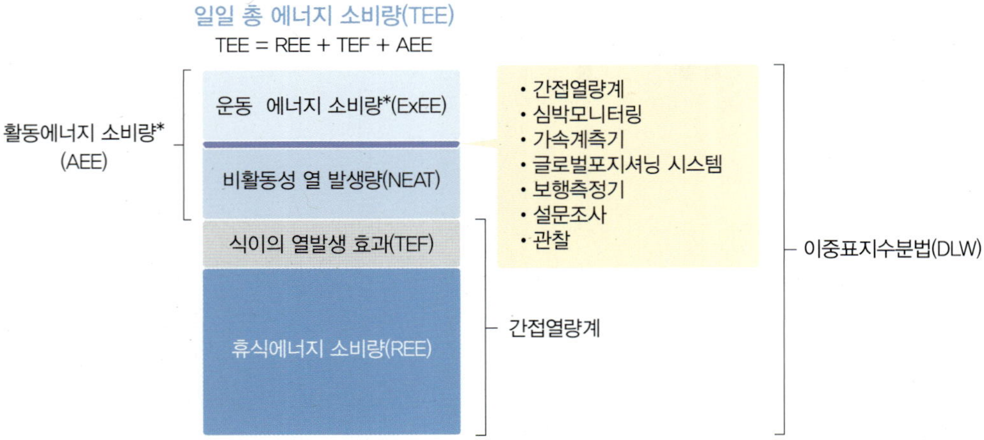

* 운동에너지 소비량과 활동에너지 소비량은 개인 간 변이가 가장 심함

* AEE : activity energy expenditure; DLW : doubly labeled water; ExEE : exercise energy expenditure; NEAT : non-exercise activity thermogenesis; REE : resting energy expenditure; TEE : total energy expenditure; TEF : thermic effect of food

그림 6-1 인체가 소비하는 에너지의 형태 및 비율

을 이루고 있다고 말할 수 있다. 신체가 소비하는 에너지 형태는 3가지로 분류되는데, 기초대사율(basal metabolic rate), 활동대사량, 식사에 따른 열발생(diet-induced thermogenesis) 등이며, 각각 일일 총에너지 소비량의 60~75%, 15~30%, 10%를 차지한다.

1) 기초대사율

기초대사율은 사람이 기본적인 생명현상을 유지하기 위하여 필요한 에너지를 의미하며, 아침에 잠에서 깨어난 직후 누운 상태에서 소비되는 에너지로 측정한다. 좀 더 구체적으로 심장 박동, 혈액 순환, 호흡, 체온 유지, 기타 세포의 대사작용, 깨어 있는 상태에서 최소한의 뇌 활동 등에 필요한 에너지를 의미한다.

기초대사율은 여러 가지 요인에 의해 영향을 받으며, 체표면적이 클수록 발산되는 에너지가 크므로 체표면적에 비례한다. 체중이 같을 경우 마르고 키가 큰 사람이 작고 뚱뚱한 사람보다 체표면적이 크므로 기초대사율도 높다. 또 근육조직이 잘 발달된 사람이 기초대사율이 높다. 기초대사율은 성별에 따라서도 차이가 나는데 남성이 여성보다 근육량이 높기 때문에 높고, 20대 중반 이후 나이가 높을수록 기초대사율은 감소한다. 그 밖에도 기초대사율에 영향을 미치는 요인으로는 건강 상태, 호르몬, 기후, 임신 여부, 심리적 스트레스 정도 등이 있다.

비슷한 개념으로 휴식대사량(resting metabolic rate)이 있는데, 식사 후 수 시간이 지난 후 편안한 환경에서 조용히 누워 있거나 앉은 상태에서 측정한다.

2) 활동대사량

인체의 기본적인 대사 이외에 육체적 활동을 위해 필요한 에너지를 의미한다. 신체 활동에 사용된 에너지는 대부분 열로 발산되므로 신체 활동대사량(thermic effect of exercise, 또는 exercise energy expenditure)이라고 한다. 보통 개인별로 활동량 차이가 크므로 에너지 형태 중 가장 개인차가 큰 것으로 생각된다.

표 6-1 신체 활동의 유형별 에너지 소모량

(각 활동 30분 수행 기준, 단위 : kcal)

활동 범주	세부 활동 내용	체중		
		40 kg	60 kg	80 kg
작업 활동	눕기, 앉기, TV 보기	20	30	40
	잠자기	18	27	36
	서기	24	36	48
이동 활동	걷기(약 4 km/h, 딱딱한 바닥)	60	90	120
	매우 빠르게 걷기(약 7.2 km/h, 평면, 딱딱한 바닥)	126	189	252
	달리기(약 8 km/h)	160	240	320
	달리기(약 13.8 km/h)	280	420	560
	천천히 자전거 타기(약 16.1~19.28 km/h, 약한 강도)	120	180	240
	빠르게 자전거 타기(약 22.5~25.6 km/h, 높은 강도)	200	300	400
운동 및 스포츠 활동	웨이트트레이닝, 낮은 강도 또는 중간 강도	60	90	120
	웨이트 트레이닝 또는 바디빌딩, 강한 강도	120	180	240
	체조(팔굽혀펴기, 윗몸일으키기, 매달리기, 팔 벌려 뛰기), 강한 강도	160	240	320
	배드민턴 경기	140	210	280
	농구 경기	160	240	320
가사 활동	청소(집, 세차, 유리창 닦기), 일반, 아이 돌보기	60	90	120
	동물과 산책하기(낮은 강도)	56	84	112
	동물과 걷기 또는 달리기(중간 강도)	80	120	160

* 표 내의 각 활동에 대한 에너지 소비량은 30분 동안 수행했을 경우를 기준으로 체중에 따라 소비되는 에너지량(kcal)을 제시한 것입니다.

자료 : 보건복지부 건강진흥과, 한국인을 위한 신체활동 지침서, 2013.

갈색지방조직

갈색지방조직은 백색지방과 더불어 지방조직을 구성하며, 대부분의 포유류에 존재한다. 갈색지방조직은 두 종류가 있는데, 하나는 배아에서 유래되어 근육세포와 공통적인 특성을 갖는다. 다른 하나는 베이지지방조직(beige adipose tissue)으로 백색지방조직으로부터 교감신경계 자극에 의해 만들어지고 백색지방조직에 산재한다.

갈색지방조직은 신생아나 동면하는 포유류에 풍부하게 존재하며, 성인에도 존재하지만 나이가 들면서 감소한다. 갈색지방조직의 주요 기능은 열 발생을 통한 체온 조절이다. 한 개의 지방소립(lipid droplet)을 함유하는 백색지방조직과 달리, 갈색지방조직은 지방소립의 크기가 작고 미토콘드리아 개수와 모세혈관이 많다. 이로 인하여 갈색지방조직은 독특한 갈색을 띠며, 산소와 영양소를 원활하게 제공받는다. 발생된 열은 효율적으로 몸 전체로 내보낸다.

3) 식사에 따른 열발생

식품을 섭취하면 신체 내에서 소화, 흡수, 대사되는 과정에서 열이 발생하는데 이를 식사에 따른 열발생(diet-induced thermogenesis, DIT), 식품의 열발생 효과(thermic effect of food), 또는 특이동적 작용(specific dynamic action)이라고 한다. 식사 후 열이 발생하고 체온이 상승하는 것으로 DIT의 존재를 인지할 수 있다.

DIT는 영양소 종류에 따라 다른데 지질은 대사 과정이 상대적으로 단순하므로 0~5%로 낮은 편이고, 탄수화물은 5~10%로 중간 정도이며, 알코올은 20%, 단백질은 20~30%로 가장 높다. 평균적으로 DIT는 총 섭취에너지의 10% 정도로 추정하고 있다.

4) 에너지 섭취기준

우리나라는 에너지의 과잉 섭취가 문제가 되므로 섭취권장량은 설정되어 있지 않으며 성별, 연령별 필요추정량을 제시하고 있다(표 6-2). 생애주기별 에너지 필요추정량은 총에너지 소비량으로 다음과 같은 공식에 따라 계산된다.

표 6-2 생애주기별 에너지 필요추정량 산출식 (단위 : kcal/일)

<table>
<tr><th colspan="2" rowspan="2">연령</th><th colspan="3">에너지 필요추정량(EER)</th></tr>
<tr><th>총에너지 소비량(TEE)</th><th colspan="2">생애주기별 부가량*</th></tr>
<tr><td rowspan="2">영아
(개월)</td><td>0~5</td><td rowspan="3">89×체중(kg)−100</td><td colspan="2">+115.5</td></tr>
<tr><td>6~11</td><td colspan="2">+22</td></tr>
<tr><td rowspan="2">유아
(세)</td><td>1~2</td><td colspan="2">+20</td></tr>
<tr><td>3~5</td><td rowspan="6">[남자] 88.5 − 61.9 × 연령(세) + PA [26.7 × 체중(kg) + 903 × 신장(m)]
PA = 1.0(비활동적), 1.13(저활동적), 1.26(활동적), 1.42(매우 활동적)
[여자] 135.3 − 30.8 × 연령(세) + PA [10.0 × 체중(kg) + 934 × 신장(m)]
PA = 1.0(비활동적), 1.16(저활동적), 1.31(활동적), 1.56(매우 활동적)</td><td colspan="2">+20</td></tr>
<tr><td rowspan="2">아동
(세)</td><td>6~8</td><td colspan="2">+20</td></tr>
<tr><td>9~11</td><td colspan="2">+25</td></tr>
<tr><td rowspan="2">청소년
(세)</td><td>12~14</td><td colspan="2">+25</td></tr>
<tr><td>15~18</td><td colspan="2">+25</td></tr>
<tr><td rowspan="4">성인 및
노인
(세)</td><td rowspan="4">19 이상</td><td rowspan="4">[남자] 662 − 9.53 × 연령(세) + PA [15.91 × 체중(kg) + 539.6 × 신장(m)]
PA = 1.0(비활동적), 1.11(저활동적), 1.25(활동적), 1.48(매우 활동적)
[여자] 354 − 6.91 × 연령(세) + PA [9.36 × 체중(kg) + 726 × 신장(m)]
PA = 1.0(비활동적), 1.12(저활동적), 1.27(활동적), 1.45(매우 활동적)</td><td rowspan="3">임신부</td><td>1기 : +0</td></tr>
<tr><td>2기 : +340</td></tr>
<tr><td>3기 : +450</td></tr>
<tr><td>수유부</td><td>+340</td></tr>
</table>

* 성장 및 대사 변화에 따른 에너지 추가 필요량

자료 : 보건복지부·한국영양학회, 2015 한국인 영양섭취기준, 2015

3. 에너지 균형

우리 몸에서 에너지의 섭취량과 소비량은 같은데 이를 에너지 균형이라고 한다. 섭취량이 소비량보다 많거나 적으면 에너지 불균형이 일어나고, 이로 인해 생리적 변화가 생기게 된다. 즉, 섭취량보다 소비량이 적으면 과체중이나 비만이 유발되며 비만은 만성질환의 주요 원인으로 알려져 있다.

비만의 기준은 나라마다 다른데 우리나라는 체질량지수(body mass index, BMI)에 따라 정상(18.5~22.9), 과체중(23.0~24.9), 경도 비만(25.0~29.9), 중등도 비만(30~34.9), 고도 비만(≥ 35) 등으로 분류한다. 한편 세계보건기구(WHO) 기준은 BMI 25.0~29.9은 과체중, 30 이상은 비만으로 분류한다. 2014년 국민영양조사 결과에 의하면 우리나라 19세 이상 성인의 31.5%가 비만인 것으로 나타났으며, 남성이 여성보다 비만 비율이 높았다.

$$\text{체질량지수(Body Mass Index, BMI)} = \frac{\text{체중(kg)}}{\text{신장(m)}^2}$$

반면 에너지 섭취가 소비량에 비하여 적으면 체중이 감소된다. 의도적으로 체중 감량을 하기 위하여 에너지 섭취를 줄이거나 소비를 증가시키지 않는 경우라면 감염이나 결핵과 같은 감염성 질병에 걸리기 쉬운 상태가 될 수 있으므로 에너지 균형을 이루기 위한 노력을 해야 한다. 예를 들어 소화기관의 이상이나 식욕 부진으로 음식을 충분히 섭취하지 못하는 경우, 경장영양(enteral nutrition, tube feeding)이나 정맥영양(parenteral nutrition)을 고려해야 한다.

거식증(anorexia nervosa), 폭식증(bulimia nervosa) 같은 신경성 식사 장애의 경우

케톤 다이어트

케톤 식이는 어린이 간질 환자를 치료하기 위해 사용해 왔던 고지방, 저탄수화물, 정상적인 단백질을 특징으로 하는 식이방법이다. 이 식이요법은 신체가 탄수화물보다 지질을 우선적으로 연소하도록 한다. 일반적으로 탄수화물은 소화되어 포도당으로 전환되어 신체의 뇌조직 등에 에너지를 공급하는데, 탄수화물의 공급이 충분하지 못하면 간은 지질을 분해하여 궁극적으로 케톤체를 만든다. 케톤체는 포도당을 대신하여 뇌조직의 에너지원으로 이용된다. 그러나 혈중 케톤체 농도가 높아지면 케톤증(ketosis)을 일으키는데, 이는 간질 환자의 발작을 억제하는 효과가 있다.

한편 탄수화물이 적은 식이는 체중을 감량하는 데 효과가 있다는 주장이 있으나 아직까지 과학적 증거는 미흡한 실정이다. 케톤 식이의 부작용으로는 변비, 고콜레스테롤혈증, 성장 저하, 산독증, 신장결석 등이 보고되어 있다.

도 정신과 의사의 상담이 필요하다. 그 외 암, 소화기 장애, 만성질환, 갑상선 기능 항진증(hyperthyroidism)의 경우에도 체중 감소가 나타난다.

4. 대사작용

소화 흡수된 영양소는 체내에서 생명 유지, 에너지 생성, 일(육체적 활동) 등에 쓰이며, 이러한 변화를 총칭하여 대사작용(metabolism)이라 한다. 즉, 생체 내 물질의 화학 변화로, 영양소가 대사의 최종 산물인 CO_2, H_2O, 요소(urea) 등으로 전환되는 화학적 단계를 말한다. 대사는 식품의 영양소나 성분의 분해대사(이화작용, catabolism)와 합성대사(동화작용, anabolism)로 크게 나뉜다.

1) 에너지 생성반응

당질, 지질, 단백질의 분해대사는 생체에 에너지를 공급하는 반응이며, 이들 물질은 열량소라고도 부른다. 모든 열량소 분해의 첫 단계는 가수분해이며 이 과정에서 고분자가 최소 단위로 분해된다. 즉, 탄수화물은 단당류로, 지질은 글리세롤(glycerol)과 지방산(fatty acid)으로, 그리고 단백질은 아미노산(amino acid)으로 분해된다.

포도당과 같은 단당류의 주요한 분해 과정의 하나가 해당작용(glycolysis)이다. 이 해당 경로에 의하여 6탄당이 2분자의 피루브산(pyruvic acid)으로 된다. 이때 발생하는 에너지는 2분자의 ATP 합성에 쓰인다.

지질에서 생성되는 글리세롤도 해당 경로로 들어가 당질과 같은 경로를 거쳐 분해된다. 지방산은 베타-산화 과정을 거쳐 아세틸 CoA(acetyl CoA)를 생성한다. 이 과정에서 생성된 NADH와 $FADH_2$는 전자전달계로 들어가 ATP 합성에 이용된다.

아미노산은 보통 탈아미노 반응을 거쳐 아미노기(amino group)가 암모니아(ammonia, NH_4^+)로 제거되고 알파-케토산(α-keto acid)을 생성한다. 알파-케토산은 원래의 아미노산 종류에 따라 지질의 중간 대사물질(acetyl CoA나 케톤체)을 생성하는 케톤 생성 아미노산(ketogenic amino acid)과, 포도당의 중간 대사물질을 생성하는 포도당 생성 아미노산(glucogenic amino acid) 2가지가 있다. 그러나 모든 아미노산은 결국에는 시트르산 회로(구연산 회로, citric acid cycle)로 들어가며, 이 회로에서 아세틸 CoA는 여러 단계를 거쳐 이산화탄소(CO_2)와 물(H_2O)이 된다. 이때 전자(e^-, H^+)는 NADH와 $FADH_2$의 형태로 미토콘드리아 내막에 존재하는 전자전달계에서 최종 전자수용체인 산소(O_2)에 전달되어 물이 된다. 이러한 과정을 거쳐 만들어진 물을 대사수(metabolic water)라고 한다. 이와 같이 세포 호흡 과정에서 생긴 에너지를 이용하여 무기인산(P_i)과 ADP로부터 ATP가 합성된다. 이 반응에 의한 ATP의 합성을 산화적 인산화(oxidative phosphorylation)라고 하며, 이것이 생체가 필요로 하는 대부분의 에너지를 공급한다. 1분자의 아세틸 CoA는 시트르산 회로 및 전자전달계를 거쳐 약 10분자의 ATP를 생성한다.

대사 과정을 요약하면 인체에 흡수된 열량소는 여러 경로를 통하여 NADH와 $FADH_2$, ATP(GTP)를 생성하고, 부산물로는 이산화탄소, 물, 요소 등을 발생시킨다. NADH와 $FADH_2$는 미토콘드리아 내막에 존재하는 전자전달계로 전자를 공급하고, 이 과정에서 인체가 필요로 하는 화학에너지인 ATP를 만들게 된다. 대부분의 열량소는 위와 같은 경로를 거쳐 ATP를 생성하지만, 예외적으로 특수한 경로를 통해서도 ATP가 만들어지기도 한다(그림 6-2).

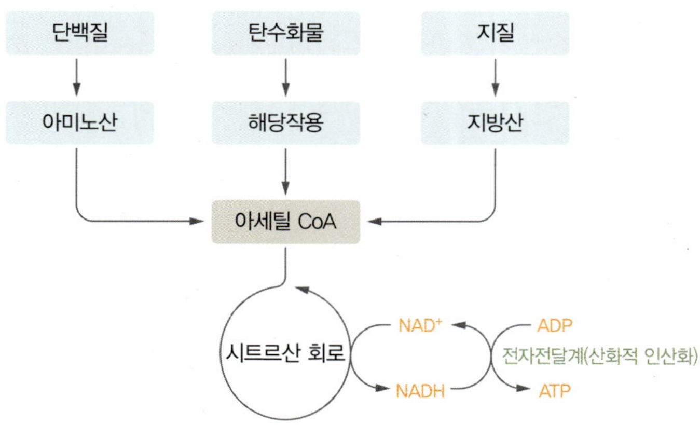

그림 6-2 탄수화물, 지질, 단백질의 분해대사

2) 합성대사

합성대사(동화작용) 경로와 분해대사 경로가 중복되는 단계가 많지만, 반드시 합성대사가 분해대사의 역반응은 아니다. 예를 들어 단백질은 가수분해되어 아미노산이

되지만 아미노산에서 단백질 같이 복잡한 물질을 합성하기 위해서는 에너지와 정보(information)가 필요하다.

분해대사에서 얻어지는 에너지는 대부분 ATP이지만, 당질 합성에는 우리딘삼인산(uridine triphosphate, UTP), 지질 합성에는 시토신삼인산(cytosine triphosphate, CTP), 단백질 합성에 구아닌삼인산(guanine triphosphate, GTP)이 사용되기도 한다. 또한 단백질이나 핵산과 같이 목적에 따라 아미노산이나 뉴클레오타이드(nucleotide)를 일정한 순서로 결합시키기 위해서는 정보가 필요하다. 핵산 합성의 유전 정보는 주로 이중나선구조의 DNA에 존재하며, 일부 바이러스에는 한가닥 DNA 또는 RNA가 정보를 가지고 있기도 한다.

단백질 합성의 경우 DNA의 유전 정보대로 만들어진 전령 RNA (messenger RNA, mRNA)의 유전 암호에 따라 정확하게 운반 RNA (transfer RNA, tRNA)가 아미노산을 운반하여 펩타이드 결합이 형성된다. 그러나 탄수화물과 지질의 합성에는 단백질 합성의 경우와 같은 정보는 필요 없으며 합성되는 생체 고분자는 생물의 종류에 따른 고유의 것이다.

분해대사는 베타 산화와 같이 기질의 탈수소반응이 이루어지는 경우가 많은 반면에, 합성대사는 환원반응이 주류를 이룬다. 지방산의 생합성에는 특별히 NADPH〔nicotinamide adenine dinucleotide phosphate (reduced form)〕가 사용된다.

생체에서 분해되는 물질은 많으나 합성되는 물질은 그보다 적다. 예를 들어 아미노산 중 필수아미노산은 인체에서 합성되지 않지만, 비필수아미노산은 우리 몸에서 합성된다. 이때 합성의 출발점이 되는 것은 대부분 시트르산 회로 중간 산물이다.

3) 당질의 대사

다당류인 전분(starch)은 아밀라아제(amylase), 말타아제 등 여러 가지 효소의 작용을 받아 단당류(주로 포도당)로 분해되어 소장 벽에서 흡수된 후에 모세혈관을 통하여 문맥을 거쳐 간으로 운반된다. 탄수화물의 소화 최종 산물인 6탄당(hexose)은 음식물 중 당질의 종류에 따라 다르나 주로 포도당(glucose), 갈락토스(galactose), 과당(fructose), 만노스(mannose) 등이며 흡수속도는 포도당을 100으로 했을 때에 갈락토스 110, 과당 43, 만노스 19의 순서이다.

이와 같이 간으로 운반된 6탄당은 순환하는 혈액을 통해 몸의 여러 조직으로 수송되어 다음과 같이 이용된다.

- 포도당 등 6탄당은 해당 경로(그림 6-3)와 시트르산 회로를 거쳐 에너지를 생성한다.
- 근육에서 해당 과정을 거쳐 생성된 젖산은 대부분이 간으로 운반되어 포도당으로 재합성되고, 글리코겐(glycogen)으로 저장되거나 다른 조직으로 보내진다.
- 글리코겐으로 저장되고 남은 포도당은 지방조직으로 이송되어 지방으로 합성,

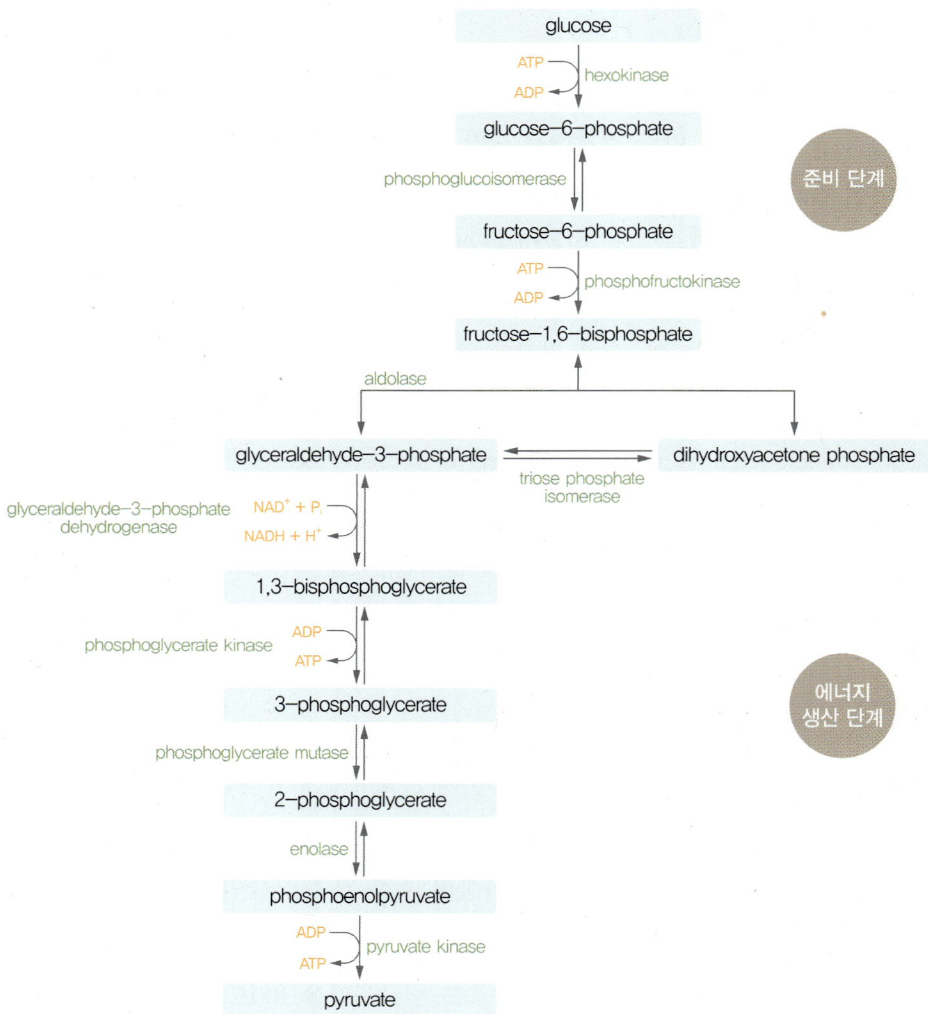

그림 6-3 해당작용의 경로

저장된다.

(1) 글리코겐의 합성

글리코겐의 합성(glycogenesis)은 간과 근육 내에서 이루어진다. 체중이 70 kg인 성인의 간에는 100~120 g의 글리코겐이 저장되어 있으며, 근육에는 근육량의 1% 정도(70 kg 성인 기준 약 400 g)가 함유되어 있다. 포도당으로부터 글리코겐이 합성되는 과정은 그림 6-4와 같다.

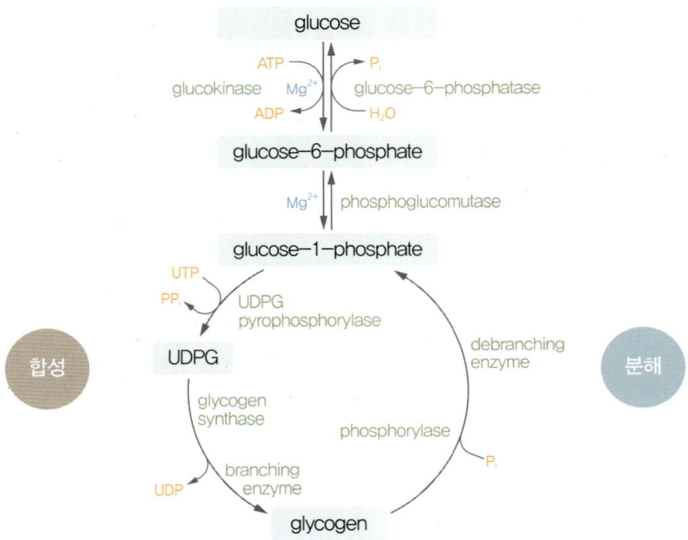

그림 6-4 **글리코겐의 분해 및 합성 경로**

(2) 글리코겐의 분해, 해당작용, 시트르산 회로, 전자전달계

정상인의 경우 공복 시 혈중 포도당 농도는 79~110 mg/dL이고, 혈당이 감소하면 체내에 저장된 글리코겐이 분해(glycogenolysis)되거나 포도당 신생합성반응(gluconeogenesis)이 진행되어 유리 포도당이 만들어진다. 이 반응은 이자에서 분비되는 글루카곤 호르몬에 의해 촉진된다.

근육과 간에 저장된 글리코겐이 분해되어 해당작용을 거치는 과정은 다음과 같다.

1. Glycogen〔$(glucose)_n$〕→ $glycogen_{n-1}$ + glucose-1-phosphate (phosphorylase)

   ① glucose-1-phosphate → glucose-6-phosphate (phosphoglucomutase)

② glucose-6-phosphate

→ fructose-6-phosphate (phosphoglucose isomerase)

③ fructose-6-phosphate

→ fructose-1,6-bisphospahte (phosphofructokinase)

④ fructose-1,6-phosphate

→ dihydroxyacetone phosphate + glyceraldehyde-3-phosphate (aldolase)

⑤ glyceraldehyde-3-phosphate → → → → → pyruvate

반응 ③에서 우측 방향으로 진행되는 반응은 phosphofructokinase (PFK-1)에 의하여 촉매되며 Mg^{2+}을 필요로 하고 1분자의 ATP를 소모한다. 간에서는 이 효소의 활성이 비교적 약하므로 해당 반응의 속도를 조절하며, 인슐린에 의해서 촉진된다. 이 단계는 해당작용 속도를 제어하는 중요한 단계로 생각된다. 세포 내 에너지가 많을 때는 과당-6-인산(fructose-6-phosphate, F-6-P)으로부터 fructose-2,6-bisphosphate (F-2,6-bisP)가 만들어지며 이 물질은 해당작용을 촉진한다. 한편, 역반응은 fructose-1,6-diphosphatase에 의하여 촉매되는데 이 효소는 F-2,6-bisP에 의해 억제된다.

해당작용의 최종 산물인 피루브산(pyruvic acid)은 산소의 공급이 불충분하면 환원되어 젖산(lactic acid)이 된다. 이는 해당작용이 계속 진행되려면 NAD^+를 필요로 하는데 이를 공급할 수 있는 방법이 피루브산으로 젖산을 만드는 것이기 때문이다.

피루브산 + NADH —(젖산 탈수소효소)→ 젖산 + NAD^+

예를 들어 근육의 활동이 격렬할 때는 근육 수축에 의하여 다량의 젖산이 발생하여 혈액 중으로 들어간다. 또 폐렴, 폐 질환, 심장 장애로 조직에 산소 공급이 적을 때도 체내에 젖산이 증가한다. 근육에서는 젖산이 대사되지 못하므로 혈액을 통해 간으로 이동되어 포도당 신생합성반응(그림 6-5)을 거쳐 포도당으로 전환된다.

그러나 산소의 공급이 충분하면 피루브산은 시트르산 회로를 거쳐 완전히 산화되어 최종 생성물인 이산화탄소와 물이 된다. 이때 이산화탄소는 호흡 과정에서 폐에

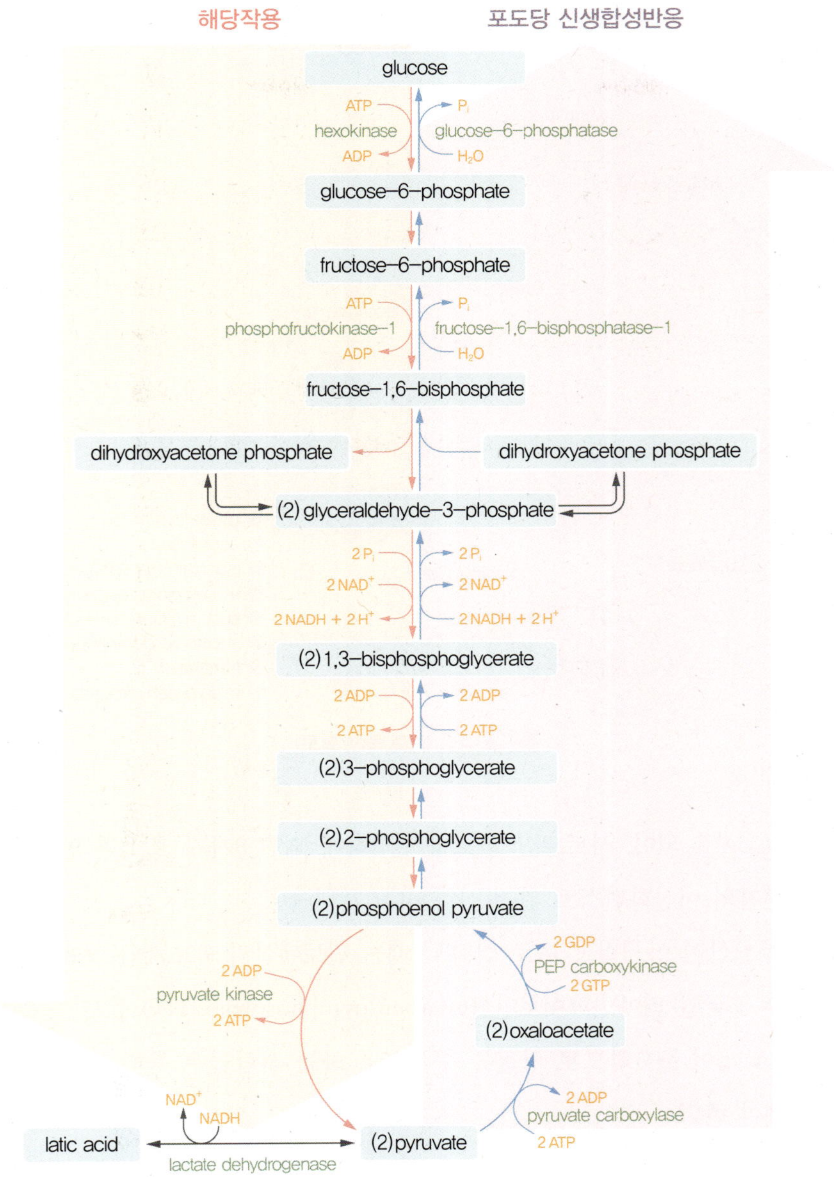

그림 6-5 포도당 신생합성반응과 해당작용의 비교

서 공기 중으로 배출되거나 소변으로 배출되고, 물은 소변, 피부, 호흡 등을 통하여 배출된다.

이와 같이 산소가 최종 산화제로 작용하는 경우를 호기적 산화 과정이라 하며, 해당 과정에서 생성된 피루브산이 피루브산 탈수소효소(pyruvate dehydrogenase)에 의

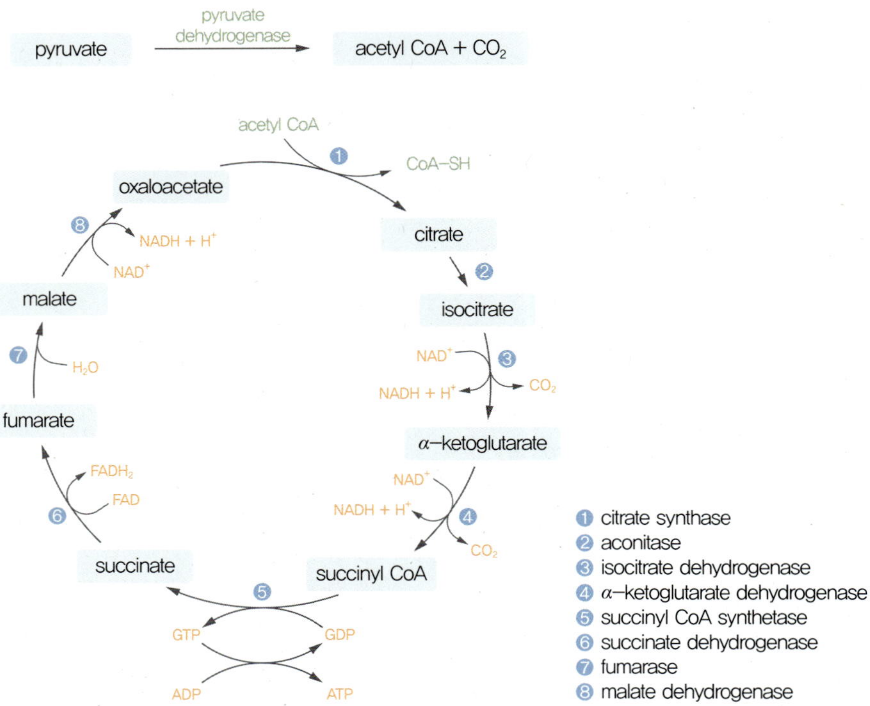

그림 6-6 시트르산 회로

해 아세틸 CoA로 되어, 시트르산 회로에 진입하게 되면 8가지 효소의 연속적 작용에 의해 2분자의 이산화탄소로 완전 산화된다(그림 6-6).

한편, 피루브산이 아세틸 CoA로 산화될 때는 판토텐산의 유도체인 코엔자임 A 외에도 비타민 B군인 티아민파이로인산(thiamin pyrophosphate, TPP), NAD^+, FAD, 리포산(lipoic acid)이 필요하므로 당질을 주식으로 하는 사람들은 특히 비타민 B의 섭취에 주의해야 한다.

(3) 5탄당 인산 경로

앞에서 설명한 해당 과정은 세포가 필요로 하는 에너지를 ATP 형태로 얻는 과정이다. 핵산 대사에 필요한 리보스-5 인산(ribose-5-phosphate)이나 지방산의 생합성에 필요한 NADPH는 당질 대사의 다른 경로에서 생성될 수 있는데, 이를 펜토스 인산 경로(pentose phosphate pathway) 또는 헥소스 인산회로 혹은 직접적 산화 경로(direct oxidative pathway)라고 한다. 즉, 포도당-6-인산(glucose-6-phosphate)이 포도당-6-인산 탈수소효소(glucose-6-phosphate dehydrogenase)의 작용에 의해서 6-포스포글루콘산(6-phosphogluconate)을 생성하고, 이때 NADP+는 NADPH로 된다. 6-포스포글루콘산은 다시 6-포스포글루콘산 탈수소효소의 작용을 받아 CO_2와 리불로스-5-인산(ribulose-5-P)으로 분해된다. 리불로스-5-인산은 리보스 인산 이성질화효소(ribose phosphate isomerase)에 의하여 리보스-5-인산(ribose-5-P)이 되며, 또 리불로스-5-인산 에피머화효소(ribulose-5-phosphate epimerase)에 의하여는 자일룰로스-5-인산(xylulose-5-P)을 생성한다.

리보스-5-인산은 자일룰로스-5-인산에서 C_2 단위(CH_2OHCO-)를 받아 C_7의 케토스인 세도헵툴로스-7-인산(sedoheptulose-7-P)으로 되고, 자일룰로스-5-인산은 글리세르알데하이드-3-인산(glyceraldehyde-3-P)으로 된다. 이 반응을 촉매하는 효소는 케톨기전달효소(transketolase)인데 이는 티아민파이로인산을 조효소로 한다. 세도헵툴로스-7-인산과 글리세르알데하이드-3-인산은 다시 트랜스알돌라아제(transaldolase)의 작용을 받아 과당-6-인산(fructose-6-P)과 에리트로스-4-인산(erythrose-4-P)으로 된다. 이때 생긴 에리트로스-4-인산은 자일룰로스-5-인산과 같이 다시 케톨기전달효소의 작용을 받아 과당-6-인산과 글리세르알데하이드-3-인산을 생성한다. 과

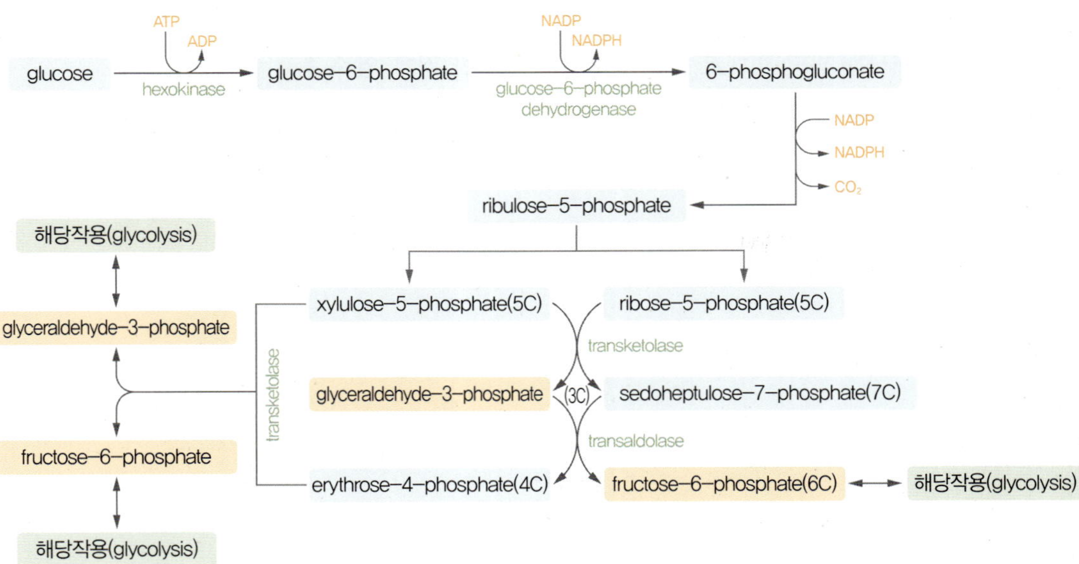

그림 6-7 펜토스 인산 경로

당-6-인산은 포도당-6-인산 이성질화효소(glucose phosphate isomerase)에 의하여 포도당-6-인산으로 된다.

이상의 펜토스 인산 경로의 반응을 요약하면 그림 6-7과 같다. 이 반응을 통하여 리보스와 NADPH가 생성되는데, 이 가운데 5탄당인 리보스는 핵산 생성에 이용되며, NADPH(환원형 NADP)는 지방산과 스테로이드의 합성, 항산화, 해독반응 등에 이용된다.

(4) 기타 단당류 대사

음식물로 섭취된 과당은 앞에서 설명한 포도당과는 다른 경로에 의하여 대사되는데 여기에는 2가지 경로가 있다.

① 과당 → 과당-6인산 반응

이 반응을 촉매하는 효소는 과당 인산화효소(fructokinase)로 이 효소가 과당에 작용하는 힘은, 포도당을 포도당-6-인산으로 만드는 포도당 인산화효소(glucokinase)에 비해 아주 약하다. 따라서 이것은 과당의 주요 경로는 아니다.

② 과당 → 과당-1-인산 반응

이 반응은 간에 존재하는 특이한 효소인 과당 인산화효소에 의하여 촉매된다. 이 효소는 포도당의 인산화를 진행하지 않으며 인슐린의 영향도 받지 않는다. 동물체 내에서는 과당 형태로 많이 존재하지 않지만 정액, 양수 등에 존재한다.

과당이 해당작용으로 들어가는 경로는 그림 6-8과 같다.

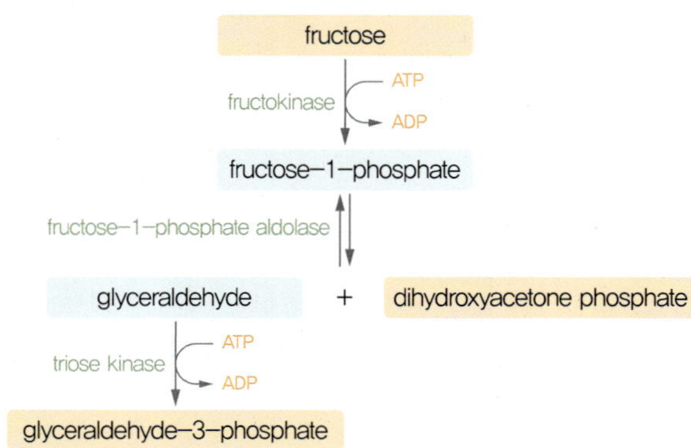

그림 6-8 과당의 해당작용으로의 진입

젖당의 소화로 생긴 갈락토스는 체내의 간에서 포도당으로 전환되어 이용된다. 이 대사 경로의 개요는 그림 6-9와 같다.

갈락토스는 먼저 갈락토스 인산화효소(galactokinase)에 의하여 갈락토스-1-인산(galactose-1-P)으로 인산화되는데, 갈락토스 인산화효소의 작용은 인슐린에 의하여

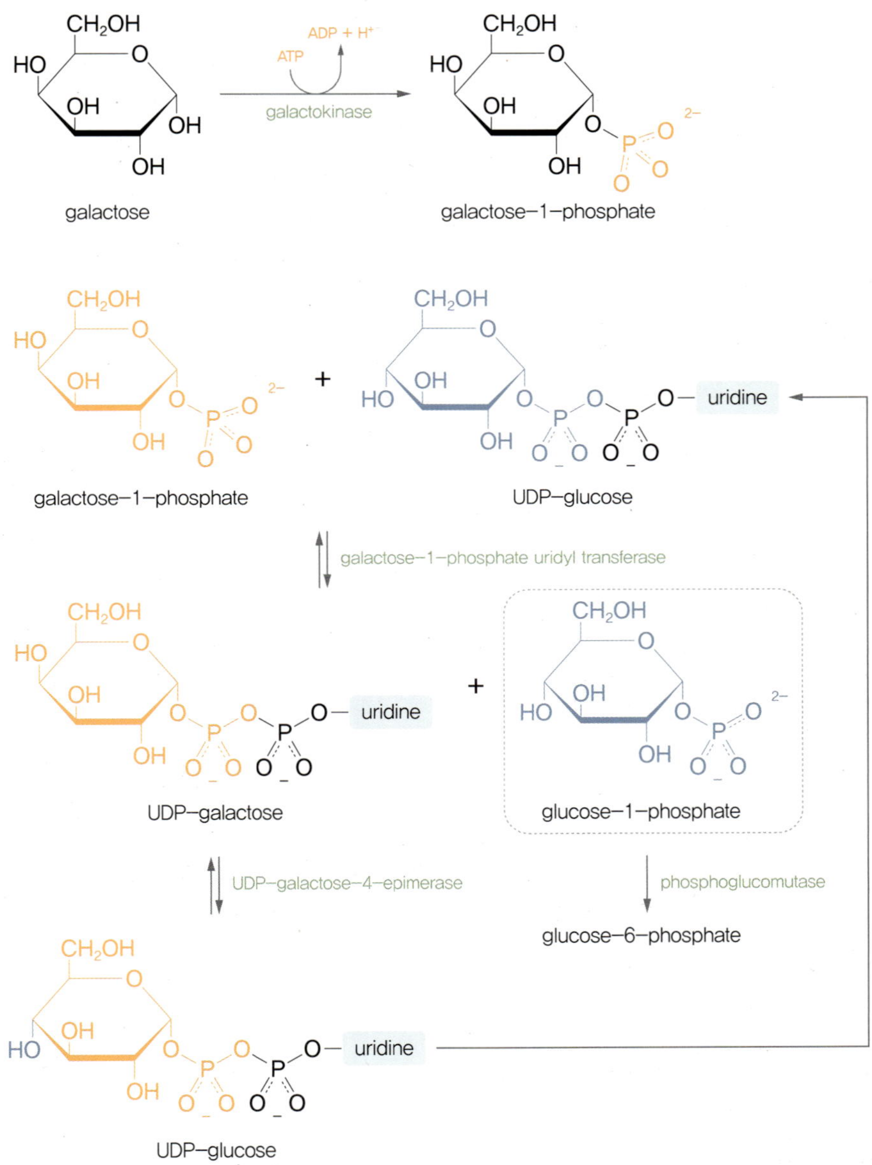

그림 6-9 갈락토스의 대사 과정

촉진된다.

갈락토스-1-인산이 이용되는데 관여하는 효소로는 성인에서만 발견되는 UDP-갈락토스파이로포스포릴라아제(UDP-galactose pyrophosphorylase)가 있으며, 태아나 어린이의 간에는 6탄당 인산 유리딜 전달효소(hexose-1-phosphate uridylyl transferase)가 있는데 사춘기가 되면 성인에서 발견되는 효소로 된다. 6탄당 인산 유리딜 전달효소에 의하여 갈락토스-1-인산은 UDP-포도당(uridine diphosphate glucose, UDP-glucose)과 반응하여 포도당-1-인산과 UDP-갈락토스(UDP-galactose)로 된다.

이 포도당-1-인산은 포스포글루코뮤타제(phosphoglucomutase)에 의해 포도당-6-인산으로 되어 해당 과정으로 들어간다. UDP-갈락토스는 UDP-갈락토스-4-에피머화효소(UDP-galactose-4-epimerase)의 촉매로 UDP-포도당이 된다. 이와 같은 경로에 의하여 갈락토스는 포도당으로 전환된다.

또한 젖샘 중에서 UDP-갈락토스와 포도당이 UDP-갈락토스-포도당 갈락토실기 전달효소(UDP galactose-glucose galactosyl transferase) 작용에 의하여 유즙의 주요 탄수화물인 젖당이 합성된다.

(5) 당질 대사의 조절

흡수된 6탄당은 모두 포도당으로 되어 앞에서 설명한 바와 같이 여러 대사 경로를 거쳐 결국은 이산화탄소와 물로 분해된다. 그러나 동물체 내에서 포도당이 산화될 때는 대부분 고에너지 인산 결합(ATP)으로 저장되고, 이것이 화학반응의 에너지나 운동에너지로 쓰이게 된다.

생체가 에너지를 필요로 할 때 포도당은 분해(산화) 방향으로 진행되지만, 에너지가 과잉으로 공급되었을 때는 반응이 합성 방향으로 진행되어 글리코겐 또는 지질이 합성된다. 이러한 당질의 분해와 합성은 효소에 의하여 이루어지고 있으며, 이 효소의 작용은 여러 중간 대사산물(반응에 의한 생산물)이나 호르몬에 의하여 조절된다. 중간 대사산물에 의한 조절은 생산물이 개입 단계(committed step)에 있는 효소에 결합하여 단백질의 구조를 변화(allosteric regulation)시킴으로써 기질에 대한 효소의 친화성(K_m)을 변화시키는 것으로 알려져 있다.

포도당이 세포 내로 들어오면 일반 조직에서는 6탄당인산화효소(hexokinase)가 인산기를 붙여 포도당-6-인산을 만드는 반면에, 간 조직에서는 포도당인산효소에 의하여 촉매되는데 이 효소는 K_m값이 커서 포도당 처리 능력이 크며 인슐린에 의하여 활성이 증가된다.

글리코겐분해효소인 포스포릴라아제(phosphorylase)에는 활성형과 비활성형이 있다. 활성형은 인산이 에스터화된 세린(serine) 잔기를 가지므로 인산화포스포릴라아제(phosphorylated phosphorylase)라 하고, 비활성형은 인산기가 없으므로 인산기제거포스포릴라아제(dephosphorylated phosphorylase)라고 한다. 인산기제거포스포릴라아제는 포스포릴라아제 키나아제(phosphorylase kinase)의 작용에 의하여 활성형인 인산화포스포릴라아제가 된다.

일반적으로 해당반응 효소는 인슐린에 의하여 그 활성이 증가된다. 그 반대 방향인 포도당 신생합성반응은 글루카곤(glucagon), 글루코코티코이드(glucocorticoid), 에피네프린(epinephrine)에 의하여 촉진되고, 인슐린에 의하여 억제된다. 또 이들 효소는 여러 기질에 의해서도 활성화되거나 억제된다.

당질이 많은 식사를 하면 인슐린의 분비가 증가되어 글리코겐 합성이 증가하고 해당작용이 왕성해지지만, 에너지가 과잉되면 아세틸 CoA 카복실화효소가 증가하여 지질 합성이 촉진되거나 글리코겐 합성효소(glycogen synthase)가 활성화되어 글리코겐 생합성이 증가된다. 반대로 단식(fasting)이나 기아(starvation) 상황에서는 코티솔(cortisol)이나 에피네프린의 분비가 왕성해져서 해당반응은 억제되고 포도당 신생합성반응은 활성화된다.

혈액에 함유된 단당류인 포도당은 각 조직의 에너지 공급원으로 매우 중요하다. 따라서 신체는 혈당을 가능한 한 일정한 수준으로 유지하기 위한 조절 메커니즘을 가지고 있다. 탄수화물의 섭취로 혈당치가 정상 수치 이상으로 높아지면 인슐린의 작용으로 혈중 포도당이 조직으로 들어가 글리코겐이나 지질로 전환되어 저장된다. 반면에 금식으로 인하여 혈당 수치가 어느 수준 이하로 떨어지면 간과 근육에 저장되었던 글리코겐이 분해되거나 포도당 신생합성반응을 통하여 포도당이 만들어져 낮아진 혈당을 높인다. 사람의 혈당 수치는 공복 시 100±20 mg/dL이고, 당질이 많은 식사를 하면 150 mg/dL 이상까지 상승하나 보통 180 mg/dL를 초과하지 않는다. 반대로 단식 상태에서는 약 60~70 mg/dL까지 내려갈 수 있으나 이 이하로 내려가지는 않는다. 이는 당질 섭취가 부족하면 포도당 신생합성반응을 통하여 아미노산으로부터 포도당이 생성되기 때문이며, 이와 같이 생체 내에서는 당질 대사가 정교하게 조절되어 혈액 내 포도당 농도를 일정하게 유지한다. 이렇게 혈당을 일정하게 유지하는 것은 포도당을 에너지원으로 이용하고 지질을 이용하지 못하는 조직(뇌, 신경조직, 적혈구, 태아 등)이 존재하기 때문이다.

(6) 당질로부터 지질의 합성

당질이 풍부한 식품을 섭취하면 비만해지는 것으로 당질이 체내에서 지질로 변화되는 것을 알 수 있다. 동물 사육실험에서 당질이 많이 함유되어 있는 사료를 공급한 후 동물체 내 지질의 양을 측정한 결과 그 양은 사료로 공급된 지질의 양보다 훨씬 많아졌다. 이러한 사실로 미루어 당질이 지질로 변화되었음을 알 수 있다. 또한 수유할 때 체내 지방을 조금도 소비하지 않고 섭취한 지질의 양 이상을 유즙으로 분비시키는데 이 역시 당질이 지질로 변화하는 한 예이다.

글리세롤이 당질에서 용이하게 생성되는 것은 앞에서 설명한 바와 같이 당질 대사에서 글리세롤이 중간 생성물로 생성되기 때문이다. 당질로부터 지방산이 생성되는 과정을 보면 혈액 내 포도당(glucose)이 간세포에서 2개의 중요한 분해 경로인 해당 경로와 펜토스 인산 경로로 들어간다. 이때 생성된 피루브산에서 만들어진 아세틸 CoA, 오탄당 인산 경로에서 생성된 ATP와 NADPH를 이용하여 지방산의 탄소 사슬을 연장 및 합성한다('지질 대사' 참조).

포도당 → 피루브산 → 아세틸 CoA → 지방산 → 중성지질(체내 축적)

당질에서 지질 합성 과정

(7) 당질 대사의 장애

당질은 모든 세포의 중요한 에너지원이다. 당질 대사에 관련이 깊은 장기는 간과 근육이며 인슐린을 중심으로 한 여러 가지 호르몬에 의하여 조절된다. 대표적인 당질 대사 관련 질환은 당뇨병(diabetes mellitus)이다. 당뇨병은 인슐린 의존성(1형 당뇨, IDDM), 인슐린 비의존성(2형 당뇨, NIDDM), 임신성 당뇨(gestational diabetes)로 크게 3가지 형태가 있다.

1형 당뇨는 이자의 베타-세포 손실로 인해 인슐린 생산이 충분히 이루어지지 않아 생기며, 보통 소아에게서 발생하므로 소아형 당뇨(juvenile diabetes)라고도 한다. 베타-세포의 파괴는 자가면역반응에 의해서 생기는데 그 원인은 아직 밝혀지지 않았다.

2형 당뇨는 인슐린에 대한 세포의 민감성 저하가 특징이며, 초기에는 인슐린 분비가 정상이나 시간이 지남에 따라 인슐린 분비 장애가 발생한다. 근육 또는 지방 세포는 세포 표면에 인슐린 수용체를 가지고 있는데, 그 숫자가 감소하면서 인슐린에 대한 반응이 줄어들고 혈액 중의 포도당을 세포 내로 받아들이지 못하게 됨으로써 혈당이 높아진 상태가 유지된다. 비만과 운동 부족이 주요 원인으로 생각된다.

임신성 당뇨는 임신기 동안 모체로부터 태아에게 포도당이 잘 전달되도록 모체에 생리적 변화가 일어나 혈중 포도당 농도가 높게 유지되는 현상이다. 보통은 출산 후 정상으로 돌아오지만 당뇨 상태가 유지되는 경우도 있다.

4) 지질 대사

(1) 지질의 소화와 흡수

① 지질의 소화

식품으로 섭취하는 지질의 대부분은 중성지질이며, 지질의 약 95%는 소화 흡수된다. 지질의 소화는 구강 내 리파아제(lingual lipase), 위 내 리파아제(gastric lipase)에 의해 소량 이루어지고 대부분은 소장에서 소화된다. 즉, 간에서 합성된 쓸개즙이 쓸개에 저장되었다가 음식물이 들어가면 쓸개관을 통하여 십이지장으로 분비되어 지방 성분을 유화시키고, 이자에서 분비된 리파아제가 중성지질을 모노글리세라이드(monoglyceride)와 지방산으로 분해한다. 인지질은 이자에서 분비된 포스포리파아제(phospholipase)가 작용하여 리소인지질(lysophospholipid)과 지방산을 생성한다.

② 지질의 흡수

소장 내에서 지방 분해효소에 의해 생성된 중성지질의 분해 산물인 모노글리세라이드, 지방산, 콜레스테롤, 인지질 등은 쓸개즙과 결합하여 미셀(micelle)을 형성한다. 쓸개즙이 지방 부위와 결합한 다음 수용성 용액에 분산시켜 유화(emulsification)되어야만 소장 점막에서 흡수될 수 있기 때문이다. 지질 흡수의 주된 장소는 소장의 공장(jejunum) 부분이다. 소장은 융모와 돌기가 있어서 거대한 표면적을 가진다(성인의 경우 테니스코트 크기). 각 융모에는 혈관과 림프관이 주행한다. 미셀을 구성하는 단쇄 및 중쇄 지방산은 소장 점막 세포를 거쳐 혈액으로 직접 흡수되지만 장쇄지방산은 소장 점막 세포에서 킬로미크론(chylomicron)을 형성하여 융모 내 유미관(lacteal)을 거쳐 림프관으로 진입하여 흉관을 거쳐 정맥과 간동맥을 거쳐 간으로 운반된다.

지질 소화에 사용되었던 쓸개즙은 회장(ileum)에서 재흡수되어 간으로 돌아와 지방 유화에 재사용된다. 지질은 섭취량의 95%가 흡수되며, 정상 성인은 하루에 약 300 g 정도의 지질을 흡수할 수 있다. 만일 지질 흡수에 문제가 생기면 대변에 지방이 섞여 배출되는 지방변(steatorrhea)을 일으킨다.

한편, 간 세포에 도달한 지방산과 탄수화물, 단백질은 지질 합성에 이용된다. 간 세포에서는 초저밀도 지단백(VLDL)이라는 지단백질을 형성하여 다른 조직으로 지질을 방출한다. VLDL이 혈류를 통해 돌아다닐 때 신체의 조직 세포는 지단백리파아제(lipoprotein lipase)를 이용하여 VLDL로부터 중성지질을 분해, 흡수한다(표 6-3).

VLDL로부터 지방이 제거되고 그 크기가 점차 작아지면 저밀도 지단백(LDL)이 된다. LDL은 콜레스테롤 비중이 높은 지단백질이다. LDL은 혈액을 돌며 조직에 지질,

표 6-3 지단백질의 종류 및 특성

		Chylomicrons	VLDL	LDL	HDL
밀도		<0.96	0.96~1.006	1.006~1.063	1.063~1.21
지름(nm)		100~1000	30~90	20~25	10~20
아포지단백(Apolipoproteins)		AI, AII	B_{100}, CI, CII	B_{100}	AI, AII, CI
조성(%)	단백질	2	10	20	40
	지질	98	90	80	60
지질 조성(%)	중성지질	88	55	12	12
	콜레스테롤 에스터	4	24	59	40
	인지질	8	20	28	47
	유리지방산	-	1	1	1

콜레스테롤, 인지질을 전달하고, 간 세포에 있는 수용체에 의해 제거된다. 간 세포에 의한 LDL의 제거가 LDL 조절의 중요한 메커니즘이다. 유전적 결함으로 LDL 수용체 기능이 감소되면 가족성 고지혈증이 나타날 수 있다. 또한 간이나 부신처럼 콜레스테롤을 이용하는 장기 기능이 떨어지면 혈중 LDL이 높아질 수 있다. LDL 수치가 높으면 각종 심혈관 질환을 유발할 가능성이 높다. 반면, 간에서 합성되는 고밀도 지단백(HDL)은 불필요한 콜레스테롤과 인지질을 혈액에서 간으로 운반하여 배설하거나 재순환시키는 작용을 하므로 보통 동맥경화나 혈관 질환을 예방하는 지단백질로 여겨진다.

(2) 지방산의 산화

지방산 분해대사는 세 단계로 구분되는데 베타-산화(β-oxidation)가 그 첫 번째이다. 베타-산화는 미토콘드리아에서 지방산이 분해되어 아세틸 CoA와 NADH, $FADH_2$를 생산하는 과정이다. 두 번째는 아세틸 CoA가 시트르산 회로에 들어가서 2분자의 이산화탄소로 완전 연소되고, 이 과정에서 3분자의 NADH, 1분자의 $FADH_2$, 1분자 GTP를 생성한다. 마지막으로 NADH와 $FADH_2$는 미토콘드리아 내막에 존재하는 전자전달계에서 완전 산화되면 분자당 각각 2.5 및 1.5 ATP의 에너지를 낸다. 즉, NADH와 $FADH_2$의 P/O 비율(인/산소 비율)은 각각 2.5와 1.5이다.

지방산이 산화되기 위해서는 미토콘드리아 기질로 들어가는 활성화 과정이 필요하다. 지방산 아실 CoA의 아실 사슬이 탄소 10개 이상으로 이루어져 있으면 카니틴(carnitine)과 반응하여 아실카니틴을 생성하고, 카니틴-아실카니틴 수송체(carnitine-acylcarnitine translocase)에 의해 미토콘드리아 내막 안쪽으로 이동한다. 지방산 아실 CoA가 탄소 수 10개 미만일 때는 간단히 확산되어 미토콘드리아 내막을 통과한다. 지방산이 미토콘드리아 기질에 들어오면 베타-산화가 시작된다.

장쇄지방산이 탈수소화되고 α탄소(C-2)와 β탄소(C-3) 사이에 트랜스형 이중결합을 만들어 트랜스-Δ2-에노일-CoA를 생성한다. 아실 CoA 탈수소효소가 이 반응을 촉매하는 작용을 하고, FAD를 전자수용체로 이용하여 $FADH_2$로 환원한다. 트랜스-Δ2-에노일-CoA의 이중결합이 수화되어 L-β-하이드록시아실 CoA가 된다. 에노일-CoA 수화효소가 촉매작용을 한다. L-β-하이드록시아실 CoA가 다시 탈수소화되어 β-케토아실 CoA가 된다. β-하이드록시아실 CoA 탈수소효소가 촉매작용을 하고, NAD를 전자수용체로 이용한다.

β-케토아실 CoA의 α탄소(C-2)와 β탄소(C-3) 사이에 티올리시스(thiolysis)가 일어난다. 새로운 조효소 A(CoA) 분자가 β탄소(C-3)를 친핵성 공격(nucleophilic attack)하고 결합을 끊을 때 티올라아제(thiolase)가 반응을 촉매한다. 이 반응으로 첫 번째 탄소 두 개가 아세틸 CoA 형태로 떨어져 나오고, 아실 CoA의 지방산 사슬은 탄소 두 개가 감소한다. 이 과정이 반복되어 지방산 사슬의 모든 탄소가 아세틸 CoA로 전환된다.

한편, 탄수화물 섭취가 부족하거나 당뇨 상태에서는 지방산이 베타-산화를 거쳐 아세틸 CoA가 되고, 이어 간에서 케톤체(ketone bodies : acetone, acetoacetate, β-hydroxybutyrate)가 만들어져 뇌, 근육, 심장 등의 에너지원으로 이용된다.

지방산은 신체 대부분의 조직에서 산화된다. 뇌, 신경조직, 적혈구, 부신수질과 같은 몇몇 조직은 지방산을 에너지원으로 사용하지 않고 탄수화물을 이용한다.

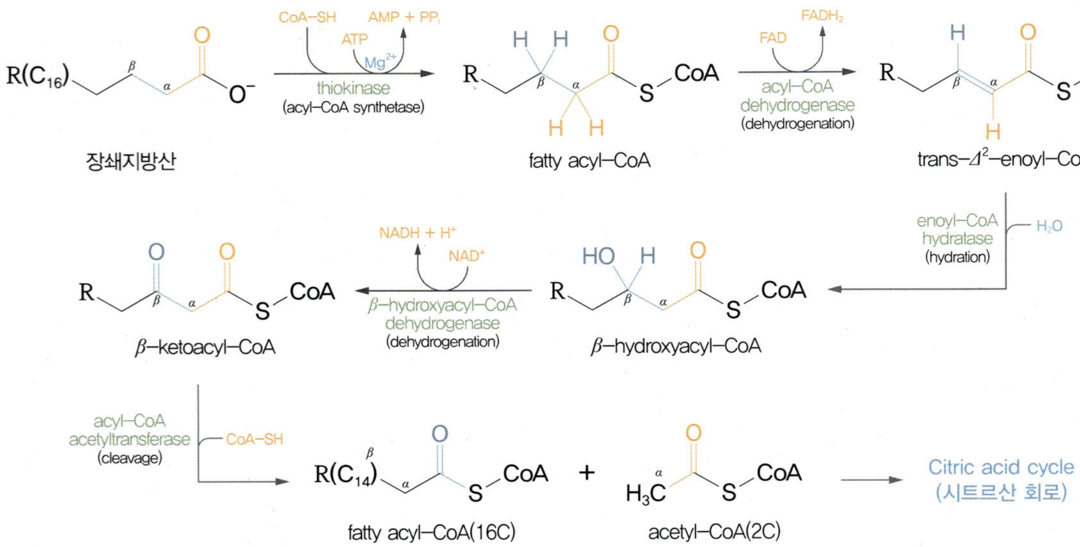

그림 6-10 지방산의 베타-산화 경로

(3) 지방산 및 지질의 합성

① 지방산 합성

체내 에너지가 충분할 경우 보통 탄수화물과 지방산은 지질로 전환되어 체내 지방조직, 간 등에 축적된다. 탄수화물이나 단백질에서 유래된 아세틸 CoA는 시트르산 회로를 거쳐 에너지로 전환되거나 말로닐 CoA(malonyl CoA)로 전환되어 지방산으로 합성된다. 즉, 당질 또는 아미노산의 대사 과정에서 생성된 아세틸 CoA에 아세틸 CoA 카복실화효소가 작용하면 말로닐 CoA가 되고, 계속하여 지방산 합성효소(fatty acid synthase, FAS) 복합체가 작용하여 아세틸 CoA와 말로닐 CoA가 결합하면서 이산화탄소가 떨어져 나가 탄소 4개의 아세토아세틸 CoA(acetoacetyl CoA)가 된다. 추가적으로 지방산 합성효소 복합체(FAS complex)의 여러 효소반응을 거쳐 부티릴 CoA(butyryl CoA)가 된다. 이러한 과정을 반복하면 팔미트산(palmitate, C16:0)과 스테아르산(stearic acid, C18:0)이 된다.

$$8\,\text{Acetyl-CoA} + 7\,\text{ATP} + 14\,\text{NADPH} + 16\,\text{H}^+ \longrightarrow \text{palmitate} + 14\,\text{NADP}^+ + 6\,\text{H}_2\text{O} + 7\,\text{ADP} + 7\,\text{P}_i$$

팔미트산 합성

스테아르산에 불포화효소(desaturase)가 작용하면 탄소 9번 위치에 이중결합을 가진 올레산(oleic acid)이 만들어진다. 한편 아세틸 CoA가 존재하는 장소는 미토콘드리아인 반면에, 지방산 합성은 세포질과 소포체에서 이루어지므로 아세틸 CoA는 옥살로아세테이트(oxaloacetate)와 결합하여 시트르산을 형성하고, 이 화합물이 미토콘드리아에서 세포질로 나오게 된다. 또한 불포화효소는 소포체에 존재하므로 올레산, 리놀레산(linoleic acid) 등 불포화지방산은 소포체에서 만들어진다. 식물체와 일부 하등생물은 리놀레산(C18:2)으로부터 n-3계열의 지방산인 알파-리놀렌산(α-linolenic acid, C18:3)을 만들지만 사람을 포함한 대부분의 고등동물은 알파-리놀렌산을 합성하지 못하므로 식품으로 섭취해야 한다. 한편, 인체 내에서 알파-리놀렌산은 다른 n-3 지방산인 EPA (eicosapentaenoic acid, C20:5), DHA (docosahexanoic acid, C22:6)로 전환될 수 있다. 그러나 나이가 들면서 이들 지방산 합성 능력이 감소하는 것으로 알려져 있다. 한편 EPA와 DHA는 플랑크톤에서 합성되며 이를 먹고 사는 물고기

(고등어, 청어와 같은 등푸른생선)의 지방층에 다량 존재한다.

② 중성지질 합성

중성지질(triglyceride, triacylglycerol)의 전구물질은 포스파티드산(phosphatidic acid)이다. 여기에 인산가수분해효소(phosphatase)가 작용하면 다이글리세라이드[di-glyceride(또는 diacylglycerol)]가 되고, 여기에 아실기전달효소(acyltransferase)가 작용하여 지방산이 결합하면 중성지질이 된다.

glycerol-3-phosphate → phosphatidic acid + 3 fatty acid → tricacylglycerol

중성지질 합성

(4) 체지방 비율 및 측정

체중 대비 총 지질 무게 비율은 개인별, 성별 차이가 있으며, 여성의 경우 25~31%, 남성은 18~24%로 알려져 있다(미국 기준). 체지방 측정방법은 수중체중측정법(underwater weighing), 체적변동기록법(whole-body air displacement plethysmography), 근적외선측정법(near-infrared interactance), 이중에너지X선흡수법(dual energy X-ray ab-sorptiometry, DEXA), 신체밀도측정(body average density measure-ment), 신체 계측(anthropometric methods), 생체전기저항분석법(bioelectrical impedance analysis, BIA), 초음파측정법 등이 있으며, 이 가운데 신체 계측, 생체전기저항분석법이 많이 이용된다. 예를 들어 인체 계측방법 중에 상박부의 삼두박근 부위 피부층 두께(triceps skinfold)나 견갑골하 피부 두께(subscapular skinfold)를 측정하는 방법이 있는데, 캘리퍼(caliper)를 이용하여 이들 피부 두께(skinfold)를 측정하여 공식에 대입하면 체지

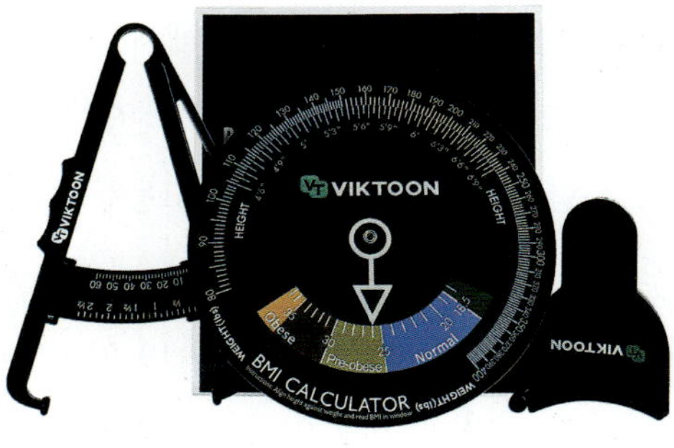

그림 6-11 피부 두께 측정용 캘리퍼

방 함량을 추정할 수 있다(그림 6-11).

(5) 스테롤 대사

스테롤(sterols; 식물성 스테롤 및 콜레스테롤) 화합물은 쓸개즙에 의해 유화되어 소장에서 흡수되며, 대부분 혈액으로 들어가고 일부는 대변으로 배설된다. 동물은 콜레스테롤을 체내에서 합성할 수 있으며, 이 콜레스테롤은 세포막 구성 성분으로 성호르몬(에스트로겐, 안드로겐 등), 쓸개즙, 비타민 D 등의 전구물질로 중요한 역할을 한다.

콜레스테롤은 보통 식품에 지방산과 에스터 결합한 상태로 존재하며, 소장에서 흡수되기 위해서는 유리형 콜레스테롤로 분해된다. 일반 성인의 경우 식사를 통하여 하루 약 0.3~0.5 g의 콜레스테롤이 체내로 흡수되고, 간에서 하루 1~1.5 g이 합성된다. 체내에는 약 35 g의 콜레스테롤이 함유되어 있는데 대부분 세포막에 존재한다. 콜레스테롤은 체내에서 대사되어 쓸개즙으로 전환되며, 이것은 지질 소화 시 유화작용을 마친 후 소장 말단인 회장에서 대부분 재흡수되고 일부는 대변으로 배출된다.

① 콜레스테롤의 생합성

콜레스테롤은 주로 사람의 간에서 아세틸 CoA로부터 합성된다. 즉, 아세틸 CoA로부터 HMG-CoA (hydroxy-methylglutaryl-coenzyme A)가 만들어지고, HMG-CoA 환원효소(reductase)에 의하여 메발론산(mevalonate)이 된다. HMG-CoA 환원효소 단계는 전체 과정 속도를 조절하는 중요한 단계로 이 효소를 저해시키면 고콜레스테롤혈증(hypercholesterolemia)을 치료할 수 있다. 메발론산으로부터 스쿠알렌(squalene)이 만들어지고, 계속하여 여러 효소반응 단계를 거쳐 콜레스테롤 분자($C_{27}H_{46}O$)가 만들어진다.

그동안 많은 HMG-CoA 환원효소 저해제가 개발되었으며, 의약품 가운데 가장 많이 판매되는 약물군이다. 이들은 고콜레스테롤 혈증에 의하여 발병하는 동맥경화, 심장병, 뇌졸중 등의 치료제로 사용되고 있다. 대표적인 화합물로는 로바스타틴(lovastatin), 메바스타틴(mevastatin), 프라바스타틴(pravastatin) 등이 있다. 홍국균(*Monascus anka*)이 생산하는 모나콜린 K(monacolin K)도 이 효소를 강하게 저해하는 것으로 알려져 있다.

② 쓸개즙 합성

쓸개즙은 성인의 경우 매일 400~800 mL 생산되며, 그 조성은 수분 97%, 쓸개즙산염 0.7%, 빌리루빈 0.2%, 지질(콜레스테롤, 지방산, 레시틴) 0.51%, 무기질(200 밀리그램당량/L)로 이루어져 있다. 특히, 쓸개즙산은 간에서 타우린 또는 글리신과 접합(conjugation)반응을 거쳐, 글리코콜산(glycocholic acid), 타우로콜산(taurocholic acid) 타우로케노데옥시콜산(taurochenodeoxycholic acid), 글리코케노데옥시콜산(glycochenodeoxycholic acid)으로 전환되며, 나트륨(Na) 또는 칼슘(K)과 결합하여 염의 형태로 존재하는데(그림 6-12) 이를 쓸개즙산염이라고 한다. 쓸개즙산은 쓸개즙의 유기물 가운데 ~80%를 차지하며, 지질 소화에서 유화제로 작용하여 지질이 물과 잘 혼합되도록 한다.

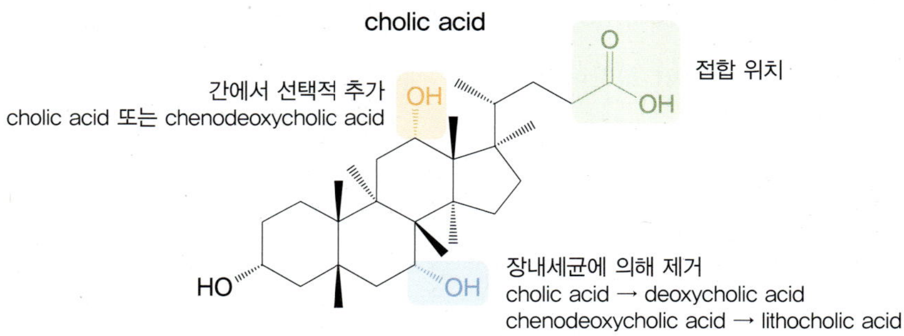

그림 6-12 쓸개즙산염의 구조

5) 단백질 대사

단백질의 섭취는 신체 단백질을 구성하는 아미노산을 공급하기 위하여 필요하며, 특히 성장기에 많은 양이 필요하다. 또한 손상된 신체조직을 치유하거나 호르몬, 효소, 항체 등을 생성하는 데 쓰인다. 식품으로 섭취되는 단백질은 소화관 내에서 소화효소에 의해 대부분 아미노산까지 분해된 후에 흡수되며, 그 대부분은 다시 신체 내 단백질로 재합성된다. 한편, 탄수화물 섭취가 부족할 경우 단백질은 아미노산으로 분해되어 포도당을 합성하는 데 사용되며, 이렇게 만들어진 포도당은 뇌, 신경조직, 적혈구, 태아 등의 에너지원으로 이용된다.

(1) 단백질 합성

대부분 단백질 합성과 관련된 정보는 핵 내 유전자에 들어 있으며, 필요시 전사 및 판독 과정을 거쳐 단백질로 합성된다. 단백질의 수명은 수 시간에서 수개월로 종류별로 크게 다른 것이 특징이다. 레티놀 결합단백질(retinol binding protein)의 반감기는 12시간이나, 알부민과 헤모글로빈의 경우는 각각 약 21일과 120일이다.

(2) 단백질의 분해

식이 단백질이 소화되어 흡수된 아미노산, 체조직 단백질이 분해되어 생성된 아미노산, 체내에서 합성된 아미노산 들은 혈액을 통하여 순환하거나 세포 내로 들어가 다양한 형태로 이용된다.

(3) 아미노산의 대사

생물체를 이루는 단백질을 구성하는 아미노산은 총 20종으로 체내에서 합성되는 비필수아미노산(non-essential amino acids)과 체내에서 합성이 안 되거나 합성이 불충분하여 외부로부터 섭취해야 하는 필수아미노산(essential amino acids)으로 분류된다(표 6-4). 사람이 섭취하는 단백질에서 공급되는 아미노산과 신체 구성단백질이 분해되어 생기는 아미노산은 신체 아미노산 풀(pool)을 형성하고(그림 6-13), 이들을 이용하여 신체에 필요한 단백질이나 포도당, 신경전달물질(도파민, 세로토닌, GABA 등) 등이 합성된다.

표 6-4 필수아미노산과 비필수아미노산

필수아미노산	비필수아미노산
Histidine (H)*	Alanine (A)
Isoleucine (I)	Aspartic acid (D)
Leucine (L)	Asparagine (N)
Lysine (K)	Arginine (R)
Methionine (M)	Cysteine (C)
Phenylalanine (F)	Glutamic acid (E)
Threonine (T)	Glutamine (Q)
Tryptophan (W)	Glycine (G)
Valine (V)	Proline (P)
	Serine (S)
	Tyrosine (Y)

* 조건부 필수아미노산

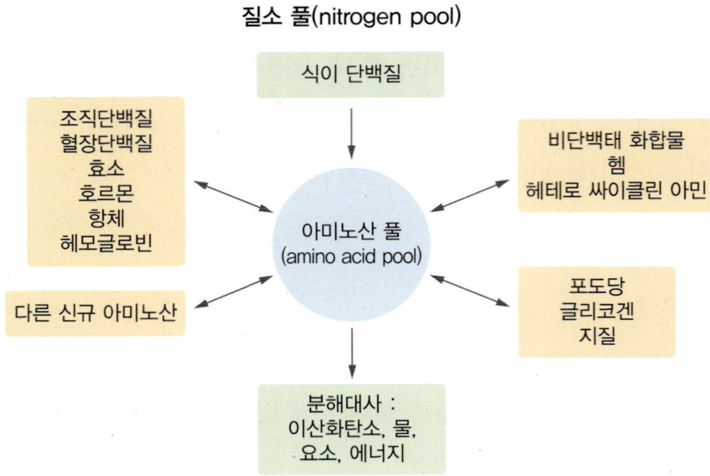

그림 6-13 아미노산의 풀 및 대사

① 산화적 탈아미노반응

아미노산은 공통적으로 아미노기(amino group)와 카복실기(carboxyl group)를 가지고 있으며, 이 가운데 아미노기가 제거되고 알파-케토산(α-keto acid)이 생성되는 것이 산화적 탈아미노반응(oxidative deamination)이다.

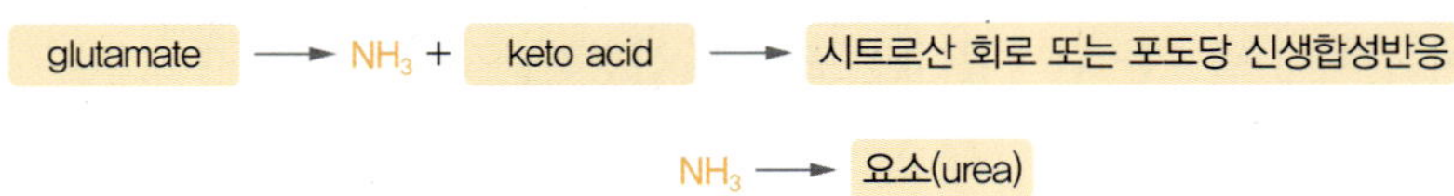

탈아미노반응

② 아미노기 전달반응

아미노기 전달반응(transamination)은 아미노산의 아미노기를 알파-케토산 또는 아미노산에 전달하여 새로운 아미노산이 만들어지는 과정이다. 알라닌아미노

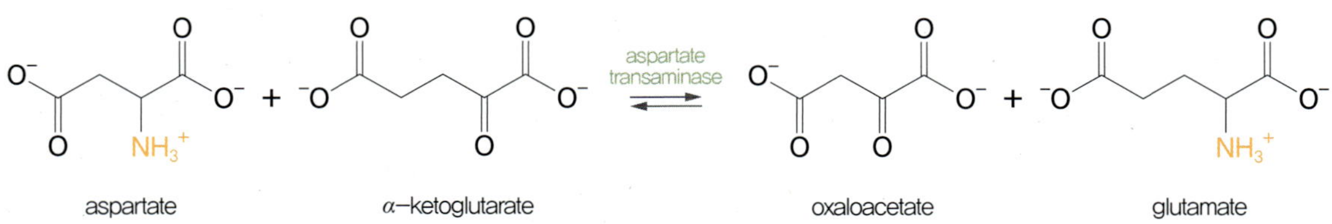

AST 효소의 아미노기 전달반응

기 전달효소(alanine transaminase, ALT)와 아스파트산아미노기 전달효소(aspartate transaminase, AST)는 대표적인 아미노기 전달효소이며, 혈중 효소 활성은 간 손상 지표로 이용되기도 한다. 아미노기 전달효소는 조효소로 비타민 B_6 유도체인 피리독살인산(pyridoxal phosphate)이 필요하다.

③ 아미노산 탄소 골격의 이용

아미노산으로부터 아미노기가 제거된 후 생성되는 탄소 골격인 알파-케토산은 포도당 신생합성반응, 지질 합성에 이용되거나 에너지 생성에 이용된다. 아미노산 가운데 포도당 합성의 전구물질로 활용 가능한 포도당 생성아미노산(glucogenic amino acids)은 류신(leucine), 라이신(lysine)을 제외한 18종으로 포도당 부족 시 포도당 신생합성반응을 거쳐 포도당으로 합성된다. 모든 아미노산은 대사 과정을 거쳐 아세틸 CoA로 전환이 가능하며, 시트르산 회로를 거쳐 이산화탄소로 완전 산화되고 그 과정에서 생성된 환원력(NADH, $FADH_2$)은 전자전달계를 통하여 에너지를 발생할 수 있다. 또한 모든 아미노산은 에너지가 과잉인 경우, 아세틸 CoA를 거쳐 지방산으로 합성되며, 이후 지질로 전환되어 우리 몸에 저장된다.

④ 암모니아의 처리

아미노산 대사 과정에서 발생하는 독성이 강한 암모니아는 간에서 요소 회로(urea cycle)를 거쳐 독성이 거의 없는 요소로 전환되어 소변으로 배설된다(그림 6-14).

⑤ 비단백질 화합물 합성

아미노산의 일부는 인체에서 중요한 역할을 하는 생리활성물질 합성에 관여한다. 트립토판은 신경전달물질인 세로토닌과 비타민의 하나인 나이아신 합성의 전구물질이며, 타이로신은 멜라닌 색소, 갑상선호르몬인 티록신, 신경전달물질인 도파민, 노르에피네프린과 에피네프린의 합성에 이용된다. 뇌의 중요 신경전달물질인 GABA는 글루타메이트에서 만들어지며, 체내에서 항산화 기능을 하는 글루타티온은 글리신, 시스틴, 글루타메이트가 결합되어 생성된다. 헤모글로빈, 미오글로빈, 시토크롬 함유 단백질에 포함된 헴(heme)은 글리신 아미노산이 전구물질이다. 대부분 근육에 존재하면서 활동하는 크레아틴(creatine)은 글리신, 아르기닌(arginine), 메티오닌(methionine)의 아미노산 3종으로부터 생성된다.

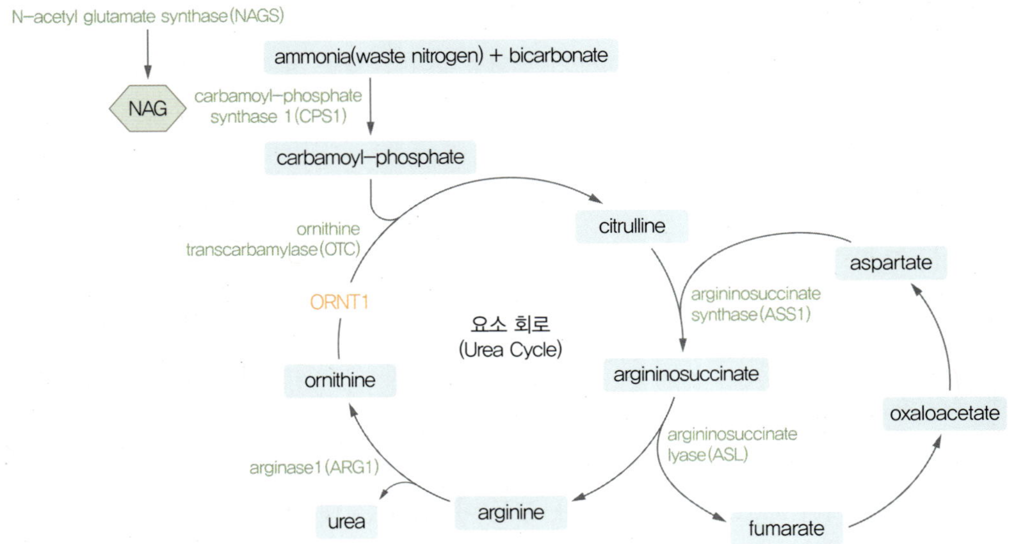

* NAG (*N*-acetylglutamate) : CPSI의 활성물질

그림 6-14 요소 회로

페닐케톤뇨증(phenylketonuria)

1만 2,000명 중의 1명 확률로 나타나는 유전병의 일종으로, 페닐알라닌 하이드록실화효소(phenylalanine hydroxylase)가 부족하여 필수아미노산의 하나인 페닐알라닌의 대사가 원활하게 이루어지지 않아 페닐케톤(phenylketones)이 축적됨으로써 신생아에서 뇌 발달 장애, 발작, 행동 이상 등을 일으킨다. 신생아 상태에서 진단이 이루어져 페닐알라닌 섭취를 조절하면 정상적으로 발달하여 평생 건강한 생활을 할 수 있다. 페닐케톤뇨증 환자는 페닐알라닌이 많이 함유된 식품(예를 들어 아스파탐)은 피해야 한다.

단원정리

1. 인체는 에너지의 섭취와 소비가 균형을 이루며 건강을 유지하는데 에너지의 섭취량이 소비량보다 많으면 체중이 증가하고, 에너지의 소비량이 섭취량보다 많으면 체중은 감소한다.
2. 인체는 식품의 성분 가운데 탄수화물(4 kcal/g), 지질(9 kcal/g), 단백질(4 kcal/g)의 섭취를 통해서 에너지를 생성하게 되며, 인체의 기초대사, 활동대사, 식품 이용을 위한 에너지 소비 및 적응대사를 위해 에너지를 소비하게 된다.
3. 기초대사량이란 기본적으로 생명현상을 유지하기 위해 소비되는 에너지량이며, 활동대사량은 기본적인 대사와 육체 활동에 필요한 에너지의 양을 가리킨다.
4. 식품 이용을 위한 에너지 소비량은 식품 섭취 후 식품의 소화, 흡수, 대사, 이동 및 저장을 위하여 소비되는 에너지량이며, 적응대사량은 환경 변화에 적응하는 데 소비되는 에너지의 양이다.
5. 인체가 필요로 하는 에너지를 측정하는 방법으로는 직접 및 간접 에너지 측정법이 있으며, 생애주기별 에너지 필요추정량은 총에너지 소비량과 생애주기별 부가량을 기반으로 산출한다.
6. 에너지의 섭취 과잉 및 부족과 같은 에너지 불균형은 체중의 변화를 가져와 비만 또는 저체중을 초래함은 물론이고 여러 가지 건강 문제를 일으킨다.
7. 비만은 체내에서 사용하고 남은 에너지가 지방으로 전환되어 피하조직과 내장 주변에 축적된 상태로 고혈압, 당뇨병, 심장 질환 등 여러 가지 만성질환의 위험 요인이 된다. 에너지 섭취 부족으로 인한 저체중은 체지방 및 체내 단백질의 손실을 유발하여 질병에 대한 저항력 감소와 회복력을 저하시키고, 어린이의 경우 성장을 지연시키기도 한다.
8. 에너지 불균형을 초래하는 신경성 섭식 장애로는 신경성 거식증(anorexia nervosa)과 신경성 폭식증(bulimia nervosa)이 있으며, 이 경우에는 정신과 의사의 상담이 필요하다.
9. 소화 후 흡수된 영양소는 체내에서 생명현상 유지 및 필요한 에너지 생성에 쓰이는데 이를 총칭하여 대사작용이라 한다. 대사작용에는 식품의 영양소나 성분을 분해하는 이화작용과 합성하는 동화작용이 있다.
10. 탄수화물, 지질, 단백질의 분해대사는 체내에 에너지를 공급하는 작용이다. 포도당과 같은 단당류는 해당작용, 시트르산 회로 및 전자전달계를 통해 ATP를 생성한다. 지질에서 분해된 글리세롤은 당질과 같은 경로를 거쳐 분해되고, 지방산은 β-산화 과정을 거쳐 생성된 아세틸 CoA가 시트르산 회로와 전자전달계를 거쳐 ATP를 생성한다. 아미노산은 탈아미노 반응을 거쳐 아미노기가 제거된 후 중간 대사물질로 생성된 후 시트르산 회로와 전자전달계를 거쳐 ATP를 합성하게 된다.
11. 아미노산은 탈아미노 반응에 의해 아미노기가 제거되고, 아미노산의 탄소 골격은 탄수화물이나 지질의 합성에 이용되거나 시트르산 회로의 중간 대사물질로 전환되어 에너지 대사에 활용된다.
12. 합성대사는 반드시 분해대사의 역반응은 아니며, 분해대사에서 얻는 에너지는 대부분이 ATP이지만, 당질 합성에는 UTP, 지질 합성에는 CTP, 단백질 합성에는 GTP가 사용된다. 단백질은 DNA의 유전 정보와 암호에 따라 아미노산이 펩타이드 결합을 하여 합성되지만, 당질과 지질의 합성에는 단백질과 같은 유전 정보가 필요 없으며 당질은 간과 근육에 글리코겐 형태로 저장되고 지질은 지방 형태로 체내 지방조직에 축적된다.

연습문제

1 체내 에너지 생성과 소비에 관해서 간략하게 서술하시오.

2 에너지 불균형이 초래할 수 있는 건강 문제에 대해서 논하시오.

3 최근 경제 성장으로 생활환경이 편리해지고 활동량은 줄어들어 에너지 소비가 감소한 반면에, 식생활의 서구화로 에너지 섭취는 증가하여 청소년 비만이 증가하고 있다. 세계보건기구는 비만을 치료가 필요한 질병으로 선포한 바 있다. 현수는 키 160 cm, 체중 75 kg의 중학교 2학년 학생이다. 체중 조절을 위해 하루 섭취 칼로리를 1,800 kcal로 제한하고 있는데, 현수의 체중 관리를 위해 바람직한 식사법을 제시하고 그 이유를 설명하시오. 특히 신경 써서 많이 섭취해야 하는 식품으로는 어떤 것이 있는지 답하시오.

4 사람이 하루 동안 굶으면 간에 저장되어 있던 글리코겐은 모두 소모되지만 여전히 상당량의 지방은 체내에 존재한다. 이때 신체의 일부 기관은 축적된 지방으로부터 에너지를 이용하지만, 일부 기관은 포도당 공급이 반드시 필요해서 포도당 신생합성반응을 통해 포도당 생산을 유도한다. 지방으로부터 에너지를 얻지 못하고 포도당을 에너지원으로 요구하는 체내 세포 또는 기관을 열거하시오.

5 굶고 있는 동안에는 근육 손실이 진행되는데, 이 과정이 체내에서 진행되는 포도당 신생합성반응과 어떤 연관성을 갖고 있는지 서술하시오.

참고문헌

문수재·김혜경·홍순명·이경혜·이명희·이영미·이경자·안경미·이민준·김정연·김정현, 알기 쉬운 영양학, 수학사, 2016.

보건복지부·한국영양학회. 2015 한국인 영양소 섭취기준, 2016.

식품과학기술교수연구회, 문제해결능력을 키워주는 식품기사·산업기사, 수학사, 2014.

이현기, 증보 영양화학, 수학사, 2004.

Carol Byrd-Bredbenner·Gaile Moe·Jacqueline Berning·Danita Kelley, 김미경·왕수경·신동순·권오란·박윤정 옮김, 생활 속의 영양학(3판), 라이프사이언스, 2016.

허채옥·권순형·김은미·원선임·박용순·박진희·김상연·정경아·김은영·박유신, 기초영양학, 수학사, 2016.

DL. Katz, "Pandemic obesity and the contagion of nutritional nonsense", ***Public Health Rev***, 31 (1): 33–44, 2003.

DL. Nelson·MM. Cox·AL. Lehninger, ***Lehninger Principles of Biochemistry***, w.h. Freeman and Company, 2017.

FAO, Dietary protein quality evaluation in human nutrition, Report of an FAO Expert Consultation, 2011.

KA. Gudzune·RS. Doshi·AK. Mehta·ZW. Chaudhry·DK. Jacobs·RM. Vakil·CJ. Lee·SN. Bleich·JM, Clark, "Efficacy of commercial weight-loss programs: an updated systematic review". ***Annals of Internal Medicine***. 162 (7): 501–12, 7 April 2015.

S. Gardiner·SL. Gilman, Gilman SL (ed.). Atkins, Robert, MD (1930–2003), Diets and Dieting: A Cultural Encyclopedia. Routledge. p. 12, 2008.

07

NUTRITIONAL CHEMISTRY

CHAPTER 07

물

체내의 물 분포

수분의 기능

수분 평형

수분 부족

인체에서 물(수분)은 체중의 60~70%를 차지하고 있으며, 체내에서 중요한 기능을 담당하고 있어서 전체 수분의 20% 정도를 잃으면 생명이 위태롭게 된다. 체내 수분 함량은 성별, 나이, 생리적 상태에 따라 다르다. 신생아나 영아의 체내 수분 함량은 성인에 비하여 높으며, 남성이 여성보다 지방 함량은 낮고 근육량이 많아서 수분 함량도 높다. 체내에서는 부위별로 수분 함량에 차이가 많아서 근육조직에 75%, 혈액에 83%, 지방조직에 25%, 골격에 22%가 함유되어 있다.

1. 체내의 물 분포

체내 수분의 60%는 세포내액의 형태로 존재하고, 40%는 세포외액으로 존재한다. 세포외액의 80%는 세포간질에, 나머지 20%는 혈액에 함유되어 있다. 따라서 체중이 70 kg인 성인 기준으로 세포내액 25 L, 세포외액 17 L이며, 세포간질액 14 L, 그리고 혈액이 3 L 정도 된다.

세포간질액과 혈액의 수분 함량을 결정하는 핵심 요인은 삼투질 농도이다. 예를 들어 단백질 영양이 결핍되었을 때 혈중 알부민 농도가 낮아지면 혈장 삼투압이 낮아져서 물이 세포간질로 이동하므로 부종(edema)의 원인이 된다.

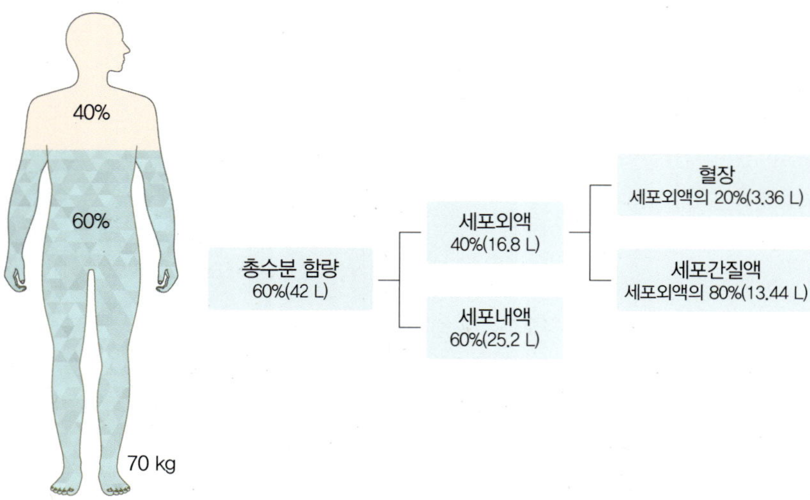

그림 7-1 체내 물의 분포

2. 수분의 기능

체내의 수분은 물리화학적 용매로 다음과 같이 물질 운반, 체온 조절 등 중요한 기능을 담당하고 있다.

- 영양의 섭취, 소화, 흡수, 가수분해 등 화학반응
- 물질의 용해와 이온화
- 외부 충격으로부터 보호
- 대사물의 배설
- 체온 조절
- 윤활제 역할

3. 수분 평형

성인은 1일 약 1.9~2.8 L의 물을 섭취하고 있다. 물 또는 음료수로 섭취하는 양이 1,000~1,500 mL, 식품으로 섭취하는 양이 700~1,000 mL, 체내 대사 과정에서 생성되는 대사수 200~300 mL 등이다.

반면에 수분 손실은 소변으로 900~1,500 mL, 땀으로 500~600 mL, 호흡으로 400~500 mL, 대변으로 100~200 mL가 배설된다. 사람이 섭취하는 물의 양과 배설되는 양은 같은데 이를 수분 평형이라고 한다.

수분 평형은 항이뇨호르몬(anti-diuretic hormone, ADH)이나 알도스테론(aldosterone)에 의하여 조절된다. 뇌하수체 후엽호르몬인 ADH는 이뇨작용을 억제함으로써, 부신피질호르몬인 알도스테론은 신장에서 나트륨의 재흡수를 증가시킴으로써 체내에서의 수분 배출을 억제한다. 대사수는 영양소의 산화에 의해 생성되며 수소 함

표 7-1 인체의 수분 평형

수분의 유입 경로	수분의 손실 경로
• 음료수 또는 물 : 1,000~1,500 mL • 식품 섭취 : 700~1,000 mL • 대사수 : 200~300 mL	• 소변 : 900~1,500 mL • 피부 : 500~600 mL • 호흡 : 400~500 mL • 대변 : 100~200 mL
합계 1,900~2,800 mL	1,900~2,800 mL

량이 높은 지질은 1.07 mL/g, 당질과 단백질에서는 각각 0.55 mL/g, 0.4 mL/g을 생성한다. 불감성 수분 손실(insensible water loss)은 폐, 피부에서 일어나며 체표면적 1 m^2에서 대략 600~800 mL 정도 증발한다.

4. 수분 부족

신체 내 수분 균형은 항이뇨호르몬과 알도스테론 및 레닌-안지오텐신 시스템(renin-angiotensin system)에 의해서 조절된다. 혈장 전해질 농도가 증가하면 시상하부 삼투질 수용체(osmoreceptor)가 활성화되고, 이로 인하여 갈증 중추(hypothalamic thirst center)가 영향을 받아 갈증을 느끼게 되므로 수분 섭취가 이루어진다. 신장에 존재하는 레닌-안지오텐신 시스템은 혈액량과 혈압을 조절하는 데도 중요한 역할을 한다. 과도한 수분 손실로 혈장 부피가 감소하면 혈압이 떨어지고 신장의 사구체옆 세포(juxtaglomerular cell)에서 레닌이 분비된다. 레닌에 의해 안지오텐시노겐(angiotenisinogen)이 분해되면 안지오텐신II(angiotensin II)의 농도가 높아진다. 안지오텐신 II는 시상하부의 갈증 중추에 작용하여 갈증을 유발함으로써 수분 섭취 욕구를 일으킨다(그림 7-2).

탈수(dehydration)는 섭취하는 물의 양보다 손실되는 양이 많을 때 발생하며, 탈수가 되면 신체는 정상적인 기능을 하지 못하게 된다. 탈수는 영유아, 노약자, 옥외 노동자 또는 운동선수에게 특히 위험할 수 있다. 영유아의 주요 탈수 원인은 심한 설사와 구토이고, 노년층의 경우는 체내 수분 보유량이 적기 때문에 주변 환경 또는 신체 조건(예를 들어 고온, 발열, 고산지대, 심한 운동, 발한, 당뇨, 폐렴, 방광염, 특정 약물 복용)에 따라 쉽게 탈수 증세가 일어날 수 있다.

탈수 증세가 심하지 않은 경우에는 충분한 수분 섭취로 회복이 가능하지만, 정도가 심한 경우에는 의학적 처치를 받아야 한다. 탈수 증세로는 갈증이 일반적인 지표이지만 노년층의 경우에는 갈증을 느끼지 못할 수도 있으므로 무더운 날씨나 아플 때에는 수분의 섭취를 증가시키는 것이 매우 중요하다.

나이에 따라 탈수 증세는 다르게 나타나는데 그 구체적인 증상은 다음과 같다.

- 영유아 : 입안의 건조, 퀭한 눈, 눈물 분출 불량, 3시간 이상 소변 배설 부재, 과민

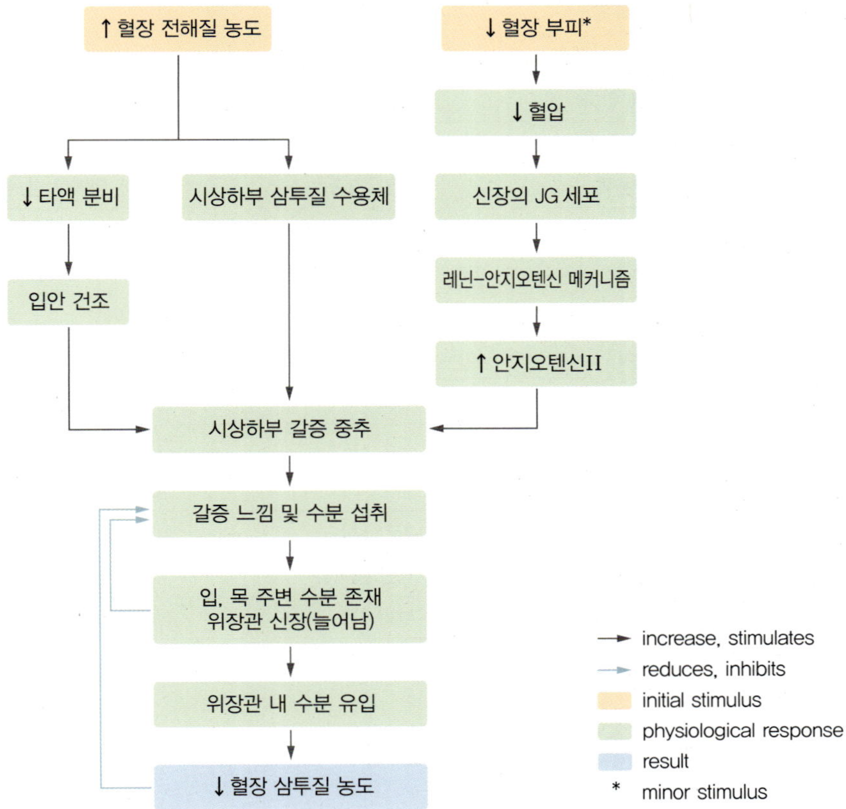

그림 7-2 수분 섭취 조절 메커니즘

- 성인 : 심한 갈증, 소변 횟수 감소, 검은 색깔 소변, 피로, 어지러움, 혼돈, 방향감각 상실, 졸음, 혈변 또는 검은 변

탈수는 대부분 수분 보충으로 회복이 가능하므로 가볍게 여길 수 있으나, 경우에 따라서 심각한 생리적 문제를 유발할 수 있다. 예를 들어 심한 운동으로 땀을 많이 흘리고 물을 충분히 섭취하지 않은 경우에는 근육 경련, 심장 발작으로 이어질 수 있으며, 지속적 또는 반복적 탈수는 요로 감염, 신장결석, 신부전을 유발한다. 탈수로 인한 전해질(나트륨, 칼륨) 부족은 근육 발작, 의식불명으로 이어질 수도 있다. 또한 탈수가 심할 경우 혈액량의 감소로 혈압 감소, 체내 산소량의 급감으로 생명이 위험해질 수도 있다.

표 7-2 탈수 정도와 생리적 증상

지표	약한 단계	중간 단계	심각 단계
체중 감소(유아)	5% 이하	6~10%	10~15%
체중 감소(소아)	3% 이하	6%	9%
외관	활동적	예민, 갈증	무기력, 명백한 병 증세
모세혈관 충전 속도*	정상	약간 지연	지연
맥박	정상	빠르고 약한 편	매우 빠르고 약함
호흡	정상	빠름	깊고 빠름
혈압	정상	정상~약간 저혈압	매우 낮음
점막(입안 등)	촉촉함	건조	몹시 건조(parched)
눈물	정상	감소	거의 없음
눈 모양	정상	정상	퀭함
피부 탄력	정상	약간 감소	심하게 감소
유아 정수리(숨구멍)	정상	약간 들어감	심하게 들어감
소변량	정상	부피 감소	심하게 감소

*엄지손가락으로 중지의 손톱을 누른 다음 떼어냈을 때 3초 이내에 다시 충전되어야 정상

탈수를 예방하는 방법으로는 충분한 수분 섭취와 수분 함량이 높은 식품(과일, 채소류)을 섭취하는 것이다.

물을 섭취하지 않고 살 수 있는 동물은?

인간은 수분을 섭취하지 않고 3일 정도 생존할 수 있다고 한다. 그런데 사막에 사는 어떤 동물(xerocoles)과 철새는 물을 섭취하지 않고도 살 수 있는 것으로 알려져 있다. 이는 체내 에너지 대사 과정에서 생성되는 대사수(metabolic water) 때문으로, 100 g당 지질, 단백질, 탄수화물로부터 각각 ~110 g, 42 g, 60 g의 대사수가 만들어진다.

단원정리

1. 물은 생명을 유지하기 위한 영양소 중의 하나로 체구성 성분의 60~70%를 차지한다. 영양소와 노폐물의 운반, 체온 조절, 전해질의 균형 조절, 윤활제 및 외부 충격으로부터 신체 보호 등의 역할을 한다.

2. 체내에서 수분은 세포내액과 세포외액, 근육조직을 포함한 모든 조직에 존재하며, 세포의 내외간 수분 이동은 삼투압에 의해 일어난다.

3. 체내의 수분은 섭취하는 양과 배설되는 양 사이에 균형이 이루어지는데 이는 항이뇨호르몬에 의해 조절된다. 체내로의 수분 섭취는 식품(50%), 음료수(40%), 대사수 등에 의해 이루어지는 반면에, 수분의 배설은 소변, 피부 호흡, 폐호흡 및 대변 등에 의해 일어난다.

4. 체내의 하루 수분 필요량은 연령, 체온, 계절 및 생리적 변화 등에 따라 차이가 있으나, 일반적으로 성인의 경우 섭취하는 에너지 1 kcal당 1~1.5 mL의 수분을 필요로 한다.

5. 갈증은 수분 부족 또는 염류 부족 등으로 신체에서 탈수가 일어났을 때 나타난다. 탈수 증상으로는 메스꺼움, 구토, 심장박동의 증가, 체온 상승 및 현기증이 대표적이다. 체내의 수분 양이 1~2% 손실되면 갈증을 느끼고, 4~12%가 손실되면 피로 및 무기력 상태가 되며 20% 이상 손실 시에는 사망에 이를 수도 있다.

연습문제

1 물의 체내 기능, 그리고 체수분의 섭취와 배설 경로에 대해 서술하시오.

2 체내 수분 손실에 따른 증상과 수분 불균형이 초래할 수 있는 건강 문제를 모두 서술하시오.

참고문헌

문수재·김혜경·홍순명·이경혜·이명희·이영미·이경자·안경미·이민준·김정연·김정현, 알기 쉬운 영양학, 수학사, 2016.

보건복지부·한국영양학회. 2015 한국인 영양소 섭취기준, 2016.

이현기, 증보 영양화학, 수학사, 2004.

Carol Byrd-Bredbenner·Gaile Moe·Jacqueline Berning·Danita Kelley, 김미경·왕수경·신동순·권오란·박윤정 옮김, 생활 속의 영양학(3판), 라이프사이언스, 2016.

허채옥·권순형·김은미·원선임·박용순·박진희·김상연·정경아·김은영·박유신, 기초영양학, 수학사, 2016.

MEMO

08

NUTRITIONAL CHEMISTRY

CHAPTER 08

다량무기질

다량 원소

인체를 구성하는 주요 원소는 11종으로 산소, 수소, 탄소, 질소, 칼슘, 인의 6종이 인체의 전체 질량 중 약 99%를 차지하고 나머지 0.85%는 칼륨, 황, 나트륨, 염소, 마그네슘의 5종 원소로 구성되는데 이들을 통틀어 다량 원소(macroelements)라고 한다. 그 밖에 인간이 생존하는 데 필수적인 원소이지만 체내 분포량이 0.05% 미만이거나 하루 필요량이 100 mg 미만인 원소들은 미량 원소(trace elements)라고 한다. 망간(Mn), 철(Fe), 코발트(Co), 구리(Cu), 아연(Zn), 셀레늄(Se), 몰리브데넘(Mo), 요오드(I), 크롬(Cr)의 9종이 여기에 속한다.

분류	원소 종류
다량 원소(macroelements)	Ca, P, S, Na, K, Mg, Cl
미량 원소(trace minerals, microelements)	Fe, Cu, Zn, Mn, Mo, Se, F, I, Cr

식품을 구성하는 금속과 비금속 원소를 무기질이라 하며, 금속류는 연소했을 때 산화물이 되어 남게 되므로 회분(ash)이라고도 한다. 무기질은 영양소로 화학적 에너지는 가지지 않으나 체성분으로는 필수 물질이다. 무기질의 대부분은 인체의 뼈를 구성하는 성분이다.

1. 다량 원소

1) 칼슘

칼슘(calcium, Ca)은 인체에 가장 많이 포함되어 있는 무기질로 체중의 1~2%를 차지한다. 그중 99%는 수산화인회석[$Ca_{10}(PO_4)_6(OH)_2$] 형태로 골격이나 치아에 존재한다. 나머지 1%는 혈액(9~11 mg/100 mL), 수액(5 mg/100 mL), 근육(70 mg/100 g), 신경(15 mg/100 g), 세포 등에 함유되어 있다(그림 8-1).

칼슘은 인체 내에서 골격과 치아의 형성, 세포막의 투과성 조절 및 신경 흥분을 억제하고, 혈액 응고 등 중요한 인체 내 생리작용에 관여한다.

(1) 흡수 및 대사

칼슘은 섭취된 양의 10~30%가 소장에서 흡수된다. 주로 십이지장에서 능동수송

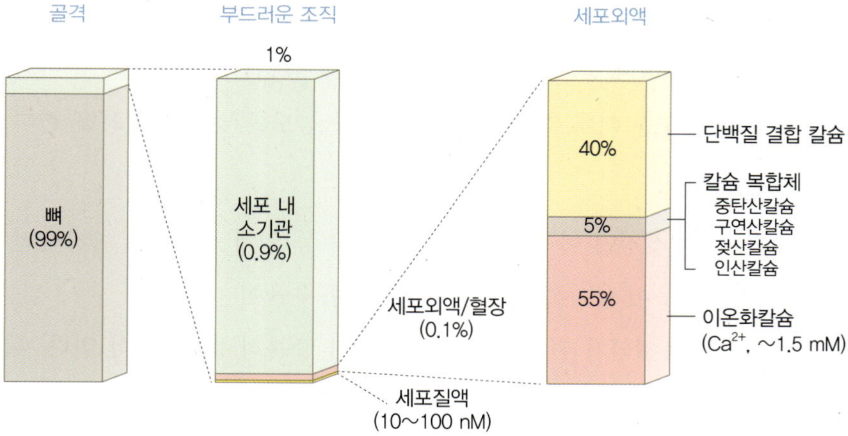

그림 8-1 칼슘의 체내 분포

(active transport), 촉진확산, 수동확산 등의 방법으로 흡수된다. 생리적 상태나 섭취 형태에 따라 흡수율이 차이가 나는 특징을 갖는다. 혈중 칼슘 농도는 일정하게 유지되는데(9~11 mg/dL) 이를 칼슘의 항상성(homeostasis)이라고 하며, 부갑상선호르몬과 칼시토닌(calcitonin)에 의해서 유지된다. 부갑상선호르몬은 비타민 D의 활성화〔신장에서 비타민 D의 1,25(OH)$_2$-D$_3$로 전환〕를 촉진시켜 소장에서 칼슘 흡수를 증가시

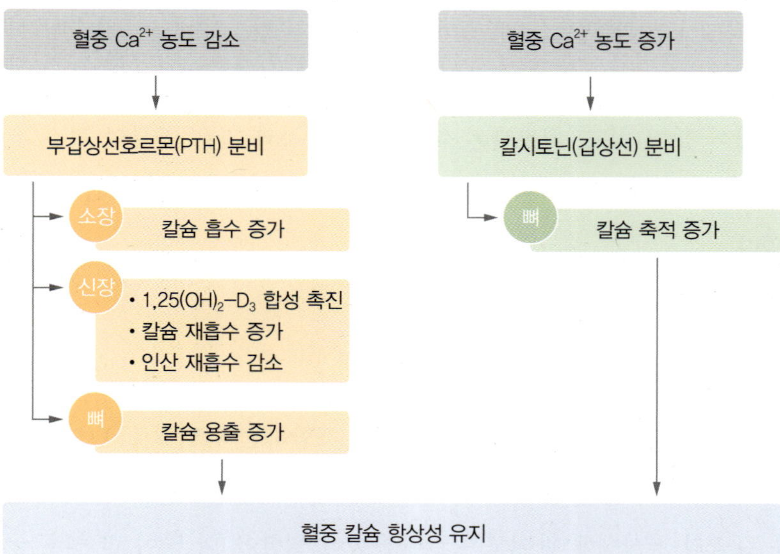

그림 8-2 혈중 칼슘 농도 조절 메커니즘

키고, 신장에 작용하여 칼슘의 재흡수를 촉진한다(그림 8-2). 또한 뼈에서 칼슘 용출(resorption)을 촉진하여 혈중 칼슘 농도를 증가시킨다. 반면 갑상선에서 분비되는 칼시토닌은 혈중의 칼슘을 뼈에 축적시킴으로써 혈중 농도를 낮추는 작용을 한다.

① 칼슘 흡수 증가 요인

- 신체의 필요량 : 성장기 아동이나 임신, 수유기 등 인체 필요량이 증가하면 소장에서 칼슘 흡수율이 증가하나, 노년층에서는 흡수율이 감소한다.
- 위산 : 칼슘이 용해되기 위해서는 위에서 산이 충분히 분비되어야 한다. 위산이 충분히 분비되지 못할 경우 칼슘 용해 저하로 소장에서 흡수가 감소한다.
- 혈중 칼슘 농도 저하 : 칼슘 섭취가 부족하거나 어떤 이유에서 혈중 칼슘 농도가 낮아지면 부갑상선호르몬(parathyroid hormone)의 분비가 증가하고, 이에 따라 소장에서 칼슘 흡수가 증가한다.
- 식이적 요인 : 칼슘의 흡수에는 비타민 D의 역할이 중요하다. 즉, 비타민 D가 칼슘의 흡수를 돕는데, 비타민 D가 소장 점막 세포에서 칼슘 흡수를 담당하는 수용체와 칼빈딘(calbindins) 단백질의 합성을 촉진함으로써 칼슘 흡수를 증가시킨다. 젖당과 비타민 C도 칼슘 흡수를 증가시키는 것으로 알려져 있다.

② 칼슘 흡수 감소 요인

옥살산(oxalic acid)과 피트산(phytic acid)이 대표적 감소 요소로, 칼슘이 이들 화합물과 결합하면 불용성이 되어 흡수가 현저하게 감소한다. 옥살산은 시금치, 무청 등 채소류에 많이 들어 있고, 피트산은 쌀겨, 밀기울 등과 같은 곡류의 껍질 부위에 다량 함유되어 있다. 그 밖에 식이섬유, 지방 등도 칼슘의 흡수를 저해하는 요인으로 알려져 있다.

(2) 체내 기능

① 골격과 치아 구성

인체의 뼈는 2/3의 무기질과 1/3의 콜라겐을 포함하는 단백질로, 단단한 피질골(겉질뼈, cortical bone)과 상대적으로 덜 단단한 해면골(sponge bone)로 이루어져 있다. 해면골은 칼슘의 항상성에 관여하며 골다공증에 영향을 더 많이 받는다. 골격 형성과 분해는 각각 조골세포(osteoblast)와 파골세포(osteoclast)에 의해 이루어지며, 조골

세포는 콜라겐과 점액다당류(mucopolysaccharides)로 구성된 뼈 기질을 분비하여 새로운 골격을 형성하는 세포이고, 파골세포는 골 흡수(bone resorption)와 관련이 깊으며 산과 콜라겐 분해효소(collagenase)를 분비하여 뼈를 구성하고 있는 무기질과 콜라겐 단백질을 분해하여 혈중 칼슘 농도를 높이는 작용을 한다.

② 근육 수축 및 이완

근육세포 내 근육세포질그물(sarcoplasmic reticulum)에 칼슘이 저장되었다가 내외부 자극에 의해 칼슘이 방출되면 근섬유를 이루고 있는 미오신(myosin)과 액틴(actin)이 서로 미끄러지듯 중첩되면서 근섬유 수축이 이루어진다.

③ 신호 전달

칼슘 이온은 세포 내외에서 신호전달물질로 작용한다. 특히, 세포 내 2차 신호전달물질로 잘 알려져 있으며, 포스포리파아제 C(phospholipase C, PLC) 신호전달 경로에서 단백질인산화효소 C(protein kinase C)를 활성화시킨다.

④ 혈액 응고

혈관이 손상되면 즉시 혈액 응고반응이 진행된다. 혈액 응고 과정은 매우 복잡하

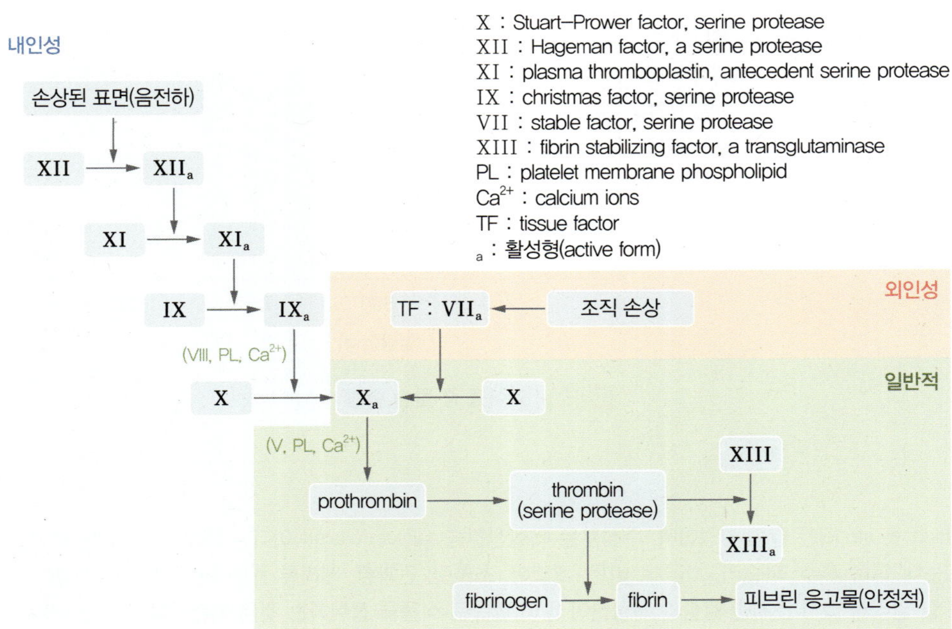

그림 8-3 혈액 응고 메커니즘(3가지 경로)

나, 그 중요 단계는 프로트롬빈으로부터 트롬빈을 형성하는 것으로 이 과정에 칼슘의 존재는 필수적이다. 일단 트롬빈이 만들어지면 혈액에 존재하는 피브리노겐을 분해하여 피브린을 형성하게 되며, 이 단백질이 혈액 응고를 주도하게 된다(그림 8-3).

(3) 급원 식품

칼슘은 특정 식품에 존재한다. 특히 우유와 유제품, 멸치와 같이 뼈째 먹는 생선, 녹채류(시금치, 무청), 해조류 등에 많이 함유되어 있으며(그림 8-4), 두부 제조 과정에 응고제로 칼슘 제제(간수, 황산칼슘 등)가 사용되는 경우가 많으므로 두부도 좋은 칼슘 급원 식품이다. 한편, 우유나 유제품에 함유된 칼슘은 흡수율이 높은 것으로 알려져 있다. 카세인인산펩타이드(casein phosphopeptide, CPP)는 우유 단백질인 카세인(casein)을 가수분해하여 제조하는 펩타이드이며, 장내에서 칼슘 흡수를 촉진하는

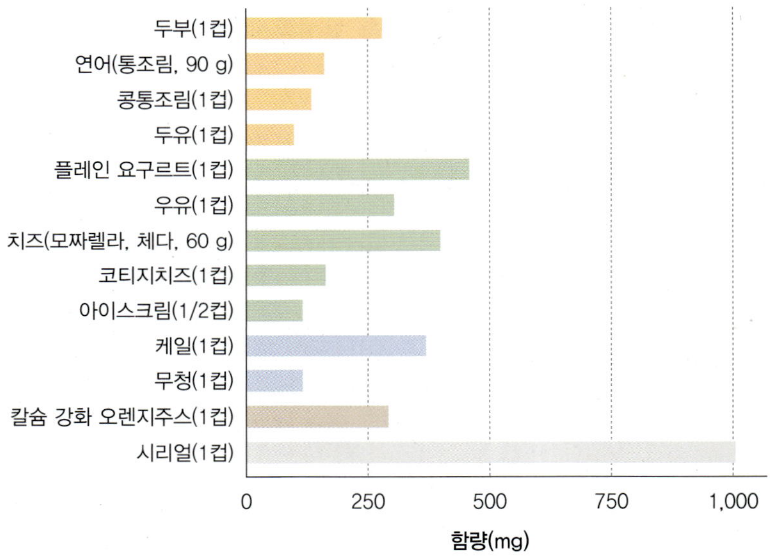

그림 8-4 식품 중 칼슘 함량

칼슘과 신장 결석

대부분의 신장 결석(kidney stone)은 칼슘 결석이며, 주성분은 옥살산칼슘(calcium oxalate)이다. 옥살산(oxalate)은 여러 식품에 함유되어 있는데 특히 후추, 파슬리, 시금치, 비트, 코코아, 초콜릿, 견과류, 베리류 등에 다량 함유되어 있다. 신장 결석의 원인은 잘 알려져 있지 않지만 칼슘과 옥살산이 많이 함유된 식품을 섭취하는 것은 위험성을 높이는 행위이다. 특히, 비타민 D의 과잉 섭취, 몇몇 대사 질환도 신장 결석의 위험을 증가시킬 수 있다고 보고되어 있다.

생리활성물질로 알려져 있다.

(4) 칼슘 결핍증

칼슘이 부족할 경우 뼈 형성이 원활하게 이루어지지 않아 어린이는 다리가 휘는 구루병(rickets)이 발생하고, 성인은 뼈가 연약해지는 골연화증(osteomalacia)의 원인이 될 수 있다. 비타민 D가 부족할 경우에도 이러한 증상이 나타나는데, 이는 비타민 D가 소장에서의 칼슘에 필수적이기 때문이다. 한편 골다공증(osteoporosis)은 주로 폐경기 이후 여성에게서 나타나는 질환으로, 여성호르몬(estrogen) 분비 감소에 의한 것으로 알려져 있다. 따라서 골다공증을 예방하기 위해서는 폐경 이전에 칼슘과 비타민 D를 충분히 섭취하고, 규칙적인 운동을 통하여 골밀도를 최대로 높이는 노력이 필요하다.

2) 인

인체 내 인(phosphorus, P)의 함량은 500~700 g이며, 이 가운데 85% 정도는 칼슘과 결합하여 골격, 치아의 주성분을 이루고 15%는 세포막과 조직의 세포내액에 유기인 형태로 존재한다. 전체 인 함량의 0.1% 정도만 세포외액에 존재한다. 인은 인단백질(phosphoprotein), 인지질(phospholipid)을 형성하고, 해당작용, 시트르산 회로, 전자전달계를 포함하여 에너지 대사에 밀접하게 연관되어 있으며 체액의 완충 등 대단히 중요한 생리작용을 한다.

(1) 주요 기능

인의 주요 생리 기능을 정리해 보면 다음과 같다.

- ATP 등의 고에너지 인산 화합물 및 NADPH, TPP 등 조효소 구성 성분으로 체내의 생화학 반응 및 대사에 관여한다.
- 칼슘과 화합하여 골격, 치아 등을 구성하며 뇌, 신경 등의 기능 유지에 중요한 인지질의 구성 성분이다. 세포막의 투과 현상에도 관여한다.
- 핵산(DNA, RNA)의 성분으로 유전자나 단백질 합성에 관여한다.

(2) 급원 식품

인의 필요량은 칼슘의 양과 비슷하며 성인 기준 일일 권장섭취량은 700 mg이다. 칼슘도 많이 함유하고 있는 이상적인 인의 공급 식품은 육류, 생선, 해조류, 채소류, 우유 제품, 해바라기씨와 호박씨, 전곡류, 콩류 등이다. 한편 탄산음료와 같은 일부 가공식품은 인산염을 다량 함유하고 있어 과잉 섭취 시 뼈 손실과 같은 부작용을 유발할 수 있다.

3) 나트륨

나트륨(sodium, natrium, Na)은 세포외액의 주요 이온 성분으로 체중의 0.15%를 차지한다. 전체 나트륨의 약 50%는 세포외액에 존재하고, 40%는 골격이나 치아 등에, 그리고 약 10%는 세포내액에 존재한다. 나트륨은 소금을 구성하는 원소로 짠맛을 내는 식품에 들어 있어 대부분의 식품에 함유되어 있으므로 결핍증이 발생하는 경우는 드물고, 오히려 과량 섭취에 의한 고혈압, 부종 발생의 위험성이 크다.

나트륨은 소장에서 능동수송에 의해 흡수되고, 소변과 땀 등으로 배설된다. 나트륨의 체내 함량은 주로 부신피질호르몬인 알도스테론(aldosterone)에 의해 조절되며, 신장의 세뇨관에 작용하여 나트륨과 물의 재흡수를 촉진한다. 반면 심장에서 분비되는 이뇨 촉진호르몬(atrial natriuretic hormone)은 알도스테론과 반대작용을 한다.

(1) 체내 기능

나트륨은 세포외액의 주요 이온으로 삼투압 조절, 산-염기 평형, 신경신호 전달에 관여한다.

(2) 급원 식품 및 건강 문제

나트륨은 육류에 비교적 많이 함유되어 있고 상대적으로 식물성 식품에는 적게 존재하는 편이다. 나트륨의 충분섭취량은 성인 기준 1,500 mg이지만, 한국인의 섭취량은 2014년도 국민건강영양조사에서 남자 4,557 mg, 여자 3,223 mg으로 과잉 섭취하고 있는 것으로 나타났다. 나트륨의 과잉 섭취는 고혈압과 그에 따른 뇌졸중, 심근경색 등으로 이어질 수 있어 섭취를 줄이는 노력이 필요하다. 또 소변 중 칼슘 배설량을 증가시켜 과칼슘뇨증으로 인해 신장 결석(kidney stone)의 원인이 되기도 한다.

4) 칼륨

칼륨(potassium, kalium, K)은 체중의 0.35%를 차지하며, 이 가운데 95%가 세포내액에 존재한다. 칼륨은 소장에서 대부분 수동확산에 의해 흡수가 이루어지며, 소변으로 배설된다. 알도스테론은 신장에서 나트륨의 재흡수를 증가시키는 반면에 칼륨의 배설을 촉진시켜 세포 내외의 나트륨과 칼륨의 비율을 일정하게 유지하는 기능을 한다.

칼륨의 충분섭취량은 성인의 경우 남녀 모두 3,500 mg이고, 대부분 동식물성 식품에 널리 분포되어 있어 정상적인 식사를 하는 경우 결핍 가능성은 낮다.

5) 염소

염소(chlorine, Cl)는 주로 세포외액에 존재하며, 위산의 구성 성분이다. 체내 주요 음이온으로 세포 내외의 전해질 균형을 이루는 데 중요한 역할을 담당한다. 염소는 소장과 대장에서 흡수되며, 주로 신장을 통하여 배설된다. 주요 급원은 소금을 함유한 식품이다.

6) 마그네슘

마그네슘(magnesium, Mg)은 성인의 몸에 22~26 g 정도 함유되어 있으며, 50~60%는 인산염의 형태로 뼈에 존재하고 39%는 세포 내, 1%는 세포 외에 존재한다. 마그네슘은 주로 소장 말단 부위에서 흡수가 이루어지고, 인산, 피트산, 지방, 섬유소, 칼슘 등에 의하여 흡수가 저해된다. 세포 내에서 ATP와 결합하여 DNA, RNA 합성과 같이 ATP가 관여하는 반응에서 중요한 역할을 담당한다.

마그네슘의 생리적 기능 중 중요한 몇 가지를 다음과 같이 정리할 수 있다.

- 골격과 치아의 구성
- 신경 홍분의 억제
- 효소 활성 : 마그네슘 이온은 에너지 대사 관련 효소를 비롯하여 인산화효소(kinase), 포스파타아제(phosphatase), 포스포릴라아제(phosphorylase) 등의 작용에 필수 성분이다.

그 외 칼슘 이온과 길항작용을 하기 때문에 마그네슘이 결핍되면 칼슘 대사에 이상을 초래한다.

일상 식품 중에 많이 함유되어 있으므로 결핍될 염려가 적다. 한국인의 1일 권장섭취량은 성인 남자 350~370 mg, 성인 여자 280 mg으로 정해져 있으나, 일상적인 식사를 통해서 충분히 섭취할 수 있으므로 결핍 가능성은 낮다. 결핍될 경우 신경자극 전달 및 근육 수축 이완 이상으로 테타니(tetany) 증상이 나타날 수 있다.

테타니(tetany)

테타니는 근육 경련의 일종으로 손과 발의 근육이 발작적으로 수축함과 동시에 손발과 입술이 저리다. 엄지손가락이 안으로 굽어 넷째 손가락 쪽을 향하며 다른 손가락은 늘어진 채로 굳어진다. 주요 원인은 칼슘 또는 마그네슘의 부족, 인산 과잉 섭취, *Clostridium*의 독소 중독 등이다.

7) 황

황(sulfur, S)은 신체의 단백질을 구성하는 황 함유 아미노산(메티오닌, 시스틴, 시스테인)의 구성 원소이다. 특히 머리카락, 손톱, 발톱 등을 구성하는 케라틴 단백질은 시스틴 아미노산이 많아서 황 함량이 높다. 황은 몇몇 비타민(B_1, 비오틴, 리포산, 판토텐산)과 항산화작용을 하는 글루타티온(glutathione)의 구성 원소이기도 하며, 연골조직의 점액다당류인 콘드로이틴황산(chondroitin sulfate), 케라탄황산(keratan sulfate)을 형성하는 데 관여한다.

혈액에 존재하면서 혈액 응고를 억제하는 헤파린 분자에도 황이 구성 원소로 들어 있다. 이온 형태의 황(sulfate, SO_4^{2-})은 체액에 존재하면서 산성을 나타내는 데 관여한다.

산성 식품과 알칼리성 식품

사람의 혈액은 산-염기 항상성 메커니즘에 의하여 pH를 7.35~7.45로 일정하게 유지한다. pH가 7.45보다 높으면 알칼리증(alkalosis), 7.35보다 낮으면 산증(acidosis)이라 하며, 두 경우 모두 생리적으로 위험한 상태이다. 식품이 인체의 pH에 영향을 줄 수 있다는 견해는 많은 연구를 통하여 잘못된 것으로 결론지어졌다. 지난 수십 년 동안 육류와 같이 우리 몸에서 대사되어 황산염이나 인산염을 생성하는 식품은 '산성 식품'으로 분류하고, 과일이나 채소류와 같이 대사되어 나트륨이나 칼륨을 상대적으로 많이 생산하는 식품은 '알칼리 식품'이라 불러 왔다.

육류, 생선, 치즈, 곡류 등 소위 산성 식품을 회피하는 것이 소변을 알칼리 상태로 만드는 데 어느 정도 효과적일 수는 있지만, 인체의 pH에 변화를 주는 것은 사실상 불가능하다.

단원정리

무기질은 생명 활동과 건강 유지를 위한 필수영양소로 뼈와 치아의 형성뿐만 아니라 호르몬, 효소 및 비타민의 구성 성분으로 쓰이고, 체액의 산·염기 평형과 수분 평형 등 체내의 여러 가지 생리 기능 조절에 관여한다. 다량무기질은 체중의 0.05% 이상을 차지하고 있거나 또는 하루 권장섭취량이 100 mg 이상인 무기질이며, 칼슘(Ca), 인(P), 나트륨(Na), 염소(Cl), 칼륨(K) 마그네슘(Mg), 황(S) 등이 이에 해당된다.

1. 칼슘
   - 뼈와 치아의 구성 성분으로 체내에 가장 많은 양이 존재한다. 혈액 응고작용, 근육의 수축 및 이완, 신경자극 전달 기능을 한다.
   - 급원 식품은 우유 및 유제품, 뼈째 먹는 생선, 두부 및 녹색 채소류이며, 십이지장과 공장에서 확산 및 능동 수송에 의해 흡수된다.
   - 하루 권장섭취량은 19~49세 성인 남녀의 경우 남자 800 mg, 여자 700 mg이고, 상한섭취량은 2,500 mg이며, 섭취 부족 시 테타니, 골연화증 및 골다공증 등을 유발할 수 있다.
   - 칼슘과 인의 항상성은 부갑상선호르몬, 칼시토닌, 그리고 비타민 D에 의해 조절된다.

2. 인
   - DNA와 RNA, 세포막과 인지질 그리고 골격과 치아의 구성 성분으로 에너지 대사, 완충작용, 인산화 과정 및 산화·환원 반응효소의 기능에 관여한다.
   - 급원 식품은 현미, 전곡류, 육류, 생선, 가금류, 우유 및 유제품, 가공식품 그리고 탄산음료 등이며, 소장에서 단순확산이나 비타민 D 의존적 능동수송에 의해 흡수된다.
   - 하루 권장섭취량은 성인 남녀 모두 700 mg이고, 상한섭취량은 3,500 mg이다. 섭취 부족 시 결핍증은 거의 없고, 과잉 섭취 시 식욕 상실, 골질량 감소 및 근육의 약화를 초래할 수 있다.

3. 나트륨
   - 체내의 삼투압, 수분 균형, 산-염기 평형 조절 및 신경과 근육의 자극 전달 기능에 관여한다.
   - 급원 식품은 소금, 배추김치, 젓갈류, 가공품 및 인스턴트식품 등이며, 소장에서 포도당과 함께 능동수송에 의해 흡수되고 알도스테론에 의해 조절된다.
   - 하루 충분섭취량은 성인 남녀 모두 1,500 mg이고, 섭취 부족 시 결핍증은 거의 없으나 과잉 섭취 시 고혈압, 부종, 위궤양 및 위암을 유발할 수 있다.

4. 염소
   - 위산(HCl)의 성분이며 체내에서 나트륨과 결합하여 삼투압 유지, 수분 균형, 산-염기 평형, 백혈구의 면역반응 및 신경자극 전달 기능에 관여한다.
   - 급원 식품은 염장 채소류, 자반고등어, 햄 및 베이컨 등이며, 소장에서 대부분 흡수되고 체내에 이온 상태로 존재한다.

- 하루 충분섭취량은 19~49세 성인 남녀가 2,300 mg이며, 섭취 부족 시 결핍증은 거의 없으나 구토와 설사가 장기간 지속될 경우 탈수 및 식욕 부진을 일으킬 수 있다. 반면 과잉 섭취 시 혈압 상승을 유발할 수 있다.

5. 칼륨
- 체내에서 알도스테론에 의해 조절되며, 체액의 삼투압 유지, 산·염기 평형, 수분 균형, 신경자극 전달 및 근육의 수축과 이완에 관여하고, 글리코겐으로 합성되는 당질과 단백질 합성에도 관여한다.
- 급원 식품은 전곡류, 육류, 생선, 콩류, 잎채소류, 감자, 오렌지 및 바나나 등이며 대장에서 단순확산에 의해 흡수된다.
- 하루 충분섭취량은 성인 남녀 모두 3,500 mg이며, 섭취 부족 시 구토, 근육의 위축 및 정신 혼란 등을 일으킬 수 있다. 반면 과잉 섭취 시에는 고칼륨혈증, 근육의 약화, 호흡 불량 및 심장 기능 마비를 유발할 수 있다.

6. 마그네슘
- 뼈와 치아의 구성 성분이며, 신경자극 전달 및 근육의 이완 기능에 관여하고 에너지 대사에서 조효소 역할을 한다.
- 급원 식품은 살코기, 생선, 녹색 채소, 전곡류, 콩류 및 견과류이며, 소장에서 흡수되고 신장에서는 재흡수가 일어난다.
- 하루 권장섭취량은 성인 남자 350~370 mg, 여자 280 mg이고, 상한섭취량은 350 mg이다. 섭취 부족 시 결핍증은 거의 없으나 알코올 중독이나 콰시오커와 같이 만성 영양 결핍 상태일 경우 마그네슘 테타니를 일으킬 수 있다. 반면 과잉 섭취 시 약물이나 보충제의 과량 복용에 의한 설사, 신경계와 심장계의 이상을 초래할 수 있다.

7. 황
- 비타민, 인슐린 및 헤파린의 구성 성분이며 체내에서 산-염기 평형, 간에서 약물의 해독작용 및 항산화작용을 하고 설프하이드릴기(-SH)나 이황화결합에 관여한다.
- 급원 식품은 황 함유 아미노산이 풍부한 식품인 육류, 우유 및 유제품, 달걀 및 콩류 등이며, 소장에서 유기물 상태로 흡수된다.
- 하루 권장섭취량은 아직 설정되지 않았으며 결핍증과 과잉증 역시 알려져 있지 않다.

연습문제

1 칼슘의 기능을 기술하고 골격을 구성하는 성분인 칼슘과 인 중 칼슘이 더 중요한 이유를 논하시오.

2 폐경기가 되면 골다공증에 걸리기 쉬운데, 이를 사전에 예방하기 위해 평소에 어떠한 식품을 꾸준히 섭취해야 하는지 답하시오.

3 나트륨의 과다 섭취로 인한 건강 문제를 서술하시오.

참고문헌

문수재·김혜경·홍순명·이경혜·이명희·이영미·이경자·안경미·이민준·김정연·김정현, 알기 쉬운 영양학, 수학사, 2016.

보건복지부·한국영양학회. 2015 한국인 영양소 섭취기준, 2016.

식품과학기술교수연구회, 문제해결능력을 키워주는 식품기사·산업기사, 수학사, 2014.

이현기, 증보 영양화학, 수학사, 2004.

Carol Byrd-Bredbenner·Gaile Moe·Jacqueline Berning·Danita Kelley, 김미경·왕수경·신동순·권오란·박윤정 옮김, 생활 속의 영양학(3판), 라이프사이언스, 2016..

허채옥·권순형·김은미·원선임·박용순·박진희·김상연·정경아·김은영·박유신, 기초영양학, 수학사, 2016.

DL. Nelson·MM. Cox·AL. Lehninger, ***Lehninger Principles of Biochemistry***, w.h. Freeman and Company, 2017.

09

NUTRITIONAL CHEMISTRY

CHAPTER 09

미량무기질

- 철
- 아연
- 구리
- 요오드
- 셀레늄
- 플루오린
- 망간
- 몰리브덴
- 크롬

미량원소는 체내 무기질 가운데 하루 필요량이 100 mg 이하이며, 차지하는 비중이 1% 미만인 필수영양소를 의미한다. 이들은 단백질의 구성 원소, 효소의 보조인자(cofactor), 호르몬의 구성 성분으로 생리적으로 매우 중요한 역할을 담당한다.

1. 철

인체 내에는 성인 기준으로 철(iron, Fe)이 1~3 g 존재하며 그 대부분은 헤모글로빈, 미오글로빈, 효소단백질에 결합되어 있고, 나머지는 간, 비장, 골수 등에 페리틴(ferritin)이나 헤모시데린(hemosiderin)의 형태로 저장된다. 혈액에는 헤모글로빈이나 트랜스페린(transferrin)에 결합되어 존재한다. 헤모글로빈에서 철은 산소를 운반하는 데 핵심적인 역할을 하고, 트랜스페린은 혈액에서 철을 운반하는 역할을 담당한다. 이온 형태의 철(Fe^{2+})은 세포 내에서 생성되는 과산화수소와 반응하면 강력한 독성을 갖는 활성산소를 발생하므로 체내 철의 대부분은 단백질과 결합된 형태로 존재한다.

1) 흡수 및 대사

철은 소장에서 흡수되며 흡수율은 식품 내 존재하는 형태, 함께 섭취하는 식품, 체내 요구량 등에 따라 3~35%로 변이가 크나 평균 10% 정도이다. 예를 들어 헴철은 15~35% 흡수되는 반면, 비헴철의 흡수율은 10~20%이다.

소장에서 흡수되는 과정은 소장 세포(enterocyte) 솔가장자리(brush border)의 철 환원효소와 십이지장 시토크롬 B(Dcytb)가 3가철을 2가철로 환원하고, 2가금속 수송체(divalent metal transporter 1, DMT1)가 철을 세포 내로 이동시킨다(그림 9-1). 헴철의 경우는 헴 수송 단백질(heme carrier protein 1, HCP1)에 의해서 세포막 안으로 운반된다. 철은 혈액으로 이동하거나 장관 세포에 페리틴 형태로 저장되었다가 세포가 탈락될 때 함께 분변으로 배설된다(그림 9-2).

(1) 흡수를 증가시키는 요인

- 체내 요구량 증가 : 출혈, 임신, 신체 훈련, 고산지대 등반 등

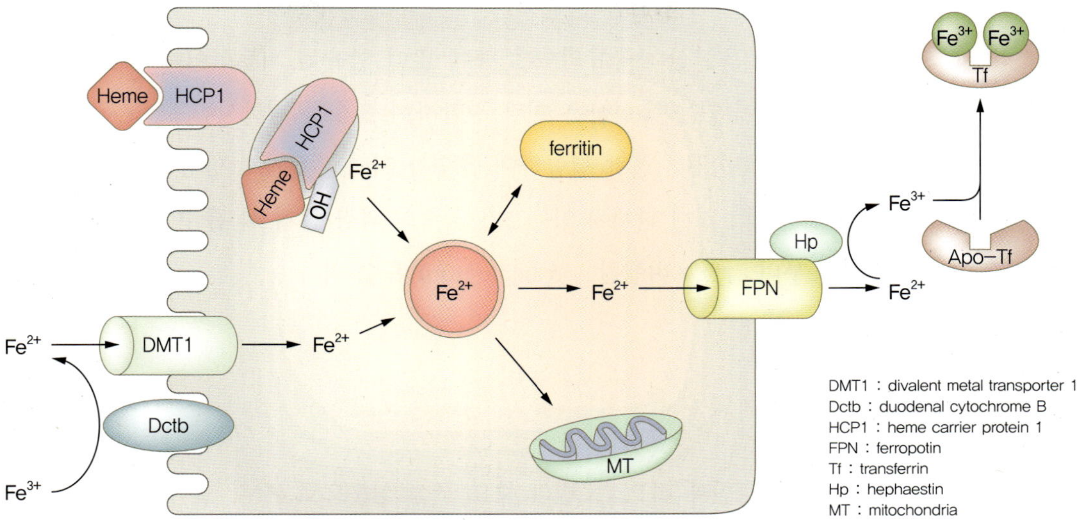

그림 9-1 철분의 흡수 메커니즘

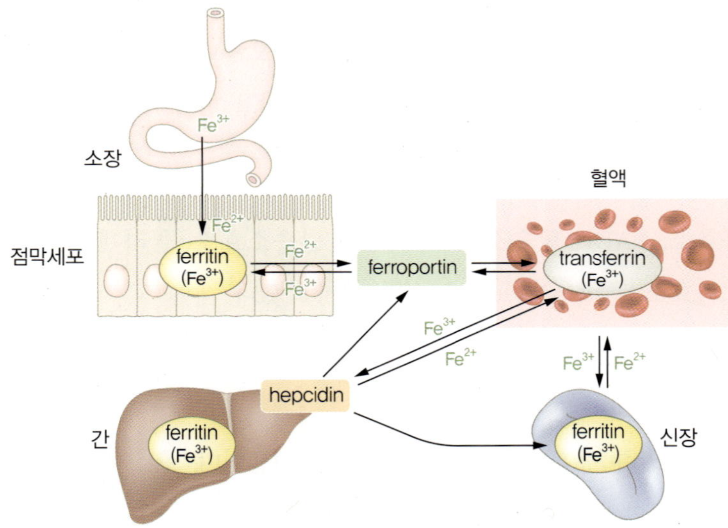

그림 9-2 체내 조직으로 철분의 운반 및 저장

혈액에서 철분은 트랜스페린에 결합되어 운반된다. 간에서 생성되는 헵시딘이 장관 세포와 대식 세포에서 혈액으로 철분 방출을 억제한다.

- 헴철 : 육류에 들어 있는 철은 대부분 헴에 결합되어 있음
- 위산과 비타민 C : 위산이 3가철을 흡수가 잘 되는 2가철로 환원시킴

(2) 흡수를 감소시키는 요인

- 피트산 및 옥살산 : 곡류의 호분층에 많이 함유된 피트산이나 시금치, 무청 등에 함유되어 있는 옥살산은 철과 결합하여 흡수를 저하시킴
- 폴리페놀 화합물 : 철과 결합하여 흡수가 어려운 복합체 형성
- 2가 무기질 : 경쟁 관계에 있는 2가 금속의 과량 존재 시 흡수 저하
- 위산 분비 감소 : 비헴철(non-heme iron) 흡수 저하

2) 기능

(1) 헤모글로빈과 미오글로빈의 구성 성분

철은 헤모글로빈과 미오글로빈의 주요 구성 성분으로, 각각 혈액과 근육에서 산소를 운반한다. 혈액의 헤모글로빈 단백질은 1분자당 최대 4분자의 산소와 결합할 수 있으며, 산소 분압이 높은 폐에서는 산소와 결합을 잘하지만 산소 분압이 낮은 말초 조직에서는 산소 친화도가 낮아져 산소를 방출하게 되고 방출된 산소는 조직으로 이동하여 에너지 대사에 활용된다. 한편 근육의 미오글로빈은 1분자당 1개의 산소와 강하게 결합하며 근육 세포에서 산소 저장고로 역할을 한다.

(2) 효소의 구성

시토크롬효소, NADH 탈수소효소, 석신산 탈수소효소, 콜라겐 합성에 관여하는 하이드록시화효소(hydroxylase) 등은 철을 가지고 있다.

3) 급원 식품

육류, 생선, 가금류 등은 철분의 훌륭한 급원 식품이며, 주로 흡수가 잘되는 헴철을 갖고 있다. 그 외에도 콩류, 진한 녹황색 채소, 전곡류 등에도 철이 다량 함유되어

쇠고기 돼지고기 콩 살구 브로콜리

그림 9-3 철의 급원 식품

있으나 이용 효율은 낮은 편이다.

4) 섭취기준 및 영양 건강 문제

성인(19~49세)의 철 권장섭취량은 남자가 10 mg, 여자가 14 mg이고, 부작용을 일으키는 상한섭취량은 45 mg이다. 대표적인 철 결핍 증상은 빈혈이며, 피로, 두통, 무기력, 집중력 저하, 스푼 모양의 손톱 등도 나타난다. 철의 영양 상태는 헤모글로빈 함량이나 헤마토크릿(hematocrit) 수치로 평가할 수 있다. 세계보건기구(WHO)에서는 다음과 같은 혈중 헤모글로빈 기준치를 마련하고 그 이하인 경우 빈혈로 판정한다.

표 9-1 WHO의 정상 혈중 헤모글로빈 기준치

성별 및 연령		혈중 헤모글로빈
어린이	6~59개월	≥110 g/L
	5~11세	≥115 g/L
	12~14세	≥120 g/L
일반 여성	15세 이상	≥120 g/L
임산부		≥110 g/L
남성	15세 이상	≥130 g/L

2. 아연

개발도상국에 거주하는 인구 약 20억이 아연(zinc, Zn) 결핍으로 판단되고 있다. 특히 어린이와 만성질환을 앓고 있는 노약자 들이 아연 결핍 위험집단으로 분류된다. 어린이의 경우 아연이 결핍되면 감염, 설사, 성장 부진, 왜소증, 성 성숙 지연, 탈모 등이 유발되며, 전 세계적으로 연간 약 80만 명이 아연 결핍과 관련하여 사망하는 것으로 알려져 있다. 체내에는 1.5~2.6 g 함유되어 있고, 이 중 90%가 근육과 골격에 존재한다. 체내에서 100여 가지 효소의 보조인자로 작용한다.

1) 흡수 및 대사

식품 중 아연은 대부분 단백질과 결합하여 존재하므로 흡수되기 전에 유리되어야

한다. 아연의 흡수는 pH가 비교적 낮은 십이지장에서 이루어지며, 흡수율은 체내 보유량, 다른 2가 금속 이온(철, 망간, 구리 등)의 농도, 식품 중 흡수 촉진 또는 저해 성분의 존재 여부, 장 통과시간 등에 따라 달라지는데 보통 10~30%로 추정하고 있다.

동물성 식품에 함유된 아연은 흡수율이 높고, 식물성 식품에 함유된 경우 흡수율이 낮다. 해산물, 특히 굴에 아연이 많이 함유되어 있으며, 곡류나 채소에 함유된 피트산과 옥살산에 의해 흡수가 저해된다. 흡수된 아연은 혈액에서 알부민(albumin)과 결합하여 이송되며, 간에 저장되거나 신체 각 조직의 세포로 이동하여 사용된다.

2) 기능

아연은 생체 내 100여 개 이상의 효소 또는 단백질의 활성에 필수적인 인자로 작용한다. 또한 면역 기능이 잘 작용하기 위해서도 필수적인 영양소이며, 세포 분열, 세포 성장, 상처 치유, 탄수화물 대사 등에서 중요한 역할을 담당하고 있다. 대표적으로 항산화효소 가운데 초과산화물 제거효소(superoxide dismutase, SOD)의 보조인자로 관여한다. 또한 태아와 영아기의 성장 발달에 필수적이며, 냄새 및 맛의 감지에 관여하고 인슐린 작용을 증강시킨다.

아연 집게(Zinc finger)

단백질의 접힌 부분을 안정시키기 위해 하나 이상의 아연 이온(Zn^{2+})이 존재하는 작은 단백질 구조의 모티브이다. 보통 전사 조절인자 단백질에 아연 집게 구조가 많이 관찰된다.

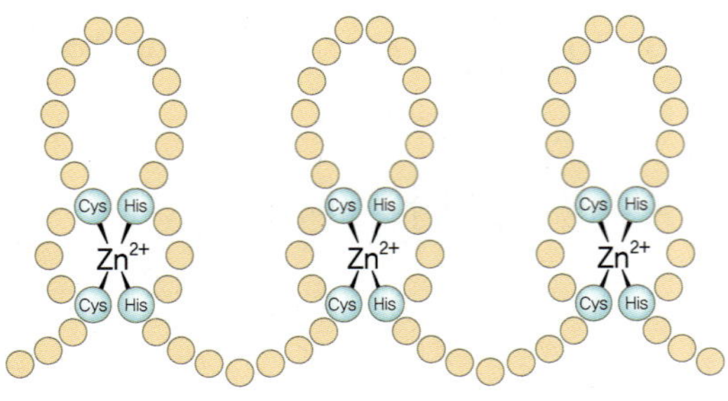

대표적인 아연 집게 구조

3) 급원 식품

쇠고기, 돼지고기, 양고기 등 동물성 식품은 상대적으로 아연을 풍부하게 함유하고 있다. 특히 굴에 고농도로 함유하고 있는데 100 g당 약 87 mg을 함유하고 있어 다른 육류에 비하여 10배 정도 더 많이 들어 있다. 아연이 상대적으로 많이 들어 있는 식물성 식품은 견과류, 콩류, 효모 등이다. 과일과 채소류에는 미량 함유되어 있다.

그림 9-4 아연의 주요 급원 식품

4) 섭취기준 및 영양 건강 문제

우리나라의 경우 성인 남자는 하루 권장섭취량이 9~10 mg, 여자는 7~8 mg, 임산부와 수유부는 각각 10.5 mg과 13 mg이다. 과잉 섭취 시 철과 구리 흡수를 저해하거나 위벽 손상, 후각 신경세포 손상을 유발할 수 있다. 청소년기 아연 결핍은 성 성숙 지연, 성장 부진 등으로 왜소증을 유발하며, 식욕 감퇴 및 맛 구별 능력 감소 등과도 연관이 깊다.

3. 구리

구리(copper, Cu)는 여러 가지 식품에 함유되어 있으며, 식이보충제로도 판매된다. 구리는 에너지 대사, 철 대사, 결합조직 합성, 신경전달물질 합성에 관련된 다양한 효소의 보조인자로 작용한다. 성인 기준 체내 구리 함량은 50~120 mg으로 낮은 편이며, 대부분은 쓸개즙으로 배설되고 소량만이 소변으로 배설된다. 체내 구리 함량은 장에서의 흡수율과, 간에서 쓸개즙으로 배설되는 비율 조절에 의해서 일정하게 유지된다.

구리 함유 효소의 하나인 세룰로플라스민(ceruloplasmin)은 성인 혈장에 존재하는 구리의 95% 이상을 차지하며 철분 대사에 관여한다.

1) 흡수 및 대사

구리는 2가 형태로 대부분 십이지장에서 능동수송에 의해 흡수되며, 흡수율은 20~50%이다. 흡수된 구리는 혈액에서 알부민 단백질과 결합하여 운반되며, 간에서 세룰로플라스민 합성에 이용된다. 골격과 근육에 60~70%가 존재된다.

위산은 구리 흡수를 증가시키나, 피트산은 구리와 복합체를 형성하여 흡수를 방해한다. 2가 금속(철, 아연)의 과량 섭취도 구리와 경쟁하므로 흡수를 저하시킨다.

2) 기능

(1) 철분 대사

철은 2가 양이온 형태로 흡수된 이후 장점막 세포에서 세룰로플라스민에 의해서 3가철로 전환된 후 혈액으로 방출된다. 3가철은 혈액에서 트랜스페린과 결합되어 운반된다. 한편 세룰로플라스민은 간에서 합성되며, 1분자당 6개의 구리 원자를 함유하고 있다.

(2) 결합조직의 형성

라이실 산화효소(lysyl oxidase)는 단백질의 라이신 잔기를 반응성이 높은 알데하이드 화합물로 전환하며, 이 화합물은 세포 밖 매트릭스 단백질들을 가교결합시키는데 작용한다. 그 밖에도 구리는 신생 혈관 형성, 신경호르몬 항상성, 유전자 조절, 뇌조직 발달, 색소 형성, 면역 기능 등에 관여한다. 또한 아연과 함께 세포질에 존재하는 항산화효소인 초과산화물 제거효소의 보조인자로 작용한다.

3) 급원 식품

구리는 다양한 동식물성 식품에 함유되어 있다. 일반적인 식사를 하는 성인의 경우 남자는 하루 대략 1,400 μg, 여자는 1,100 μg을 섭취한다. 구리 함량이 높은 식품으로는 동물의 간, 굴, 조개 등의 어패류, 견과류, 종실류, 콩, 곡류, 바나나, 토마토 등이 있다.

그림 9-5 구리의 주요 급원 식품

4) 섭취기준 및 영양 건강 문제

구리의 권장섭취량은 성인의 경우 남녀 구분 없이 800 μg이며, 임신부와 수유부는 각각 930 μg과 1,280 μg이다. 구리 결핍증은 빈혈, 피부와 털의 탈색, 고콜레스테롤혈증, 결합조직 형성 불량, 감염 위험 증가, 골다공증과 골 형성 이상 등이다. 구리는 과량 섭취 시 독성을 나타내므로 상한섭취량이 성인 기준 10 mg으로 설정되어 있다.

4. 요오드

요오드(iodine, I)의 체내 함량은 성인 기준 15~20 mg으로 매우 낮은 수준이나, 갑상선호르몬의 구성 성분으로 기초대사율 조절에 중요한 역할을 한다.

1) 흡수 및 대사

요오드는 소장 상부에서 흡수된다. 흡수된 요오드는 이온 또는 단백질과 결합하여 이송되며, 주로 갑상선으로 이동하여 갑상선호르몬 합성에 이용된다. 여분은 소변, 땀, 대변으로 배설된다.

2) 기능

요오드의 주요 기능은 갑상선호르몬인 티록신(thyroxine, T4)과 트라이요오도타이로닌(triiodothyronine, T3)의 합성이다. 갑상선호르몬은 기초대사율을 조절하고, 세포 발달 및 분화, 단백질 합성, 뼈 성장, 신경 발달, 카테콜아민에 대한 민감성 증가 등을 담당한다. 그 밖에 단백질, 지질, 탄수화물의 대사를 조절하며, 체열 발생을 유도한다.

> **갑상선글로불린(Thyroglobulin)**
>
> 갑상선에서 만들어지는 단백질의 하나로 분자량 660 kDa의 이합체 당단백질이며, 갑상선에 존재하는 전체 단백질의 절반을 차지한다. 갑상선글로불린은 갑상선호르몬의 전구물질이다. 단백질 1분자당 100~120개의 타이로신 아미노산 잔기가 존재한다. 이 가운데 일부만 갑상선과산화효소(thyroperoxidase)에 의해 요오드가 결합하고, 단백질이 분해되어 갑상선호르몬인 티록신이 된다. 보통 1분자의 단백질로부터 10분자의 티록신이 만들어진다.

3) 급원 식품

요오드는 해산물에 풍부하며, 특히 생선과 김, 미역과 같은 해조류에 다량 함유되어 있다. 양배추, 콜리플라워, 브로콜리, 순무 등에는 이소티오시아네이트(isothiocyanate)라고 하는, 요오드가 갑상선호르몬 전구 단백질에 결합하는 것을 방해하는 성분이 들어 있으며 이를 갑상선종유발물질(goitrogen)이라고 한다. 요오드 섭취가 부족하거나 갑상선종유발물질을 과량 섭취하는 경우 갑상선종(goiter)이 생긴다.

미국을 포함하여 일부 내륙 지역은 토양 중에 요오드가 거의 없는데 이러한 지역에서 재배한 식물에도 요오드 함량이 낮아 해당 지역에 사는 사람들은 갑상선종에 걸리기 쉽다고 한다. 따라서 요오드 결핍을 방지하기 위해서 식염에 요오드를 첨가하여 판매하기도 한다.

그림 9-6 요오드의 주요 급원 식품

4) 섭취기준 및 영양 건강 문제

갑상선종을 방지하기 위해서는 최소 50~75 μg의 요오드 섭취가 필요하며, 우리나라 성인의 하루 권장섭취량은 150 μg으로 정해져 있다. 부족할 경우 갑상선종이 발생하고, 과도하게 섭취했을 때에는 갑상선 기능항진증(hyperthyroidism)의 원인이 되기도 한다. 갑상선 기능항진증의 증상은 과민, 근육 약화, 수면 장애, 심장박동 증가, 설사, 열 불내증, 갑상선 비대, 손 떨림, 체중 감소 등이다.

5. 셀레늄

셀레늄(selenium, Se)은 비교적 최근에 관심을 받기 시작하였는데, 이는 중국에서 케산병(Keshan disease)의 원인으로 주목을 받은 것이 계기가 되었다. 케산병은 셀레늄 결핍과 콕사기 바이러스(coxsackie viruses) 감염이 결합하여 나타나는 질환으로, 울혈성 심근병증(congestive cardiomyopathy)을 동반하는데 심부전과 폐부종이 특징이며 주로 어린이와 임산부에서 나타난다. 셀레늄은 항산화효소 가운데 하나인 글루타티온 과산화효소(glutathione peroxidase)에 존재하는 아미노산인 셀레노시스테인(selenocysteine)의 주성분이다.

1) 흡수 및 대사

셀레늄은 식품 중에서 아미노산과 결합하고 있어 다른 무기질에 비하여 80% 이상 월등히 높은 것으로 알려졌다. 흡수 조절 메커니즘이 없어 과량 섭취 시 독성 발현 가능성이 있다.

2) 기능

셀레늄은 항산화효소인 글루타티온 과산화효소의 구성 성분으로 활성산소를 제거하는 역할을 한다. 즉, 생체 내 대사 과정에서 발생한 과산화수소를 물과 산소로 전환하거나 과산화물(ROOH)을 무독화시켜 활성산소에 의한 세포 손상을 억제한다. 이 과정에서 산화글루타티온(GSSG)은 글루타티온 환원효소(glutathione reductase)에 의하여 활성형인 환원형 글루타티온(GSH)으로 재생된다.

$$H_2O_2 + 2\,GSH \longrightarrow H_2O + \tfrac{1}{2}O_2 + GSSG$$

$$ROOH + 2\,GSH \longrightarrow ROH + \tfrac{1}{2}O_2 + GSSG$$

글루타티온 과산화효소(glutathione peroxidase)의 반응

$$GSSG + NADPH + H^+ \longrightarrow 2GSH + NADP^+$$

글루타티온 환원효소(glutathione reductase)의 반응

셀레늄은 테트라요오드티로닌 탈요오드화효소(tetraiodothyronine 5′-deiodinases), 티오레독신 환원효소(thioredoxin reductases), 포름산 탈수소효소(formate dehydrogenases), 글리신 환원효소(glycine reductases) 등 여러 효소에 존재한다.

3) 급원 식품

셀레늄은 육류, 해산물, 유제품, 전곡류, 종실류, 견과류 등에 풍부하게 함유되어 있다. 과일이나 채소류에는 함량이 낮다.

4) 섭취기준 및 영양 건강 문제

우리나라의 성인 하루 권장섭취량은 60 μg이며, 과잉 섭취에 의한 독성 발현 가능성이 있으므로 1일 상한섭취량은 400 μg으로 설정되어 있다.

6. 플루오린

플루오린(fluorine, F)은 대부분 뼈와 치아에 존재하며 특히 치아 건강과 연관이 깊다. 뼈나 치아는 하이드록시아파타이트[hydroxyapatite, $Ca_{10}(PO_4)_6(OH)_2$]로 이루어져 있으며, OH기가 F로 치환되면 뼈 또는 치아의 강도가 높아져 산에 의한 부식에 저항성이 커진다. 즉, 충치의 원인균인 *Streptococcus mutans*가 생산하는 산(acid)에 의해 치아가 용해되는데, 치아를 구성하는 하이드록시아파타이트의 화학 구조 중 OH기가 F로 치환되면 치아의 산에 대한 저항성이 증가하여 충치 발생이 감소하게 된다.

1) 흡수 및 대사

플루오린의 흡수는 위, 소장에서 주로 이루어지며 흡수율은 80~90%로 높은 편이다. 흡수된 플루오린은 절반 정도가 뼈와 치아에 축적되고, 나머지는 소변으로 배설된다.

2) 급원 식품

플루오린은 해조류, 생선 등에 함유되어 있으며, 인위적으로 불소를 첨가한 수돗물도 훌륭한 공급원이다.

7. 망간

망간(manganese, Mn)은 인체 내에 10~20 mg 함유되어 있으며, 그중 25~40%가 뼈에 존재하고 간, 췌장, 신장, 뇌 등에도 분포한다. 인체는 흡수와 배설을 조절하여 조직 내 망간 농도를 일정하게 유지한다. 망간의 90% 이상은 쓸개즙으로 배설되며, 소변으로 배설되는 양은 미미하다. 망간은 여러 효소의 보조인자로 작용하며, 특히 초과산화물 제거효소(미토콘드리아의 Mn-SOD), 아르기나아제(arginase), 피루브산 카복실화효소(pyruvate carboxylase) 등에 존재한다. 이들 효소작용을 통하여 망간은 활성산소 제거, 아미노산 대사, 콜레스테롤 대사, 포도당 대사, 탄수화물 대사, 뼈 형성, 면역반응, 생식 등에 관여한다. 또한 비타민 K와 협력하여 혈액 응고 및 지혈에도 관여한다.

망간은 소장에서 능동수송으로 흡수되며, 흡수된 뒤에는 혈액 단백질인 트랜스페린, 알부민, 혈장 알파-2-마크로글로불린(plasma alpha-2-macroglobulin) 등과 결합하여 조직으로 이송된다.

망간의 좋은 공급원은 식물성 식품으로 견과류, 전곡류, 콩류 등에 많이 함유되어 있다. 과량 섭취 시 파킨슨병과 유사한 근육신경계 장애가 나타나며 그 외 생식 기능 및 면역력 저하, 신장염, 간 손상 등의 부작용이 보고되어 있다.

8. 몰리브덴

몰리브덴(molybdenum, Mo)은 다양한 식품에 존재하며, 여러 가지 효소의 보조인자로 작용한다. 대표적인 몰리브덴 함유 효소로는 아황산 산화효소(sulfite oxidase), 잔틴 산화효소(xanthine oxidase), 알데하이드 산화효소(aldehyde oxidase) 등이 있다.

몰리브덴은 수동적 확산으로 흡수되며 흡수율은 40~100%이다. 흡수된 몰리브덴은 몰리브도프테린(molybdopterin) 형태로 간, 신장, 부신, 뼈 등에 저장된다.

잔틴 산화효소는 핵산을 구성하는 푸린 염기 대사에 관여하여 염기를 요산(uric acid)으로 전환하는 데 관여하므로 요산의 과잉 축적이 특징인 통풍(gout)과 연관이 있으며, 통풍 치료제도 이 효소를 표적하여 만들어진다.

9. 크롬

크롬(chromium, Cr)은 인체 내 미량(약 4~6 mg) 존재하며 작용 메커니즘이나 필요량은 아직 구체적으로 밝혀진 바 없다. 3가 이온과 6가 이온이 있는데 식품에는 주로 3가 이온 형태로 존재하며, 6가 이온은 산업 공해 성분으로 독성을 나타낸다. 흡수율은 0.5~2%로 매우 낮다. 크롬은 인슐린의 작용을 증강시키는 것으로 알려졌다.

단원정리

미량무기질은 체내에 500 mg 이하로 존재하거나 하루 권장섭취량이 100 mg 이하인 무기질을 말하며 철(Fe), 아연(Zn), 구리(Cu), 요오드(I), 셀레늄(Se), 불소(F), 망간(Mn), 몰리브덴(Mo), 크롬(Cr) 등이 이에 해당한다.

1. 철
   - 세계적으로 가장 흔하게 결핍증이 나타나며 체내의 효소, 헤모글로빈 및 미오글로빈의 구성 성분으로, 산소의 이동과 저장, 신경과 두뇌 발달 및 면역 기능에 관여한다.
   - 급원 식품은 육류, 어패류, 가금류, 진한 녹색 채소, 콩류 등이 있으며, 식품 내에 존재하는 형태로 소장에서 흡수된다.
   - 하루 권장섭취량은 성인(19~49세) 남자 10 mg, 여자 14 mg이며, 섭취 부족 시 철 결핍성 빈혈을 유발하고 과잉 섭취 시 혈색소 침착증이 나타난다.

2. 아연
   - 체내 금속효소의 구성 요소이며 100여 가지 이상의 효소작용에서 중요한 역할을 한다. 세포막의 구조적 안정, 성장 및 면역 기능에 관여한다.
   - 급원 식품은 조개류, 육류, 전곡류 등이 있으며, 식품에서는 대부분 단백질과 결합하여 존재하므로 흡수되기 전에 유리되어야 한다. pH가 비교적 낮은 십이지장에서 흡수된다.
   - 하루 권장섭취량은 성인 남자 9~10 mg, 여자 7~8 mg이며, 섭취 부족 시 청소년기에는 성장 부진과 성성숙 지연, 면역 기능 손상과 감염의 증가, 미각 예민도 감소, 설사 및 구토를 유발할 수 있다.

3. 구리
   - 금속 효소의 구성 성분으로 다양한 효소의 보조인자로 작용하며, 특히 세룰로플라스민의 구성 성분으로 체내에서 철의 대사 및 결합조직 유지에 관여한다. 항산화효소의 구성 성분으로도 작용한다.
   - 급원 식품은 간, 조개류, 견과류, 종실류, 콩류, 전곡류 등이 있으며, 구리는 2가 형태로 대부분 십이지장에서 능동수송으로 흡수된다.
   - 하루 권장섭취량은 성인 남녀 800 μg이며, 섭취 부족 시 빈혈, 골격의 비정상화, 백혈구의 감소, 머리카락의 탈색, 결합조직의 손상 및 뼈의 손실, 성장 부진, 신경 장애 등을 유발할 수 있다.

4. 요오드
   - 체내 기초대사량 조절에 관여하는 갑상선호르몬의 구성 성분이다.
   - 급원 식품은 해조류 및 해산물이며, 소장 상부에서 흡수되어 이온 또는 단백질과 결합하여 이송된다.
   - 하루 권장섭취량은 성인 남녀 150 μg이며 섭취 부족 시 갑상선종, 크레틴병, 갑상선 기능 저하증 및 항진증을 유발할 수 있다.

단원정리

5. 셀레늄

- 항산화작용을 하는 무기질로 글루타티온 과산화효소의 구성 성분이며, 세포막에서 활성산소를 제거하여 지질의 과산화를 예방한다.
- 급원 식품은 육류, 해산물, 조개류, 견과류 등이 있으며, 식품 중에서는 아미노산과 결합하여 있다.
- 하루 권장섭취량은 성인 남녀 60 μg이며, 섭취 부족 시 근육 통증 및 약화, 간과 췌장 기능의 퇴화, 탈모, 골관절염 및 피부 발진이 나타난다. 최근에는 심장근육 질환인 케산병이 나타날 수 있음이 확인되었다.

6. 플루오린

- 치아와 골격의 기능을 도와주는 역할을 통하여 충치 및 골다공증 예방에 관여한다.
- 급원 식품은 불소 첨가 식수, 차, 해조류 등이 있고, 위와 소장에서 주로 흡수된다.
- 하루 충분섭취량은 성인의 경우 남자 3~3.5 mg, 여자 2.5~3 mg이며, 섭취 부족 시 충치, 골다공증, 위장 장애, 치아 반점 및 불소증을 유발할 수 있다.

7. 망간

- 탄수화물, 단백질, 지질 대사에 관여하는 효소들의 구성 성분으로 효소의 활성화에 관여한다.
- 급원 식품은 견과류, 전곡류, 콩류, 차 등이 있으며, 소장에서 능동수송으로 흡수되어 알부민 등의 혈액 단백질과 결합하여 조직으로 이송된다.
- 하루 충분섭취량은 성인의 경우 남자 4 mg, 여자 3.5 mg이며, 섭취 부족 시 결핍증은 드물고 과잉 섭취 시 파킨슨병과 유사한 신경 장애를 유발할 수 있다.

8. 몰리브덴

- 체내에서 산화·환원 반응에 관여하는 효소의 보조인자로 작용한다.
- 급원 식품은 콩류, 곡류, 견과류, 우유 및 유제품 등이 있으며, 수동적 확산으로 흡수된다.
- 하루 권장섭취량은 성인의 경우 남자 25~30 μg, 여자 25 μg이고, 섭취 부족 시 결핍증은 드물고 과잉 섭취 시 푸린 염기 대사에서 염기를 요산으로 전환하는 데 관여하므로 통풍과 연관되어 있다고 할 수 있다.

9. 크롬

- 인슐린의 작용을 증강시키는 기능을 한다.
- 급원 식품은 달걀노른자, 간, 전곡류, 버섯 및 견과류 등이 있으며, 식품 중에는 주로 3가 이온 형태로 존재한다.
- 하루 필요량은 잘 알려져 있지 않으나 충분섭취량은 성인의 경우 남자 35 μg, 여자 25 μg이고, 섭취 부족 시 당뇨 및 지질 대사 이상을 유발할 수 있다.

연습문제

1 철의 생체 내 기능과 철 대사에 관여하는 미량무기질의 체내 작용 메커니즘에 대해서 서술하시오.

2 항산화 기능을 가진 대표적 미량무기질을 답하고, 체내 항산화작용 기능과 결핍증에 관해서 서술하시오.

참고문헌

문수재·김혜경·홍순명·이경혜·이명희·이영미·이경자·안경미·이민준·김정연·김정현, 알기 쉬운 영양학, 수학사, 2016.

보건복지부·한국영양학회. 2015 한국인 영양소 섭취기준, 2016.

이현기, 증보 영양화학, 수학사, 2004.

Carol Byrd-Bredbenner·Gaile Moe·Jacqueline Berning·Danita Kelley, 김미경·왕수경·신동순·권오란·박윤정 옮김, 생활 속의 영양학(3판), 라이프사이언스, 2016.

허채옥·권순형·김은미·원선임·박용순·박진희·김상연·정경아·김은영·박유신, 기초영양학, 수학사, 2016.

DL. Nelson·MM. Cox·AL. Lehninger, ***Lehninger Principles of Biochemistry***, w.h. Freeman and Company, 2017.

https://ods.od.nih.gov/factsheets/Copper-HealthProfessional/

10

NUTRITIONAL CHEMISTRY

CHAPTER 10

지용성 비타민

- 서론
- 종류와 특성
- 흡수
- 비타민 A
- 비타민 D
- 비타민 E
- 비타민 K

1. 서론

1) 정의

비타민은 유기 화합물이며, 생명체가 원활한 대사 활동을 통해 생명현상을 유지하는 데 소량 필요하지만 꼭 있어야 할 필수영양소이다. 필수영양소는 생체 내에서 전혀 합성하지 못하거나 충분한 양을 만들지 못하므로 반드시 식품이나 외부에서 공급받아야 한다. 예를 들어 비타민 C는 사람의 경우 합성할 수 없으므로 필수영양소이지만 대부분의 동물은 비타민 C를 합성할 수 있기 때문에 이들 동물에는 필수영양소가 아니다.

대부분의 비타민은 단일 분자가 아니라 비타민물질(vitamers)이라고 불리는 관련된 분자 집단이다. 예를 들면 비타민 E는 4종류의 토코페롤(tocopherol)과 4종류의 토코트라이엔올(tocotrienol)로 이루어져 있다. 인체가 필수적으로 필요로 하는 비타민은 지용성 비타민 4종, 수용성 비타민 9종 등 총 13종이다.

2) 비타민의 발견 역사

고대 이집트 사람들은 동물의 간이 야맹증을 치료하는 데 도움을 준다는 사실을 알고 있었다.

중세시대에 장기간 항해를 해야 했던 선원들은 오랫동안 신선한 채소와 과일을 섭취하지 못하여 비타민 C 결핍으로 인한 장출혈 등으로 사망하기도 하였다.

1747년 스코틀랜드 의사 제임스 린드(James Lind)는 감귤류가 괴혈병을 예방하는 데 효과적이라는 사실을 확인하였다. 18~19세기에는 식품에서 특정 성분을 제거하는 실험을 통해서 비타민의 존재가 드러나기 시작하였으며, 구루병 치료제로 비타민 D의 존재가 밝혀졌다.

도정된 백미가 주식인 동아시아에서는 비타민 B_1 결핍으로 각기병(beriberi)이 풍토병으로 만연하였다. 1884년 일본의 해군 의사 다카키(Takaki Kanehiro)는 각기병이 백미 위주의 식사를 하는 하급 해군 병사에게서는 빈발하는 반면, 서양식 식사를 하는 장교에게서는 나타나지 않는다는 사실을 관찰하였다. 그러나 그는 각기병의 원인을 비타민이 아닌 단백질 부족으로 착각하였다. 이후 1887년 네덜란드의 의사 아이

직만(Christiaan Eijkman)이 백미에는 없고 현미에만 존재하는 미지의 성분이 각기병을 치료할 수 있다는 사실을 확인하였다. 이듬해 홉킨스(Frederick Hopkins)는 어떤 식품에는 인체 기능에 중요한 단백질, 탄수화물, 지질 외에 다른 보조인자가 들어 있다고 가정하였다. 이러한 발견을 공로로 아이직만과 홉킨스는 1929년 노벨의학상을 수상하였다.

1910년에 일본의 과학자 스즈키(Suzuki Umetaro)는 최초로 쌀겨에서 비타민을 분리하고 그 결과를 일본 과학 잡지에 기고하였다. 이 논문은 독일어로 번역되었으나 번역 과정에서 새로 발견된 영양소라는 내용이 누락되어 대중의 관심을 받지 못했다. 1912년 폴란드 생화학자 풍크(Casimir Funk)는 스즈키가 분리했던 것과 유사한 화합물을 분리하고, 이를 미량영양소로 'vitamine'이라고 명명할 것을 제안하였다. 이 화합물은 후에 나이아신(niacin)으로 확인되었다. 풍크는 구루병, 펠라그라, 셀리악병, 괴혈병 등을 비타민으로 치료할 수 있다고 가정하였다. 1920년에 드러먼드(Jack Drummond)는 모든 비타민이 아민기(amine)를 가지는 것은 아니므로 'vitamines' 대신 'vitamin'으로 명명할 것을 제안하여 현재까지 사용하고 있다.

1929년 덴마크 과학자 헨릭 담(Henrik Dam)은 닭을 이용한 실험에서 혈액 응고인자로 비타민 K를 발견하였다.

1930년 파울 카러(Paul Karrer)는 베타-카로틴의 구조를 밝히고, 다른 카로티노이드 화합물도 동정하였다. 파울 카러와 노먼 하워스(Norman Haworth)는 비타민 B_2 발견에도 기여하였고, 센트죄르지(Szent-Gyorgyi)의 비타민 C 발견을 확인해 주었다. 이러한 공로로 두 사람은 1937년 노벨화학상을 수상하였다.

1931년 센트죄르지는 기니피그를 이용한 실험에서 괴혈병 치료제인 비타민 C를 발견하였으며, 그 공로로 1937년 노벨 생리의학상을 수상하였다.

1900년대 초반부터 시작된 비타민을 찾으려는 노력은 1948년 비타민 B_{12}의 발견으로 종결되었다.

2. 비타민의 종류와 특성

비타민은 기름에 녹는 지용성 비타민(fat soluble vitamins)과 물에 녹는 수용성 비타민(water soluble vitamins)으로 구분된다. 지용성 비타민으로는 비타민 A, 비타민 D, 비타민 E, 비타민 K가 있으며, 수용성 비타민으로는 비타민 B군과 비타민 C가 있다. 비타민 B군에 속하는 것은 비타민 B_1(thiamine), 비타민 B_2(riboflavin), 비타민 B_6(pyridoxine), 비타민 B_{12}(cobalamin), 엽산(folate), 비오틴(biotin), 리포산(lipoic acid), 나이아신(niacin), 판토텐산(pantothenic acid, B_5) 등이 있다.

지용성 비타민은 과잉 섭취하면 간을 포함하여 체내 조직에 축적되므로 독성 발현 가능성이 높다. 따라서 결핍증은 섭취 부족 상태가 장기간 지속되어야 나타난다.

표 10-1 비타민의 종류

종류		활성 분자
지용성 비타민	비타민 A	레티놀(retinol), 레티날(retinal), 레틴산(retinoic acid), 베타-카로틴(β-carotene)
	비타민 D	콜레칼시페롤(cholecalciferol), 에고칼시페롤(ergocalciferol)
	비타민 E	토코페롤(tocopherol), 토코트라이엔올(tocotrienol)
	비타민 K	메나디온(menadione), 메나퀴논(menaquinone), 필로퀴논(phylloquinone)
수용성 비타민	비타민 B_1	티아민(thiamine) - TPP[1]
	비타민 B_2	리보플라빈(riboflavin) - FMN[2], FAD[3]
	비타민 B_6	피리독신(pyridoxine), 피리독사민(pyridoxamine), 피리독살(pyridoxal) - PLP[4]
	비타민 B_{12}	코발라민(cobalamin) - 메틸코발라민(Me B_{12}), 아데노실코발라민(Ado B_{12})
	나이아신	니코틴산(nicotinic acid), 니코틴아마이드(nicotinamide) - NAD[5], NADP[6]
	비오틴	비오틴(biotin)
	엽산	테트라하이드로 폴레이트(tetrahydrofolate, THF) 및 유도체(5-methyl THF, 10-formyl-THF, 5,10-methylene THF, 5,10-methenyl THF)
	판토텐산	판토텐산(pantothenic acid) - coenzyme A
	비타민 C	아스코브산(ascorbic acid)

1) TPP : thiamine pyrophosphate
2) FMN : flavin mononucleotide
3) FAD : flavin adenine dinucleotide
4) PLP : pyridoxal phosphate
5) NAD : nicotinamide adenine dinucleotide
6) NADP : nicotinamide adenine dinucleotide phosphate

표 10-2 지용성 비타민과 수용성 비타민의 일반적 특성

구분	지용성 비타민	수용성 비타민
물리적 성질	기름과 유기 용매에 녹음	물에 녹음
필요량	체내 축적이 되어 결핍 증세가 서서히 나타나므로 매일 공급하지 않아도 됨	체내 축적이 안 되므로(비타민 B_{12} 예외) 필요량을 매일 공급해야 결핍증이 나타나지 않음
독성	체내 축적되므로 독성 발현 가능성 있음	과잉 섭취해도 축적되지 않고 소변으로 배설되므로 독성 발현 가능성 낮음

반면에 비타민 B_{12}를 제외한 수용성 비타민은 과잉 섭취해도 체내 축적이 안 되고 소변으로 배출되므로 섭취가 부족하면 단시간에 결핍 증상이 나타나는 특징이 있다.

3. 비타민의 흡수

지용성 비타민은 지질과 마찬가지로 소장에서 쓸개즙에 의해 유화되어 수동적 확산으로 흡수되며, 소장 점막 세포에서 킬로미크론(chylomicron)에 실려 림프관을 거쳐 혈액을 통해 각 조직으로 들어가게 된다. 한편 수용성 비타민은 소장에서 대부분 수동적 확산 메커니즘에 의해 흡수가 이루어지며, 혈액을 통해 이송되어 전신을 순환하면서 조직으로 들어간다. 대장에서 미생물에 의해 일부 비타민이 합성되는데 이들은 대장에서 흡수가 이루어지는 것으로 알려져 있다.

4. 비타민 A

비타민 A는 최초로 발견된 지용성 비타민으로 레티놀(retinol), 레티날(retinal), 레틴산(retinoic acid), 그리고 프로비타민 A인 카로티노이드(carotenoid)를 포함하는 불포화 유기 화합물 군이다. 성장, 발달, 시각, 세포의 분화 등에 관여한다.

1) 비타민 A의 구조와 성질

비타민 A는 레티노이드(retinoid)와 전구물질인 카로티노이드를 포괄하는 용어로 사용된다. 레티노이드는 레티놀, 레티날, 레틴산의 3종류가 있으며(그림 10-1), 레티놀

비타민 A의 발견

기원전 1500년경 고대 이집트 문헌에 야맹증에 관한 기록이 나오는데, 동물의 간을 착즙하여 눈에 바르면 효과가 있다고 기술하고 있다. 1906~1912년에 걸쳐 영국의 홉킨스(Hopkins)는 우유의 알코올 추출물에 동물의 성장을 촉진하는 물질이 들어 있다 발견하였다. 1913년에는 위스콘신대학의 맥컬럼(Elmer McCollum)과 데이비스(Marguerite Davis)가 돼지기름에는 없지만 버터 또는 달갈노른자에 쥐의 성장을 촉진하는 지용성 성분이 함유되었다는 사실을 보고하였다. 비슷한 시기에 예일대학의 오스본(Thomas Burr Osborne)과 멘델(Lafayette Mendel)도 고등어의 간에서 쥐의 성장을 촉진하는 성분을 확인하였다. 이후 지용성 성장 촉진인자를 비타민 A라 명명하였다. 1929년에는 무어(Moore)에 의해 식물에 존재하는 베타-카로틴이 동물의 간에서 레티날로 전환되어 비타민 A처럼 작용한다는 것을 확인하였다.

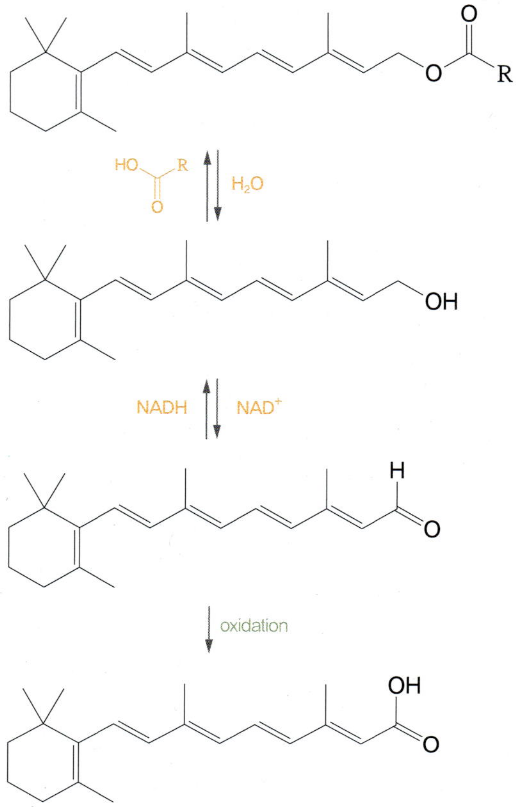

그림 10-1 비타민 A의 종류와 구조

과 레티날은 상호 가역적으로 전환이 가능하지만 레틴산으로 산화되면 역반응은 진행되지 않는다. 즉, 레틴산에서 레티놀이나 레티날로 전환될 수 없다.

식물성 식품에는 600여 종의 카로티노이드 계열의 화합물이 존재하는데 그중 몇 종류는 비타민 A 활성을 가진다(표 10-3). 예를 들어 베타-카로틴 12 μg은 레티놀 1 μg과 동일한 비타민 A 활성을 나타낸다. 알파-카로틴, 감마-카로틴, 크립토잔틴(cryptoxanthin) 등 기타 카로티노이드는 레티놀의 1/24의 활성을 갖는다고 가정한다. 한편, 리코펜(lycopene), 제아잔틴(zeaxanthin), 잔토필(xanthophyll) 등은 비타민 A 활성이 없다.

표 10-3 카로티노이드의 종류 및 공급원

종류	공급원(mg/100 g)
Phytoene	토마토주스(tomato juice) : 2.24 당근 주스(carrot juice) : 0.94
Phytofluene	토마토주스(tomato juice) : 0.86 당근 주스(carrot juice) : 0.59
Lycopene	토마토소스(tomato sauce) : 15.92 토마토(tomatoes) : 3.03 수박(watermelon) : 4.87
β-carotene	당근(raw carrot) : 8.84 당근 통조림(canned carrot) : 5.78 조리된 시금치(cooked spinach) : 5.24
α-carotene	당근 주스(carrot juice) : 1.70
β-cryptoxanthin	상귀넬로 오렌지주스(sanguinello juice) : 0.02
Lutein	조리된 시금치(cooked spinach) : 7.04 상추(lettuce) : 2.64

2) 비타민 A의 흡수와 대사

동물성 식품에서 비타민 A는 보통 레티닐 에스터(retinyl ester) 형태로 존재한다. 레티닐 에스터는 소장에서 레티놀과 지방산으로 가수분해되어 흡수된다. 소장 점막에서 레티놀은 지방산과 재결합하여 레티닐 에스터를 형성하고, 이는 킬로미크론에 실려 림프로 들어가고, 계속해서 흉관 및 심장을 거쳐 온몸으로 순환하면서 각 조직에 분포하게 된다. 비타민 A는 주로 간에 저장되지만 지방조직, 신장, 골수, 눈, 고환 등에도 소량 저장된다.

카로티노이드의 소장에서의 흡수 메커니즘은 아직 명확하지 않지만, 운반체가 관여하는 것으로 추정된다. 베타-카로틴은 흡수된 이후 생리적 필요성에 따라 장관 점막세포에서 다이옥시게나아제(dioxygenase)에 의해 하나 또는 두 분자의 레티놀로 전환되거나, 킬로미크론에 실려 체내 조직으로 운반되어 피하지방 등 지방조직에 주로 저장된다. 즉, 베타-카로틴의 레티노이드로의 전환은 생리적으로 엄격하게 조절되므로 과도하게 섭취하더라도 레티놀에 의한 부작용은 발생하지 않는다. 레티노이드의 경우 과량 섭취 시 태아 기형 등 치명적인 부작용을 초래할 수 있지만, 베타-카로틴은 과량 섭취해도 피부가 오렌지색을 띠는 것 외에는 특별한 부작용이 알려진 바 없다.

3) 비타민 A의 기능

(1) 시각

사람 눈의 망막에는 명암을 구분하도록 작용하는 간상세포와 물체의 다양한 색깔을 구분할 수 있도록 조절하는 원추 세포가 있다. 어두운 상태에서 간상세포에 있는 11-시스 레티날(11-*cis* retinal)은 단백질인 옵신(opsin)과 결합하여 로돕신(rhodopsin)을 형성한다. 빛이 망막으로 들어오면 로돕신의 구성 성분인 레티날이 *cis* 형태에서 *trans* 형태로 구조가 바뀌면서 레티날과 옵신으로 분리되며, 이러한 과정에서 신호를 발생하여 시신경에 전달되어 뇌에서는 사물을 인지하게 된다(그림 10-2).

우리가 밝은 곳에서 갑자기 어두운 곳으로 들어가면 처음에는 잘 보이지 않다가 시간이 지나면서 서서히 사물이 보이기 시작한다. 이는 로돕신이 밝은 광선에 의해 분리되었다가 시간이 지나면서 11-시스 레티날이 옵신과 결합하여 로돕신을 재생성

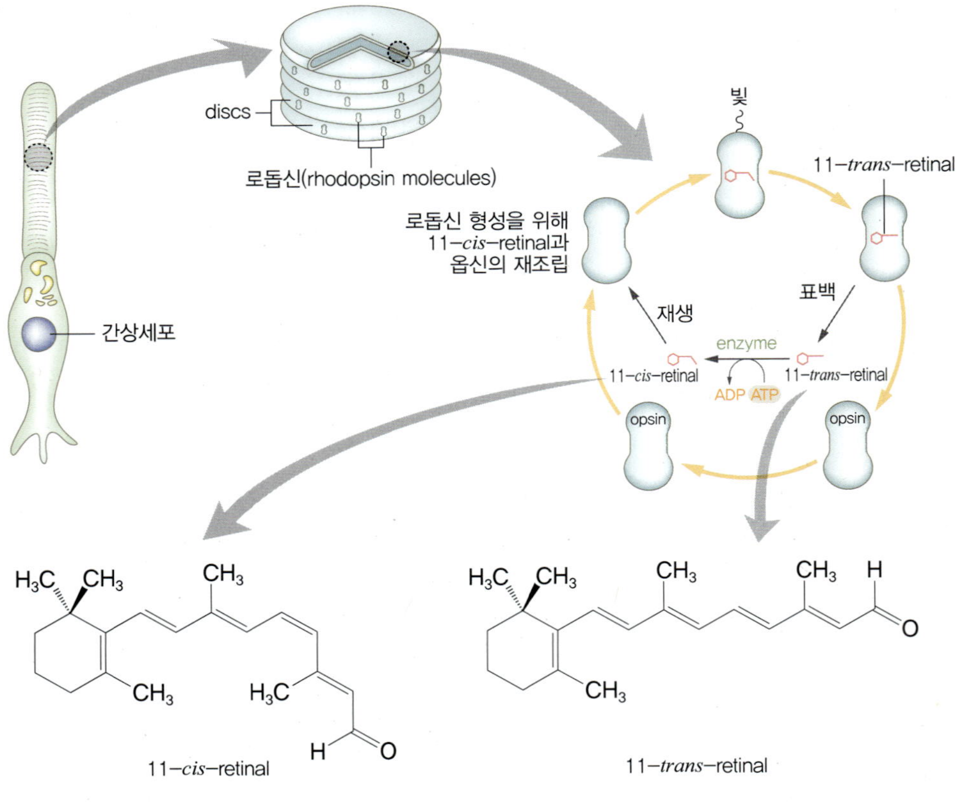

그림 10-2 간상세포에서 빛에 의한 레티날 이성질체의 변화

하므로 적은 양의 빛으로도 사물을 식별할 수 있다. 이를 암적응이라 한다. 이렇듯 눈의 암적응 능력은 체내 비타민 A의 영양 상태와 밀접한 연관이 있다.

(2) 기타 기능

비타민 A는 건강 치아, 골격근 및 연조직, 점막, 피부 조직의 형성 및 유지를 돕는다. 상피 세포는 피부를 덮고 있는 세포로, 점액을 분비하여 외부로부터 침입하는 이물질을 방어하는 생리 기능을 가지고 있다. 비타민 A는 점액단백질이나 점액다당류와 같은 점액을 합성하는 데 관여한다. 따라서 비타민 A가 부족하면 각막의 상피 세포, 폐, 피부, 장 점막 등이 각질화되며, 그 기관에 존재하는 세포가 손상되어 정상적인 점액 분비가 이루어지지 않는다.

한편, 베타-카로틴은 항산화작용을 통하여 노화, 암 등과 같은 만성질환의 원인인 산화 스트레스로부터 세포를 보호하는 역할을 한다.

4) 섭취기준과 급원 식품

(1) 섭취기준

현재 한국인의 영양소 섭취기준은 간에 존재하는 비타민 A의 반감기를 기초로 하고, 20%의 변이계수를 사용하여 설정되어 있다. 비타민 A의 1일 권장섭취량은 평균필요량의 140%에 해당된다. 따라서 30~49세 성인 남자의 경우 550 μg RAE(retinol activity equivalents)를 평균필요량으로, 750 μg RAE를 권장섭취량으로 설정하였으며, 30~49세 성인 여자의 경우 450 μg RAE를 평균필요량으로 설정하고 650 μg RAE를 권장하고 있다.

임신기 평균필요량은 임신기 동안 태아의 간에 축적된 비타민 A에 기초를 두어 50 μg RAE를 추가하였으며, 수유부의 권장섭취량은 5개월 이전의 영아가 모유에서 섭취하는 비타민 A 함량(320 μg RAE/100 mL)과 수유부가 1일 분비하는 모유(750 mL) 내의 비타민 A 양에 2배의 변이계수를 더하고 490 μg RAE를 더하여 권장량이 설정되었다. 지용성 비타민 A는 체내 축적되므로 과량 섭취 시 독성이 발현될 수 있어서 한국인의 영양소 섭취기준에서는 상한섭취량을 제시하고 있다. 한국인의 비타민 A 상한섭취량은 가임기 여성의 경우 태아 기형 발생을 독성 종말점으로 하여 최대무독성량을 4,500 μg RAE, 불확실계수 1.5를 적용하여 3,000 μg RAE로 설정하였다. 비가임기 여성인 경우는 최저 독성량을 1,400 μg RAE으로 정하였으며, 소아와 청소년은 성인 상한섭취량을 체중으로 보정하여 상한섭취량을 설정하였다. 임신부와 수유부의 경우에서도 성인과 동일한 상한섭취량을 설정하고 있다. 가임기에 비타민 A를 과량 복용할 경우 기형아 출산 위험성이 높아지므로 기형유발물질(teratogen)로 분류하고 있다.

(2) 급원 식품

비타민 A의 가장 좋은 급원 식품은 동물의 간이나 어유, 달걀 등이고, 비타민 A 전구물질인 카로티노이드는 당근, 호박, 시금치, 고구마 등 주로 녹황색 채소와 몇몇 과일에서 얻을 수 있다. 국민건강영양조사 결과 보고서에 의하면 우리나라 국민은 섭취하는 비타민 A의 80% 이상을 카로티노이드로 공급받는다.

그림 10-3 비타민 A의 주요 급원 식품

5) 영양 건강 문제

(1) 결핍증

비타민 A 결핍증 중 가장 흔한 증상은 야맹증(night blindness)과 안구건조증(xerophthalmia)이고, 어린이의 경우 안구 결막 가장자리 쪽에 흰 거품 같은 형태의 비토반점(Bito's spot)이 나타나기도 한다. 현재 전 세계적으로 매년 25~50만 명 정도의 어린이가 비타민 A 결핍으로 시력을 잃거나 사망하기도 한다. 성인의 경우 간 질환자나 알코올 중독자에서 결핍증이 나타나며, 만성 설사나 이자의 기능 저하 또는 손실, 만성 소화 장애, 낭포성 섬유증, 지방 흡수 불량 등의 상태에서도 비타민 A 결핍증이 나타난다.

베타-카로틴이 암 발생을 촉진?

분리하거나 합성된 베타-카로틴을 식이보충제로 장기간 섭취하는 경우, 흡연자에게서 폐암 발생률이 높아진다는 사실이 여러 역학 연구를 통해 확인되었다. 그러나 정확한 작용 메커니즘은 아직 잘 알려져 있지 않다. 고용량의 베타-카로틴을 식이보충제로 섭취하는 경우와는 달리, 식품으로 섭취할 때에는 흡연자에서도 폐암 발생률이 증가하지 않는다.

(2) 과잉증

비타민 A의 급성 과잉증은 성인의 경우 권장량의 100배, 아동의 경우 권장량의 20배가 넘는 양을 섭취할 때 나타난다. 오심, 구토, 두통, 현기증, 시력 흐려짐, 근육 운동 부조화(incoordination) 등의 증상을 보인다. 만성 과잉증은 급성의 경우보다 흔해서 보통 권장량의 10배 이상을 지속적으로 섭취할 때 나타나는데 두통, 탈모증, 입술의 균열, 피부 건조 및 가려움증, 간장 비대, 골 관절 통증 등이 관찰된다. 임신 초기에 비타민 A를 과다 섭취하면 기형아 출산 및 사산, 영구적 학습 장애 등을 일으킬 수 있다.

5. 비타민 D

비타민 A를 연구하던 맥컬럼(Elmer McCollum)은 1922년 비타민 A를 파괴시킨 대구 간유가 항구루병 활성을 갖는다는 사실을 확인하였다. 처음에는 자외선에 의해 피부에서 합성될 수 있다는 사실이 알려지지 않았으나 7-데하이드로콜레스테롤(7-dehydrocholesterol)에 빛을 쬐면 지용성 비타민 D(D_3)가 생성된다는 것이 확인되었다. 미국의 의사 헤스(Alfred Fabian Hess)는 '빛은 비타민 D와 동등하다'고 말한 바 있다. 비타민 D(Vitamin D)는 다른 영양소와 달리 피부에 자외선이 조사되면 합성되며, 작용 메커니즘이 스테로이드 호르몬과 유사하여 호르몬 전구물질로 분류되기도 한다.

1) 흡수 및 대사

피부에서 7-데하이드로콜레스테롤은 햇빛 중의 자외선에 의해 활성형 비타민 D 전구물질인 콜레칼시페롤(cholecalciferol, vitamin D_3)로 전환된다. 피부에서 합성된 비타민 D는 혈액을 통해 간으로 이동해 식사로 섭취한 비타민 D와 합쳐진 후 간과 신장에서 각각 25-하드록시 콜레칼시페롤(25-hydroxycholecalciferol, 25-OH-D_3)과 1,25-다이하이드록시 콜레칼시페롤(1,25-$(OH)_2D_3$)로 전환된다. 햇빛에 의해 합성되는 비타민 D의 양은 햇빛에 노출된 시간 및 강도, 피부색, 나이 및 거주지의 위도, 계절, 의복 등 다양한 요인에 의해 영향을 받는다.

식품으로 섭취한 비타민 D는 약 80%가 흡수된 후 쓸개즙산의 도움을 받아 주로 소장에서 흡수된다. 소장 점막으로 흡수된 비타민 D는 킬로미크론의 형태로 림프계를 거쳐 간으로 운반된다. 간에서 25-OH-D_3로 전환되어 순환계로 들어간다. 혈장 25-OH-D_3은 신장으로 이동한 후 혈액 내 칼슘 농도의 변화에 따라 1,25-$(OH)_2D_3$로 전환되어 활성 형태로 된다. 활성형 비타민 D인 1,25-$(OH)_2D_3$는 체내에서 이용된 후 대부분은 쓸개즙의 형태로 배설되고, 미량만 소변으로 배설된다.

식물체에는 스테롤군에 속하는 에고스테롤(ergosterol)이 존재하는데, 자외선을 조사하면 에고칼시페롤(ergocalciferol, 비타민 D_2)로 전환된다. 인체에서 비타민 D_2는 동물성 식품 유래인 비타민 D_3와 활성이 유사하지만, 산란계를 포함하여 가금류에서는 활성이 매우 낮으므로 비타민 D_3 공급은 필수이다.

혈중 칼슘 농도를 조절하는 2가지 주요 호르몬이 부갑상선호르몬(parathyroid hormone, PTH)과 칼시토닌(calcitonin)이며, 부갑상선호르몬은 비타민 D를 활성화시켜 소장에서 칼슘 흡수를 증가시킴으로써 혈중 칼슘 농도의 상승을 유도한다.

2) 체내 기능

(1) 칼슘 대사 관련 기능

비타민 D의 주요 기능은 소장에서 칼슘의 흡수를 증가시키는 것이다. 혈중 칼슘 농도가 감소하면 부갑상선호르몬(PTH)이 분비되어 신장에서 활성형 비타민 D〔1,25$(OH)_2D_3$〕의 형성을 촉진하여 소장에서 칼슘의 흡수를 증가시킴으로써 혈중 칼슘 농도를 원래 상태로 높인다. 또한 비타민 D는 칼슘의 흡수를 증가시켜 칼슘이 골격에 침착되도록 돕기도 한다.

칼슘 대사와 관련하여 비타민 D는 다음과 같은 기능을 한다. 활성형 비타민 D는 소장 점막 세포에서 칼슘 결합단백질(calbindins)을 비롯해 칼슘 흡수에 필요한 단백질의 합성을 촉진하고 세포막의 유동성을 증가시켜 칼슘과 인이 쉽게 세포막을 통과할 수 있도록 하여 칼슘과 인의 흡수를 촉진시킨다.

(2) 기타 기능

비타민 D는 성인에서 발생하는 골연화증(osteomalacia)을 예방하는 기능이 있다. 골연화증은 척추 구부러짐, 다리 휨, 근육 약화, 골절 위험 증가 등을 특징으로 하며, 25-OH-D_3 농도가 10 ng/mL 이하일 때 관찰된다.

온대 지방에 사는 피부가 검은 사람들은 혈중 비타민 D 농도가 낮다. 이는 검은 피부를 가진 사람의 경우 멜라닌 색소가 피부에서 비타민 D 합성을 방해하기 때문인 것으로 추정된다. 비타민 D의 보충 식이가 암 예방에 효과를 나타낼 수 있다는 연구 보고가 있으나 아직까지 확실하게 검증된 것은 아니다.

3) 급원 식품

비타민 D가 풍부한 식품으로 참치, 고등어, 연어 등의 생선, 쇠간, 치즈, 달걀노른자, 우유, 버섯 등이 있다.

생선 쇠간 치즈 우유 버섯

그림 10-4 비타민 D의 주요 급원 식품

골연화증(osteomalacia)과 골다공증(osteoporosis)의 차이

정상적인 뼈는 무기질 성분인 하이드록시아파타이트〔hydroxyapatite, $Ca_{10}(PO_4)_6(OH)_2$〕 60%와 유기물질인 콜라겐 단백질 40%로 되어 있다. 골다공증의 경우 뼈의 무기질과 유기질의 비율은 큰 차이가 없으나, 뼈가 다공질화되면서 부서지기 쉬운 상태가 된 것이다. 반면, 골연화증은 뼈 형성에 필요한 칼슘이 부족하여 뼈의 무기질 비율이 낮아져 뼈의 밀도와 견고성이 감소되어 잘 휘어지는 특성을 가진다. 영양적 측면에서 볼 때에 골연화증은 비타민 D 또는 칼슘 섭취 부족으로 발생하는 반면, 골다공증은 폐경기 여성에게서 주로 관찰되는 질환으로 여성호르몬 에스트로겐 분비의 저하로 인하여 골밀도가 감소하여 나타난다.

6. 비타민 E

1920년대 초 에반스(Herbert Evans)와 비숍(Scott Bishop)은 통밀과 상추에 수컷 쥐의 생식에 필수적인 성분이 들어 있음을 발견하고 이를 토코페롤(tocopherol : 출산을 의미하는 그리스어에서 기원)이라 하였으며, 후에 비타민 E로 명명되었다.

식품에는 비타민 E(Vitamin E) 활성을 갖는 토코페롤(tocopherol)과 토코트라이엔올(tocotrienol)이 있으며, 각각 토코페롤(α, β, γ, δ) 4종류와 토코트라이엔올(α, β, γ, δ) 4종류가 알려져 있다. 이 중 비타민 E 활성이 가장 큰 비타민은 알파-토코페롤이며, 베타-토코페롤과 감마-토코페롤의 활성은 각각 38%와 9%로 알려져 있다.

1) 흡수 및 대사

비타민 E의 흡수는 다른 지용성 비타민과 유사하게 수동적 확산에 의하여 흡수된다. 흡수에는 지질과 쓸개즙이 필요하며, 소장에서 흡수된 비타민은 킬로미크론에 실려 림프관, 흉관을 거쳐 간으로 이동한다. 섭취된 비타민 E는 평균적으로 51~86%가 흡수된다. 간에서 비타민 E는 지단백질인 초저밀도 지단백질(VLDL), 저밀도 지단백질(LDL)과 고밀도 지단백질(HDL)에 의해 운반되어 지방조직에 저장되고 그 외는 간과 근육조직에 저장된다.

2) 체내 기능

(1) 항산화제 기능

세포막에 존재하는 다가불포화지방산은 세포 내의 자유라디칼에 의해 쉽게 산화된다. 비타민 E 중 가장 활성이 높은 알파-토코페롤은 이러한 산화 과정을 중단시키고 자유라디칼을 제거하므로 세포막의 산화에 의한 손상으로부터 보호해 준다.

(2) 적혈구의 보호 기능

비타민 E가 부족할 경우 적혈구 세포 점막에 있는 불포화지방산이 자유라디칼을 형성하여 세포 점막이 손상되고, 따라서 적혈구가 파괴되는 용혈현상(hemolytic anemia, 용혈성 빈혈)이 발생한다. 이때 비타민 E는 자유라디칼에 의한 산화를 막아

적혈구 세포 점막을 손상으로부터 보호해 준다. 이러한 적혈구 세포의 용혈현상은 미숙아에서 흔히 볼 수 있는데 두 가지 이유로 인하여 발생한다. 하나는 어머니에게서 충분한 비타민 E를 공급받지 못한 경우이고, 다른 하나는 미숙아가 빠르게 성장하기 위해서 자유라디칼 손상의 위험을 높여 적혈구 세포의 스트레스를 증가시키기 때문이다. 이런 현상은 미숙아를 위한 특별한 처방과 보충으로 해결할 수 있다.

(3) 유전자 발현 조절

비타민 E는 유전자 발현을 조절하며 평활근 성장에 중요한 역할을 하는 단백질 인산화효소 C(protein kinase C, PKC)와 같은 효소 활성을 조절한다. 즉, 비타민 E는 PKC를 불활성화하여 평활근 성장을 억제한다.

3) 영양소 섭취기준 및 실태

일부 선진국을 제외한 대부분 국가들도 아직까지 비타민 E의 평균필요량을 설정할 만한 충분한 과학적 자료가 부족한 형편이다. 미국, 캐나다는 혈청의 과산화수소에 의한 용혈을 예방하는 데 충분한 비타민 E의 섭취량을 근거로 하여 평균필요량을 1일 12 mg으로, 권장섭취량을 15 mg으로 설정하였다. 우리나라는 비타민 E의 섭취량과 혈청 농도 자료를 근거로 하여 성인 남녀 각각의 충분섭취량을 1일 12 mg 알파-토코페롤 당량(α-tocopherol equivalent, α-TE)으로 설정하였다. 즉, 비타민 E의 권장량은 아직 한국인을 대상으로 한 관련 자료가 충분하지 않아 권장섭취량이 아닌 충분섭취량으로 제정되어 있다.

현재까지 식품에 존재하는 비타민 E 섭취가 부작용을 나타낸다는 증거는 없으나, 보충제의 형태로 과잉 섭취할 경우 독성이 나타날 수 있으므로 상한섭취량을 설정하고 있다. 한국인의 비타민 E 상한섭취량은 사람을 대상으로 한 용량-반응 평가를 근거로 하여 성인의 경우 하루 540 mg로 설정하였다.

4) 급원 식품

비타민 E가 풍부한 식품은 아몬드, 땅콩 등 견과류와 면실유 같은 식물성 기름, 밀배아, 호박씨 등을 들 수 있다. 간을 제외한 동물성 식품에는 비타민 E가 거의 함유

아몬드 호두 땅콩 호박씨 밀배아

그림 10-5 비타민 E의 주요 급원 식품

되어 있지 않다. 비타민 E는 산소, 금속, 빛에 의하여, 또는 기름에 과도하게 튀기면 쉽게 파괴된다.

5) 영양 건강 문제

성인의 경우 비타민 E 결핍증은 거의 유발되지 않지만 미숙아의 경우 비타민 E가 부족하면 용혈성 빈혈이 관찰된다. 그 이유는 비타민 E의 저장량이 낮고 외부로부터 충분히 공급받지 못하는 상황에서 출생 후 정상아보다 성장 속도가 빨라(catch-up growth) 체내 저장된 비타민 E를 정상아에 비해 빨리 고갈시키기 때문이다. 용혈성 빈혈은 비타민 E가 부족한 적혈구 세포막이 산화적 손상을 받아 세포막 파괴가 진행되고 그에 따라 산소를 운반하는 적혈구 수가 감소하여 발생한다. 일반적으로 비타민 E는 다른 비타민에 비해 거의 독성이 없다고 알려져 있으나, 일부 연구에서 비타민 E를 과량 복용하면 출혈과 사망률 증가 등이 보고되어 있어서 19세 이상 성인 기준으로 540 mg을 일일 상한섭취량으로 설정하고 있다.

7. 비타민 K

비타민 K(vitamin K)는 덴마크어로 '혈액 응고(koagulation)'를 뜻하는 단어의 첫 글자를 따서 명명되었다. 비타민 K는 혈액 응고에 필수적이며 뼈와 기타 조직에 칼슘 결합을 조절하는 작용을 한다.

비타민 K는 황색 결정형 물질로 퀴논(quinone)이라 불리는 한 군에 속하며, 비타민 K_1과 비타민 K_2 2종류의 비타민물질이 존재한다. 비타민 K_1은 필로퀴논(phylloquinone)이라고도 하며, 식물체에 들어 있는데 특히 녹색 잎채소류에 많이 함유되어 있다. 비타민 K_2는 메나퀴논(menaquinone)이라고도 하는데 많은 종류의 아형(subtype)이 존재한다. 비타민 K_2는 동물의 장내세균에 의해서 비타민 K_1으로부터 만들어진다. 따라서 발효식품, 동물, 생선에는 비타민 K_2가 대부분 함유되어 있다.

비타민 K는 의료용으로 합성되기도 하는데 그중 하나가 메나디온(menadione, vitamin K_3)이다. 이 화합물은 체내 항산화 성분인 글루타티온의 기능을 방해하여 독성을 나타낼 수 있어서 비타민 K 결핍증 치료제로 사용이 금지되었다.

1) 흡수 및 대사

식사로 섭취한 비타민 K의 흡수율에 대한 정보는 매우 제한적이다. 필로퀴논의 경우 유리형은 약 80% 흡수되는데 식품에 존재하는 형태는 그보다 훨씬 낮을 것으로 예상된다. 비타민 K는 대장 미생물에 의해서 유의적으로 합성되며, 따라서 항생제를 섭취하는 경우 비타민 K의 생성과 흡수가 현저하게 감소될 수 있다.

비타민 K는 소장에서 흡수되어 킬로미크론에 포함되어 간으로 수송되며 지방조직에 저장된다. 섭취한 양의 30~40%는 체내 저장되거나 순환하지만, 나머지는 소변과 대변으로 각각 20%, 30~40% 배설된다.

2) 체내 기능

비타민 K는 혈액 응고인자를 만드는 데 관여한다. 즉, 프로트롬빈(prothrombin)

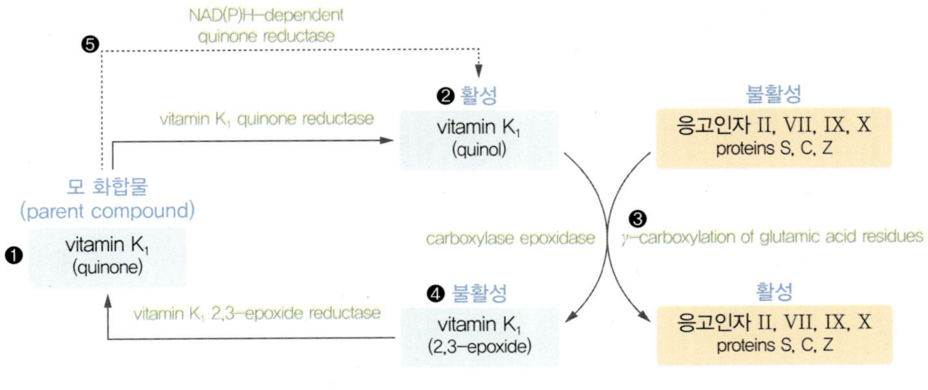

그림 10-6 비타민 K의 대사 및 기능

을 구성하는 일부 글루탐산이 카복실화되는 데 비타민 K가 필요하다. 프로트롬빈의 특정 위치에 있는 글루탐산의 카복실화가 이루어지지 않으면 프로트롬빈은 칼슘과 결합하지 못하고 혈액 응고작용을 하지 못하게 된다(그림 10-6). 프로트롬빈 외에도 카복실화된 글루탐산을 함유하는 단백질로 골 대사와 관련이 있는 오스테오칼신(osteocalcin), 페리오스틴(periostin) 등이 있다.

3) 영양소 섭취기준 및 실태

비타민 K는 장내세균에 의하여 합성되며, 다양한 식품에 함유되어 있다. 한국인의 경우 결핍되는 경우는 흔하지 않으나, 모유를 수유하는 신생아의 경우는 모유 중 비타민 K 농도가 낮고 장내 균총이 형성되기 이전이기 때문에 결핍증이 발생할 가능성이 높다. 따라서 상황에 따라 비타민 K를 주사해야 할 수도 있다.

4) 급원 식품

식품 내에 존재하는 비타민 K는 주로 필로퀴논(비타민 K_1)이며, 주된 급원 식품으로는 시금치, 무, 브로콜리, 기타 녹색 채소 등이다. 비타민 K_2의 주요 공급원은 달걀, 유제품, 고기, 치즈, 요구르트, 청국장 등이 있다.

5) 기타

비타민 K의 혈액 응고 기능을 응용하여 개발된 것이 살서제(rodenticide, 쥐약)인 와파린(warfarin)이다. 이는 비타민 K의 대사를 방해함으로써 과다 출혈을 유발하여 동물을 죽이는 화학약품의 일종이다.

단원정리

비타민은 질소를 함유하고 있는 유기물질로 생명 유지와 대사 및 생리 작용에 필수적이지만, 체내에서 합성되지 않거나 소량만 합성되는 영양소이다. 기름에 녹는 지용성 비타민과 물에 녹는 수용성 비타민으로 구분된다. 지용성 비타민은 비타민 A, 비타민 D, 비타민 E, 비타민 K가 해당된다. 지질과 마찬가지로 쓸개즙에 의해 유화된 후 소장으로 흡수되며, 체외로 쉽게 배설되지 않고 간이나 지방세포에 저장되므로 과잉 섭취 시 독성이 나타나기도 한다. 반면 섭취 부족 시 결핍증이 유발될 수 있다.

1. 비타민 A
   - 레티놀(retinol), 레티날(retinal) 및 레틴산(retinoic acid)의 레티노이드(retinoids), 그리고 전구물질인 카로티노이드를 포함하는 불포화 유기 화합물이다. 레티놀은 비타민의 저장 형태로 생식과 관련이 있고, 레티날은 시력과 관련이 있으며, 레틴산은 세포의 성장 및 분화 그리고 배아 발달을 조절하는 기능을 한다. 또한 상피세포의 형성과 유지 및 면역 기능에도 관여한다.
   - 급원 식품은 간, 버터, 치즈, 달걀노른자, 대구 간유 등이 있으며, 식품 중에는 레티닐에스터 형태로 존재하여 레티놀과 지방산으로 가수분해되어 소장에서 흡수된다. 카로티노이드의 흡수 메커니즘은 명확하게 밝혀지지 않았다.
   - 하루 권장섭취량은 성인 남자 700~800 μg RAE, 여자 650 μg RAE이며, 섭취 부족 시 야맹증, 각막 건조증, 피부 각질화 및 세포 성장 장애가 나타나고 과잉 섭취 시 급성 및 만성 과잉증과 기형 발생 등을 유발할 수 있다.

2. 비타민 D
   - 혈액 내 칼슘의 수준을 정상적으로 유지시켜 주며, 장과 신장에서 칼슘의 흡수를 돕고 칼슘과 인의 흡수에 영향을 주면서 골격대사에서 중심적 역할을 한다. 체내에서 상당량이 합성되며 비타민 D_2와 비타민 D_3로 구분된다.
   - 급원 식품으로는 비타민 D 강화우유, 마가린, 연어 등이 있으며, 식품으로 섭취한 비타민 D는 쓸개즙산의 도움을 받아 주로 소장에서 흡수되고, 피부에서 합성된 비타민 D는 혈액을 통해 간으로 이동된다.
   - 하루 충분섭취량은 성인 남녀 모두 10 μg, 65세 이상 노년층은 15 μg이다. 섭취 부족 시 골연화증으로 인한 척추의 구부러짐, 다리의 휨, 근육 약화, 골절 위험의 증가와 더불어 칼슘의 용출로 인한 골다공증이 유발되기도 한다.

3. 비타민 E
   - 체내에서 작용하는 중요한 항산화제로 자유라디칼을 제거함으로써 세포막에 존재하는 다가불포화지방산의 산화를 방지하여 DNA 및 세포 손상으로부터 세포를 보호하며, 적혈구의 보호 및 유전자 발현 조절에도 관여한다.
   - 급원 식품은 옥수수유, 대두유 등의 식물성 기름과 콩류, 아몬드 같은 견과류 등이 있으며, 다른 지용성 비타민과 유사하게 수동적 확산에 의하여 흡수된다.

- 하루 충분섭취량은 성인 남녀 12 mg α-TE이며, 섭취 부족 시 세포막의 산화적 손상, 용혈성 빈혈 및 적혈구의 감소를 유발할 수 있다.

4. 비타민 K
   - 혈액 응고인자인 프로트롬빈 합성에 관여하여 혈액의 응고 및 지혈 작용을 하고, 뼈와 기타 조직의 강도에 중요한 역할을 하는 칼슘 결합을 조절한다.
   - 급원 식품은 콩, 브로콜리, 시금치 등의 녹황색 채소와 육류 등이 있으며, 흡수율에 대한 정보는 제한적이고 식물체에 들어 있는 비타민 K_1과 동물의 장내세균에 의해 만들어지는 비타민 K_2로 구분된다. 비타민 K_2는 발효식품, 동물 및 생선에 함유되어 있다.
   - 하루 충분섭취량은 성인 남자 75 μg, 여자 65 μg이며, 섭취 부족 시 혈액 응고 지연 및 신생아 출혈 등이 유발될 수 있다.

연습문제

1 동식물체에 각각 존재하는 비타민 D의 전구물질은 무엇이며, 이들의 전환 과정에 대하여 서술하시오.

2 당근이나 오렌지 같은 카로틴을 함유하고 있는 식품의 과다 섭취 시 나타나는 증상과 그 이유를 서술하시오.

참고문헌

문수재·김혜경·홍순명·이경혜·이명희·이영미·이경자·안경미·이민준·김정연·김정현, 알기 쉬운 영양학, 수학사, 2016.

보건복지부·한국영양학회. 2015 한국인 영양소 섭취기준, 2016.

이현기, 증보 영양화학, 수학사, 2004.

Carol Byrd-Bredbenner·Gaile Moe·Jacqueline Berning·Danita Kelley, 김미경·왕수경·신동순·권오란·박윤정 옮김, 생활 속의 영양학(3판), 라이프사이언스, 2016..

허채옥·권순형·김은미·원선임·박용순·박진희·김상연·정경아·김은영·박유신, 기초영양학, 수학사, 2016.

DL. Nelson·MM. Cox·AL. Lehninger, ***Lehninger Principles of Biochemistry***, w.h. Freeman and Company, 2017.

https://ods.od.nih.gov/factsheets/Copper-HealthProfessional/

11

NUTRITIONAL CHEMISTRY

CHAPTER 11

수용성 비타민

비타민 C

비타민 B_1

비타민 B_2

나이아신

비타민 B_6

엽산

비타민 B_{12}

판토텐산

비오틴

비타민 유사 화합물

수용성 비타민의 종류에는 비타민 B 복합체와 비타민 C가 있으며, B 복합체에는 비타민 B_1, 비타민 B_2, 비타민 B_6, 비타민 B_{12}, 엽산, 나이아신, 판토텐산, 비오틴, 리포산 등이 포함된다. 수용성 비타민은 주로 조효소로 작용하여 인체 내 각종 생화학 반응에 필수적이다. 우리 몸에서 수용성 비타민은 저장되지 않고 상대적으로 짧은 기간 머물기 때문에 결핍증을 예방하기 위해서는 지속적으로 섭취하는 것이 필요하다.

1. 비타민 C

비타민 C(vitamin C, ascorbate)는 괴혈병을 예방하는 영양소로 고추, 딸기, 감귤류 및 신선한 과일과 채소에 풍부하게 함유되어 있다. 비타민 C는 상처 치유, 일부 신경전달물질 합성, 여러 효소의 활성 발현, 면역 기능에 관여하며, 항산화 활성을 갖는 필수영양소이다. 대부분의 동물은 체내에서 포도당으로부터 비타민 C를 합성할 수 있으나, 사람과 기니피그, 원숭이, 조류, 박쥐, 어류 등은 비타민 C를 합성하지 못한다. 따라서 인간은 식품이나 보충제로 비타민 C를 섭취해야 한다. 비타민 C는 아스코브산(ascorbic acid)과 산화형인 데하이드로아스코브산(dehydroascorbic acid)을 통칭한다.

비타민 C는 1912년에 처음 발견되었으며, 1928년에 순수 분리되었고, 1933년 화학 합성이 최초로 이루어진 비타민이다.

1) 흡수 및 대사

비타민 C는 능동수송과 단순확산을 통하여 소장에서 흡수된다. 능동수송의 경우는 Na^+ 이온의 이동을 동반하는 공동 수송체(cotransporter)가 이용된다. 또한 포도당 의존성 및 비의존성 메커니즘으로 흡수되므로 소장 내 과량의 단당류가 존재할 경우 흡수가 느려질 수 있다. 흡수율은 70~90%로 추정되는데 하루 1,000 mg 이상 섭취 시 50% 이하로 낮아질 수 있다. 흡수된 이후 혈액을 통하여 세포 내로 이송되며 대사되지 않은 비타민은 소변으로 배설된다.

인체 내 총 비타민 C의 보유량은 300 mg~2 g 정도이며, 백혈구, 눈, 부신, 뇌하수체, 뇌 등의 조직에 고농도로 존재하는 반면에 혈장, 적혈구, 타액 등 세포외액에는 농도가 낮다.

2) 체내 기능

비타민 C는 괴혈병(scurvy)을 치료하는 영양소로 잘 알려졌다. 그 밖에도 다양한 질병을 예방하거나 치료한다는 보고가 있으나 아직은 효능이 과학적으로 검증된 단계는 아니다.

(1) 콜라겐 합성

콜라겐(collagen)은 신체 조직의 구조를 유지해 주는 결합조직 단백질로 피부, 연골, 골격, 세포간질, 모세혈관 및 근육 등을 구성한다. 콜라겐이 약해지면 모세혈관벽도 약해져 쉽게 멍이 들거나 출혈이 일어나게 되며 상처 회복도 지연된다. 콜라겐을 구성하는 아미노산 중 프롤린과 라이신은 수산화효소(hydroxylase)에 의해 하이드록시프롤린(hydroxyproline)과 하이드록시라이신(hydroxylysine)으로 전환되어 콜라겐의 구조를 강화하는데, 비타민 C는 수산화효소에 들어 있는 2가철(Fe^{2+})의 산화를 막아 효소 활성을 유지하도록 하는 역할을 한다. 그러므로 비타민 C가 결핍되면 이 과정에 장애가 생겨 콜라겐이 정상적으로 형성되지 못한다.

(2) 항산화작용

비타민 C는 쉽게 산화되는 성질을 가진다. 즉, 비타민 C는 자신이 먼저 산화함으로써 다른 물질의 산화를 막아 주는 항산화제로, 세포 내에서 대사 결과 생기는 활성산소(reactive oxygen species)를 제거하는 역할을 한다. 식품 가공 시에는 산패를 막기 위한 목적으로 이용되고, 체내에서는 세포막의 불포화지방산과 비타민 A, 비타민 E 등이 산화되는 것을 막는다.

(3) 생리 활성 화합물의 합성

비타민 C는 세포 내에서 수산화반응을 통해 세포 화합물들을 합성하는 과정에 관여한다. 특히 갑상선호르몬인 티록신과 노르에피네프린(norepinephrine), 에피네프린의 합성 과정에 비타민 C가 필요하다. 그뿐만 아니라 심장, 골격, 근육, 간 또는 다른 조직의 구성 성분인 카니틴 합성과 신경전달물질인 노르에피네프린 합성, 그리고 펩타이드 호르몬의 아마이드화(amidation) 및 타이로신 대사에도 관련한다.

(4) 철과 칼슘의 흡수

주로 식물성 식품 내에 들어 있는 철은 소장에서 2가 형태만 흡수되는데, 비타민 C는 철의 산화를 억제하거나 산화철을 환원시켜 흡수를 돕는다. 또한 칼슘이 불용성 염을 형성하여 침전되는 것을 방지하여 칼슘의 흡수를 증진시킨다.

3) 영양소 섭취기준 및 실태

비타민 C의 필요량 결정에는 생체 이용률이 가장 크게 영향을 미치며 교체율, 흡수율, 조리 시 손실률 등도 고려해야 한다. 우리나라 성인의 경우 하루에 100 mg의 비타민 C를 섭취할 것을 권장하고 있다.

과채류 섭취 빈도가 낮은 사람이나 섭취량이 감소하는 노년기에는 비타민 C가 결핍되기 쉬우며, 알코올 중독자나 장기적으로 약을 복용하는 사람에게서도 비타민 C 결핍증이 빈번하게 나타나므로 이에 해당하는 경우 비타민 C 섭취에 유의해야 한다. 또한 흡연을 하는 경우 비타민 C의 항산화작용으로 인해 비타민 C의 소모율이 높으므로 흡연자는 비흡연자보다 비타민 C 섭취를 늘리도록 권장하고 있다.

식품을 통해 비타민 C를 섭취한 경우 유해한 영향이 나타나지 않으나, 비타민 C 제제로 과량을 복용한 경우에는 설사나 신장 결석을 일으킬 수 있다는 연구 결과가 있다. 따라서 2015년 발간된 『2015 한국인 영양소 섭취기준』에서는 남녀 성인의 경우 하루 2,000 mg을 상한섭취량으로 제시하고 있다.

4) 급원 식품

비타민 C는 신선한 야채와 과일에 풍부하게 함유되어 있다. 특히 고추, 딸기, 감귤류, 감자, 녹색 잎채소류 등이 좋은 급원 식품이다. 비타민 C의 급원 식품에 대한 국민건강영양조사 보고에 의하면 한국인은 배추김치로 비타민 C를 가장 많이 섭취하고 있으며, 그다음은 딸기, 시금치, 오렌지, 감자, 오렌지주스, 풋고추가 뒤를 잇는다(표 11-1).

그림 11-1 비타민 C의 주요 급원 식품

표 11-1 식품 중 비타민 C의 함량

식품	비타민 C의 함량 (mg/100 g)	식품	비타민 C의 함량 (mg/100 g)
아세롤라	1,677	자몽	30
구아바	228	망고	28
피망	80~183	감자	20
케일	120	토마토	14
키위, 브로콜리	90	포도, 블루베리	10
딸기	60	양파	7.4
오렌지, 레몬	53	복숭아	7
파인애플	48	당근, 사과, 아스파라거스	6

자료 : USDA Food Composition Databases United States Department of Agriculture, Agricultural Research Service. Release 28, 2015.

비타민 C는 쉽게 산화하므로 식품의 취급 과정에서 주의가 필요하다. 즉, 조리할 때는 구리나 철로 만든 조리기구의 사용은 가능한 한 피하고, 물은 소량만 사용하며 구입 후 짧은 시간 이내에 조리를 마쳐야 영양 손실을 줄일 수 있다.

과채류의 경우 손질하여 공기 중에 방치하면 비타민 C가 산화되어 기능을 상실하게 된다. 따라서 채소나 과일을 장기간 저장할 경우 먼저 데치기 등 가열 과정을 거쳐 효소를 불활성화시키면 저장하는 동안 비타민 C의 손실을 최소화할 수 있다. 비타민 C의 함량은 채소나 과일의 품종, 재배 장소, 성숙도, 수확 시기, 신선도, 저장 방법 및 기간, 조리방법 등에 따라 달라진다.

5) 영양 건강 문제

비타민 C가 결핍되면 합성된 콜라겐이 불안정하여 기능을 제대로 수행하지 못하여 피하출혈이나 반점이 생기고 잇몸이 연약해지며, 머리카락은 곱슬거리고 상처는 잘 치유되지 않는다. 괴혈병이 심해지면 상처가 곪고 치아가 빠지며, 뼈의 변형이 생기고 심하면 사망에 이르게 된다. 우리 몸은 비타민 C 저장 능력이 크지 않으므로 신선한 과채류를 섭취하지 못할 때 결핍 증상이 쉽게 나타난다.

2. 비타민 B_1

비타민 B_1(vitamin B_1, thiamine)은 가장 먼저 발견되었으며 순수 분리된 비타민이다. 티아민은 황과 질소를 함유하는 2개의 고리 구조로 연결되어 있다. 비타민 B_1은 티아민 파이로인산(thiamine pyrophosphate, TPP)의 형태로 다양한 에너지 대사에 관여하므로 부족 시 에너지 대사 이상으로 각기병(beriberi)이 발생한다. 티아민은 물, 메탄올, 글리세롤 등에 용해되고 산성에서 안정하지만, 자외선, 열, 알칼리성 환경에서는 불안정하다(그림 11-2).

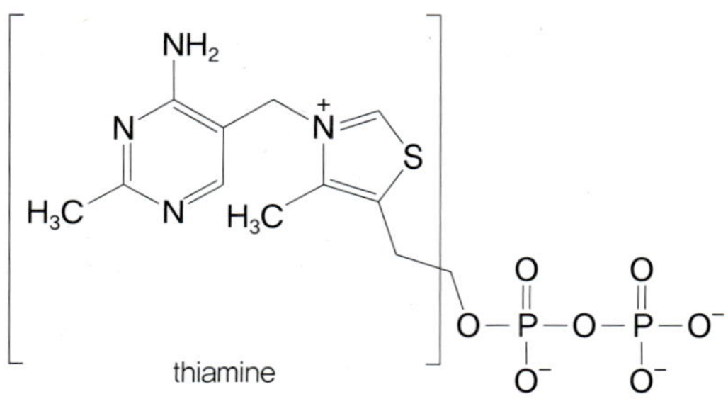

그림 11-2 비타민 B_1과 조효소 TPP의 구조

1) 흡수 및 대사

식품에서는 주로 생리적 활성형인 TPP 형태로 존재하며, 흡수되기 위해 티아민으로 분해된 후 소장 상부에서 흡수된다. 낮은 농도에서는 능동수송으로 흡수되고 농도가 높으면 수동확산으로 흡수가 이루어진다. 알코올 섭취나 엽산 결핍 시에 흡수가 저해된다. 혈액으로 들어가면 대부분 알부민 단백질과 결합하며, 혈중 티아민의 약 90%는 적혈구에 존재한다. 혈액에서 세포로 들어간 티아민은 대부분(~80%) 인산화되어 단백질과 결합하여 존재하는 반면에, 세포외액에서는 유리 티아민 형태로 존

재한다. 인체 내 티아민 저장량은 25~30 mg이며 근육, 심장, 뇌, 간, 신장 등에 높은 농도로 존재한다. 티아민과 그 대사체는 소변으로 배설된다.

2) 체내 기능

티아민의 체내 활성형인 TPP는 주로 당질과 아미노산이 에너지를 생산하는 과정에서 조효소로 관여하므로 티아민의 필요량은 에너지 소비량에 비례한다. 효모에서 TPP는 알코올 발효의 첫 단계 효소의 조효소로 작용한다.

(1) 에너지 대사의 조효소

① 피루브산 탈수소효소의 조효소

포도당이 해당작용을 거치면 피루브산이 생성된다. 피루브산이 시트르산 회로로 들어가 더 많은 에너지를 생산하기 위해서는 피루브산 탈수소효소(pyruvate dehydrogenase)의 작용을 받아 아세틸 CoA가 만들어져야 한다. 이때 작용하는 효소의 조효소가 TPP이므로 에너지 대사에서 매우 중요한 기능을 담당하고 있다고 할 수 있다. 피루브산 탈수소효소는 신경전달물질인 아세틸콜린(acetylcholine) 합성에도 관여한다.

② 알파-케토글루타르산 탈수소효소

당류, 지방산, 아미노산은 에너지 대사 과정에서 아세틸 CoA로 전환된 후 시트르산 회로로 들어가서 이산화탄소로 완전히 산화되는데, 시트르산 회로에서는 8개 이상의 효소가 관여한다. 그중 알파-케토글루타르산 탈수소효소(α-ketoglutarate dehydrogenase)는 알파-케토글루타르산을 석신산 CoA로 전환하는 효소인데 이때 TPP가 필요하다.

③ 케톨기 전달효소

오탄당 회로(pentose phosphate pathway)는 6탄당인 포도당-6인산(glucose 6-phosphate)으로부터 핵산 성분인 리보스(ribose)와 지방산 합성 및 해독작용에 관여하는 NADPH를 생성한다는 측면에서 매우 중요한 생화학 경로 중의 하나이다. TPP는 오탄당 회로에 관여하는 케톨기 전달효소(transketolase)의 조효소로 작용하는 필수 성분이다.

(2) 피루브산 탈탄산효소 및 기타 조효소 기능

피루브산 탈탄산효소(pyruvate decarboxylase)는 사람에는 존재하지 않으며, 효모에서 알코올 발효에 관여한다. 이 효소는 피루브산으로부터 탄산기를 제거하여 아세트알데하이드(acetaldehyde)를 만들고, 이어 알코올 탈수소효소가 작용하여 에탄올을 생성한다. TPP는 피루브산 탈탄산효소의 조효소로 작용한다. 그 밖에 분지 알파-케토산 탈수소효소(branched-chain α-keto acid dehydrogenase) 활성에 없어서는 안 되므로 부족 시 분지 아미노산 대사 이상으로 단풍시럽뇨병(maple syrup urine disease)을 유발할 수 있다.

3) 영양소 섭취기준 및 실태

『2015 한국인 영양소 섭취기준』에 따르면 성인 남녀의 경우 각각 하루에 1.2 mg과 1.1 mg의 티아민을 섭취할 것을 권장하고 있다. 임산부와 수유부의 경우에는 에너지 사용이 증가하므로 티아민 권장섭취량을 0.4 mg 추가하였다. 또한 에너지 대사에 있어서 중요한 역할을 하므로 에너지 섭취량이 감소하더라도 하루 1.0 mg 이상의 티아민 섭취를 권장하고 있다.

4) 급원 식품

티아민은 다양한 식품에 함유되어 있다. 특히 종실류, 콩류, 쌀, 돼지고기, 시리얼 등에 함량이 높다. 예를 들어 1회 분량의 돼지고기(60 g), 현미(90 g), 감자(140 g)에 각각 0.6 mg, 0.486 mg, 0.364 mg이 함유되어 있다.

한편, 일부 어패류와 고사리에는 티아민을 파괴하는 티아민 분해효소(thiaminase)가 있어서 날로 먹는 경우 비타민 B_1 결핍을 유발할 수 있다.

돼지고기 쇠간 분유 견과류 오렌지

그림 11-3 비타민 B_1의 주요 급원 식품

단풍시럽뇨병(maple syrup urine disease)

필수아미노산 가운데 류신(leucine), 이소류신(isoleucine), 발린(valine)은 측쇄 아미노산(branched chain amino acid, BCAA)이라 하는데, 이들은 "분지 알파-케토산 탈수소효소(branched-chain α-ketoacid dehydrogenase)"라고 불리는 다효소 복합체(multienzyme complex)에 의해서 분해된다. 따라서 이 효소가 부족하면 이들 아미노산이 제대로 분해되지 못하고 축적되어 결국 혈액과 신체 조직의 pH가 낮아지고 신경조직들은 손상을 입는다. 증상은 이 효소가 얼마나 부족한지에 따라 다르게 나타난다.

5) 영양 건강 문제

티아민 결핍은 섭취 부족이나 흡수 불량에 기인한다. 잘 도정된 곡류를 주식으로 하는 경우 결핍증이 잘 나타나고, 만성 알코올 중독, 고용량의 이뇨제 복용도 티아민의 결핍을 초래할 수 있다. 티아민 결핍의 대표 증상은 각기병이며, 이는 습성 각기병(wet beriberi)과 건성 각기병(dry beriberi)으로 나뉜다. 습성 각기병은 심혈관계에 영향을 주어 심박수 증가, 숨 가쁨, 다리 부종 등을 유발하는 반면에, 건성 각기병은 신경에 영향을 미쳐 손발 마비, 혼돈, 통증, 보행실조 등을 유발한다. 급성 각기병은 보통 영아에서 관찰되는데 식욕 상실, 구토, 젖산증, 심장비대, 심박수 증가 등이 관찰된다. 온도가 높은 환경에서 노동하는 경우에 땀으로 손실되는 양이 많으므로 보충이 필요하다.

3. 비타민 B_2

리보플라빈(riboflavin) 또는 비타민 B_2(vitamin B_2)는 1870년대 말 유청에서 수용성인 노란색 색소로 분리되었다. 1920년에 발견되었으며, 1930년대 구조가 결정되었다. 플라보단백질 대부분은 산화환원반응에 관여하며, 약 10%는 전달효소, 이성질화효소, 연결효소(ligase) 등에 관여한다. 구체적으로 리보플라빈은 에너지 대사, 지방산 산화, 비타민 A 대사, 엽산 대사, 트립토판 대사 등에 직접 관여한다. 세포 내에서 플라빈 모노뉴클레오타이드(flavin mononucleotide, FMN) 또는 플라빈 아데닌 다이뉴클레오타이드(flavin adenine dinucleotide, FAD)의 형태로 조효소로서 작용한다(그림 11-4).

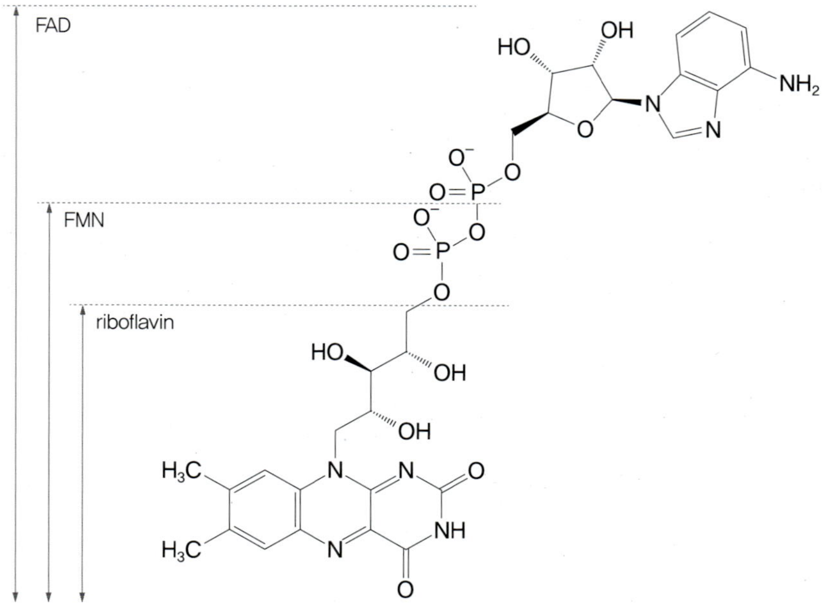

그림 11-4 리보플라빈의 구조

1) 흡수 및 대사

리보플라빈은 소장의 상부에서 흡수된다. 흡수된 후 인산화 반응을 거쳐 FMN이 된 후 운반자 역할을 하는 알부민에 의해 문맥을 통해 간으로 이송된다. 간으로 이송된 FMN은 다시 인산화 반응을 통해 FAD가 되어 두 종류의 조효소 FMN과 FAD를 형성한다. 리보플라빈의 대사는 환경적 또는 생리적 요인에 의해 영향을 받는다. 즉, 수면이나 단기간의 심한 육체 운동을 하는 경우 배설량이 감소하고, 고온, 극심한 기아, 계속되는 침상 생활 시에는 배설량이 증가한다. 또 항생제나 이뇨제 같은 일부 약제의 복용도 리보플라빈의 배설량을 증가시킨다.

2) 체내 기능

리보플라빈의 두 조효소는 플라빈단백질이라 불리는 효소와 함께 수소 이온을 받아 전달하는 수소 운반체로 세포 내 전달효소, 탈수소효소, 산화환원효소, 모노옥시게나아제(monooxygenase), 수산화효소, 산화효소로 작용하여 필수지방산의 생성, 인지질 합성, 콜레스테롤, 스테로이드 호르몬 생성 등에서 조효소로 작용한다. 리보플라빈은 지질 대사뿐만 아니라 탄수화물 및 단백질 대사, 에너지 대사 등에도 관여한다. 시트르산 회로에서 석신산이 푸마르산으로 전환하는 데에도 관여하며, 미토콘드리아의 전자전달계도 조효소로 FMN과 $FMNH_2$를 사용한다. 이 모든 경우 이들 조효소는 전자와 수소 이온의 공여자로서 역할을 한다.

리보플라빈은 비타민 B_6를 활성화해 트립토판(tryptophan)이 나이아신으로 전환되는 과정에 관여하며, 엽산이 조효소로 전환되는 데도 필요하다. 체내 항산화물질인 글루타티온(GSH)이 산화형(GSSG)에서 활성 형태인 환원형(GSH)으로 전환되는 반응에도 관여한다. 이렇듯 비타민 B_2의 섭취 부족은 글루타티온 결핍에 의하여 항산화 및 해독 반응에 문제를 일으키고 지질 대사, 에너지 대사, 산화-환원 균형 등에 영향을 미친다.

3) 영양소 섭취기준 및 실태

건강한 성인의 리보플라빈 평균필요량은 남녀 각각 1.3 mg과 1.0 mg이며, 권장섭취량은 평균필요량의 120% 수준에서 설정하여 남녀 각각 1.5 mg과 1.2 mg을 제안하고 있다. 에너지 대사가 활발한 사람들은 지질을 에너지원으로 많이 이용하기 때문에 일반인보다 많은 양의 리보플라빈 섭취가 필요하다. 우리나라 사람들은 노년기에 평균 섭취권장량의 61.9% 정도를 섭취하고 있어 리보플라빈 섭취에 주의를 기울여야 하는 것으로 나타났다.

4) 급원 식품

동물의 장기, 가금류, 유제품, 생선류, 육류, 난류 등의 동물성 식품은 리보플라빈의 좋은 급원 식품이며, 브로콜리, 깻잎, 시금치, 녹색 채소 등에는 많이 함유되어 있으나 상대적으로 곡류에는 함량이 낮은 것으로 보고되어 있다. 최근 조사에 의하면 우리나라 사람의 리보플라빈 급원 식품은 달걀, 우유, 백미, 라면, 배추김치, 김 순으로 나타났으며, 도시에서는 달걀과 우유, 시골에서는 백미의 기여량이 상대적으로 높게 나타났다.

리보플라빈은 열에 안정하여 우유를 가열 처리하거나 전자레인지를 사용해도 무방하지만, 자외선에는 쉽게 파괴되므로 리보플라빈이 풍부한 식품의 포장은 투명한 유리병보다는 빛이 차단되는 종이나 플라스틱 재질이 적절하다.

5) 영양 건강 문제

리보플라빈은 탄수화물, 지질, 단백질 대사에 절대적으로 필요한 영양소이므로 리보플라빈의 섭취가 부족한 경우나, 어떤 이유에서든 소장의 흡수 능력이 손상되었을 때 여러 조직의 구성에 손상이 생길 뿐 아니라 신체 전반에 걸쳐 장애가 나타난다.

리보플라빈의 결핍 증상으로는 입술 가장자리가 헐고 염증이 생기거나 입가가 찢어지는 구순구각염(angular stomatitis, cheilosis), 혀에 염증이 생겨 통증이 생기는 설염(glossitis)과 구내염 등이 있다. 또 모세혈관의 팽창으로 인한 출혈과 통증으로 눈이 흐려지거나 광선을 쬐면 눈이 부신 광선공포증, 그리고 기름기 있는 피부 질환이 나타나는 지루성 피부염 등도 리보플라빈의 결핍 증상 중의 하나이다. 사람에게서 리보플라빈의 과잉 섭취에 따른 독성은 아직 알려진 바가 없다.

4. 나이아신

나이아신(niacin) 또는 비타민 B_3(vitamin B_3)는 무색의 수용성 고체이며, 피리딘 유도체로 3번 위치에 카복실기를 가지고 있다. 아마이드기를 가진 것은 니코틴아미아이드(nicotinamide, niacinamide)라고 한다. 니코틴산 또는 나이아신은 1937년 사람의 펠라그라를 치료할 수 있는 것으로 확인되었다. '니코틴'과의 혼동을 피하기 위하여 니코틴아마이드나 니코틴산이라 불렀으며 나중에 나이아신으로 부르게 되었다.

펠라그라(pellagra)는 옥수수를 주식으로 하는 인구 집단에서 주로 나타나는데, 옥수수는 트립토판 아미노산 함량이 낮을 뿐만 아니라 나이아신이 다른 성분과 견고하게 결합되어 있어 알칼리 처리에 의해서만 이용할 수 있다.

나이아신은 참치, 연어, 채소, 육류 식품에 니코틴아마이드나 니코틴산의 형태로 존재하며, 체내에서는 니코틴아마이드 다이뉴클레오타이드(nicotinamide adenine dinucleotide, NAD)와 니코틴아마이드 다이뉴클레오타이드 포스페이트(nicotinamide adenine dinucleotide phosphate, NADP)의 형태로 조효소로서 작용한다.

1) 흡수 및 대사

나이아신은 위와 소장에서 효율적으로 흡수된다. 식품 내에 함유된 아미노산인 트립토판은 체내에서 나이아신으로 전환될 수 있다. 흡수된 후 나이아신은 조직 내에 저장되지 않으며, 과량의 나이아신은 메틸기와 결합하여 *N*-메틸니코틴아마이드의 형태로 소변으로 배설된다. 식품에 함유된 NAD와 NADP는 장내에서 니코틴아마이드로 전환되어 흡수된다.

2) 체내 기능

나이아신은 두 조효소 NAD와 NADP의 핵심 성분이며, 이들 조효소는 체내에서 수소를 기질로부터 받아 가역적으로 환원되고 산화되어 필요한 기질에 수소를 공급하면서 산화-환원반응에 관여하는 효소를 돕는 역할을 한다. 인체 내 400종 이상의 효소가 나이아신을 조효소로 사용한다.

NAD는 해당작용, 시트르산 회로, 전자전달계와 같은 에너지 공급을 위한 산화반응에서 조효소로 필요하다. 이 반응에서 생기는 수소와 전자는 미토콘드리아 내막의 전자전달계에 전달되고 ATP 합성에 이용된다. NADP는 오탄당 인산 경로와 지방산 합성, 콜레스테롤 및 기타 스테로이드 합성, 해독작용, 아미노산의 분해와 합성에 관여한다.

나이아신은 혈청 콜레스테롤을 낮추어 주는 약리작용을 한다.

3) 영양소 섭취기준 및 실태

나이아신의 필요량은 에너지 소비량과 트립토판에서 나이아신으로 전환되는 것에 의해 영향을 받는다. 최근 설정된 한국인 영양소 섭취기준에 의하면, 한국인 성인의 경우 남녀 각각 16 mg NE과 14 mg NE을 권장섭취량으로 제안하고 있다. 우리나라 사람은 비교적 충분히 섭취하고 있는 것으로 조사되었으며, 노년층의 경우는 결핍증을 조심할 필요가 있다.

4) 급원 식품

아미노산인 트립토판은 나이아신의 전구물질이므로 양질의 단백질 급원 식품은 나이아신의 좋은 급원 식품도 된다. 나이아신은 쇠고기, 돼지고기, 참치와 생선을 비롯하여 버섯, 땅콩 등에 풍부하게 함유되어 있다. 우유나 난류에는 소량 함유되어 있으나 트립토판이 풍부하여 나이아신의 좋은 급원도 된다. 채소나 과일에는 거의 함유되어 있지 않으며, 곡류에도 나이아신의 함량은 낮다. 식품에 들어 있는 트립토판 60 mg은 간에서 나이아신 1 mg으로 전환된다. 우리나라 사람은 주로 백미, 돼지고기, 쇠고기, 배추김치, 삼겹살, 고등어, 닭고기에서 나이아신을 섭취하고 있다.

5) 영양 건강 문제

심한 나이아신 결핍 증상을 펠라그라라고 하는데 4D〔dermatitis(피부염), dementia(치매), diarrhea(설사), death(사망)〕 증상이 나타나는 것이 특징이다. 특히 피부염은 햇빛에 노출 시 나타나므로 DNA 수선 기능 저하에 의한 것으로 추정된다. 역학 연구 결과에서도 나이아신의 부족이 암 발생 위험도를 증가시킨다는 것을 시사하고 있다.

5. 비타민 B_6

비타민 B_6(vitamin B_6, pyridoxine)는 쥐의 피부염을 치료하는 인자로 발견된 수용성 비타민이다. 포유류에는 6가지 형태가 존재한다. 즉, 피리독신(pyridoxine), 피리독살(pyridoxal), 피리독사민(pyridoxamine), 그리고 이들의 인산 유도체 3가지〔피리독신-5′-인산(PNP), 피리독살-5′-인산(PLP) 및 피리독사민-5′-인산(PMP)〕가 있다. 이 중 피리독사민은 피리독살-5′-인산(PLP)으로 전환되어 약 140종의 효소반응에 관여한다.

1) 흡수 및 대사

비타민 B_6는 소장의 중간 및 하부에서 수동확산으로 흡수되어 혈액을 통해 모든 조직으로 이동한다. 흡수 능력이 뛰어나 신체에서 필요로 하는 양보다 훨씬 많은 양을 흡수할 수 있다. 비타민 B_6의 대사물은 주로 피리독신산(4-pyridoxic acid)의 형태로 소변으로 배설된다.

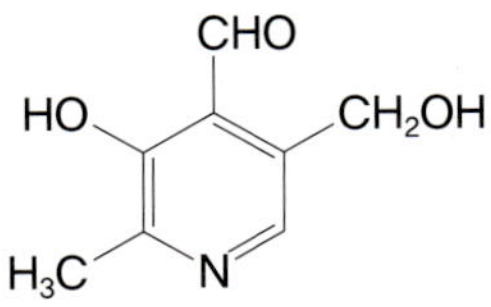

pyridoxal

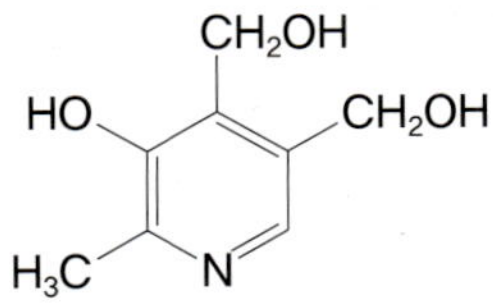

pyridoxine

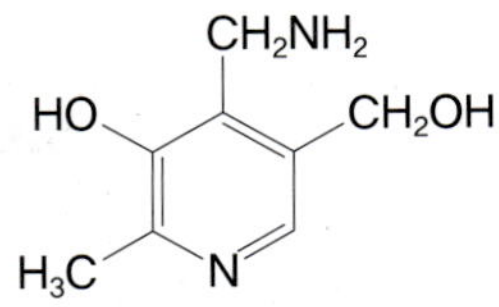

pyridoxamine

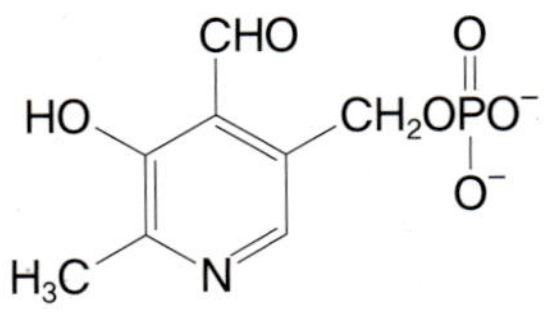

pyridoxal–5′–phosphate

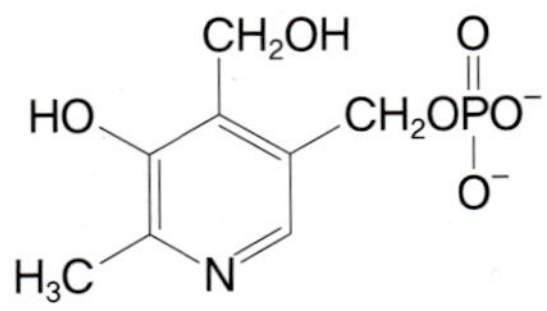

pyridoxine–5′–phosphate

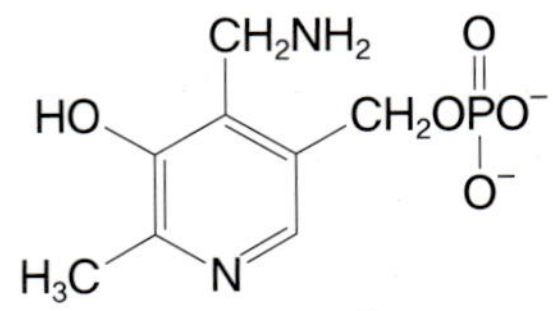

pyridoxamine–5′–phosphate

그림 11-5 비타민 B_6 및 인산 유도체의 구조

식품 내에 함유되어 있는 피리독살-5′-인산과 피리독사민-5′-인산은 소화 과정에서 인산기가 분리된 후 흡수되어 혈액 속에서 단백질과 결합하여 운반된다. 피리독신과 피리독살은 흡수 후 조직 내에서 피리독살-5′-인산으로, 피리독사민은 피리독사민-5′-인산으로 활성화된다.

2) 체내 기능

피리독살-5′-인산과 피리독사민-5′-인산은 주로 단백질 대사에 필요한 효소의 조효소로 작용하며, 탄수화물과 지질의 대사에서도 조효소로 작용한다.

(1) 아미노산 대사

피리독살-5′-인산(PLP)은 아미노산(트립토판, 티로신, 글루탐산)으로부터 5가지 중요한 신경전달물질〔세로토닌(serotonin), 도파민(dopamine), 에피네프린(epinephrine), 노르에피네프린(norepinephrine), 감마-아미노부틸산(γ-aminobutyric acid, GABA)〕 합성에 필수적인 보조인자이다.

(2) 포도당 대사

피리독살-5′-인산(PLP)은 글리코겐 분해에 관여하는 글리코겐 포스포릴라아제(glycogen phosphorylase)의 조효소로 작용한다. 또한 포도당 신생합성반응(gluconeogenesis)에 사용되는 아미노산에서 아미노기를 떼어내 포도당 전구물질 생성에 관여하는 것으로 알려져 있다.

(3) 지질 대사 및 기타

피리독살-5′-인산(PLP)은 스핑고지질, 특히 세라마이드(ceramide) 합성에 관여한다. 그 밖에도 글리신(glycine)과 석시닐 CoA로부터 헤모글로빈 구성 성분인 헴 합성 및 유전자 조절에도 밀접하게 관련되어 있다.

3) 영양소 섭취기준

비타민 B_6의 섭취기준으로 1세 이상 전 연령층에 평균필요량, 권장섭취량 및 상한섭취량을 설정하였으며 영아의 경우는 충분섭취량이 설정되어 있다. 성인 남녀는 각각 하루에 1.5 mg과 1.4 mg의 비타민 B_6를 섭취하도록 권장하고 있으며, 상한섭취량을 100 mg으로 정하였다.

4) 급원 식품

비타민 B_6는 거의 모든 식품에 함유되어 있다. 비타민 B_6는 주로 동물의 근육조직에 저장되어 있으므로 육류, 어류, 가금류 등의 동물성 식품은 비타민 B_6의 좋은 급원이다. 동물성 식품의 비타민 B_6는 식물성 식품에 들어 있는 비타민 B_6보다 쉽게 흡수된다. 식물성 식품 중에는 바나나, 감자, 콩류, 견과류, 아보카도, 전곡류 및 채소류에 많이 들어 있다. 우리나라 사람은 주로 돼지고기, 쌀, 감자, 양파, 마늘, 고등어, 달걀을 통하여 섭취한다.

5) 영양 건강 문제

비타민 B_6 결핍증은 흔하지 않으나 일단 결핍되면 식욕 감퇴, 메스꺼움, 구각염, 설염, 피부염, 말초신경 장애, 빈혈이 발생하고, 신경전달물질 합성이 원활하게 이루어지지 못해 우울증, 신경과민, 면역 약화, 과민증을 유발한다. 그 밖에 비타민 B_6 결핍은 심장병, 뇌졸중, 당뇨, 암 발생과 연관이 있는 것으로 알려졌다. 특히 결핍이 심각한 경우 헤모글로빈 합성 저하로 작은적혈구빈혈(microcytic anemia)이나 발작 등으로 이어진다. 비타민 B_6가 결핍된 유아에게서 나타나는 발작과 과민증은 하루 8 mg의 피리독신을 섭취하게 하면 증상이 완화된다.

6. 엽산

1920년대 학자들은 빈혈과 엽산 결핍이 같은 증상이라고 여겼다. 1931년 루시 윌스(Lucy Wills)는 임신기 빈혈을 예방하는 영양소로 엽산을 확인하였고, 빈혈 증상을 양조용 효모로 치료할 수 있다는 사실을 증명하였다. 1941년 미첼, 쉬넬, 윌리엄스 등에 의해 시금치에서 엽산이 최초로 분리되었다. 엽산(folic acid)이라는 용어는 라틴어로 식물의 잎을 의미하는 'folium'에서 유래하였다. 엽산은 생명체 내 다양한 유도체로 존재하며, 공통으로 프테로일글루탐산(pteroylglutamic acid)을 가지고 있다. 이는 프테리딘(pteridine) 고리와 파라-아미노벤조산(ρ-aminobenzoic acid), 글루탐산(glutamate)의 세 가지 물질로 구성되어 있다. 세포 내의 활성형 엽산은 여기에 글루탐산 분자가 여러 개 결합되어 있다(그림 11-6).

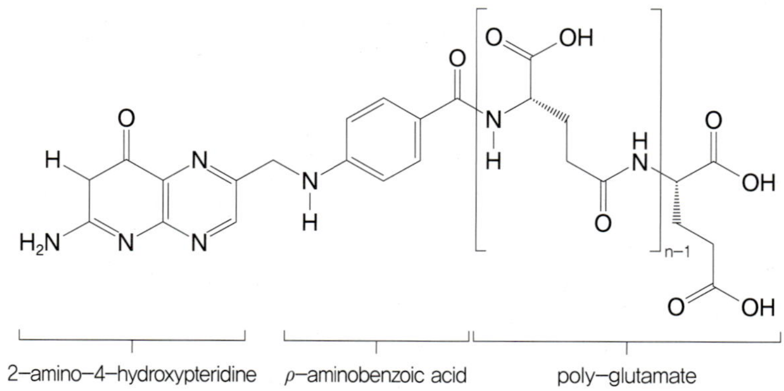

그림 11-6 엽산의 구조

엽산은 한 개의 탄소 단위(one-carbon unit; $-CH_3$, $-CHO$, $-CH_2$)를 운반하는데 핵산을 구성하는 염기 합성, 메티오닌 합성 등에 관여한다. 결핍될 경우 큰적혈구빈혈, 태아 기형의 일종인 신경관 결함 등을 초래할 수 있다.

1) 흡수 및 대사

식품에 들어 있는 엽산은 폴리-글루탐산 부분이 소장 점막에 존재하는 접합효소(conjugase)에 의해 가수분해된 후 흡수된다. 엽산은 흡수된 후 장 점막 세포에서 5-메틸테트라하이드로폴레이트(5-methyltetrahydrofolate, THFA)로 전환된 후 문맥을 통해 간으로 운반되어 저장되거나 혈액 내로 방출된다.

알코올 섭취나 아스피린, 경구피임약, 항경련제 등의 과다한 복용도 엽산의 흡수와 대사에 영향을 미친다. 엽산은 쓸개즙과 소변을 통해 배설된다.

2) 체내 기능

엽산은 체내에서 조효소인 테트라하이드로폴레이트(tetrahydrofolate, THF)로 전환되어 활성화된다. 소장 점막에서 형성된 메틸테트라하이드로폴레이트(5-CH_3-THF)는 혈액을 통해 조직으로 이송되며, 세포 내에서 다양한 유도체로 전환되는 동시에 글루탐산이 결합하여 조효소로서 활성을 가지게 된다. 세포 내 주요 기능으로는 푸린 염기와 티민(thymine)의 합성, 아미노산인 메티오닌 합성, 세린 아미노산과 글리신 아미노산의 상호 전환 등이다. 따라서 엽산이 결핍되면 염기 공급 부족으로 DNA와 RNA 합성이 원활하게 이루어지지 않아 세포 분열이 억제되며, 이에 따라 큰적혈구빈혈(macrocytic anemia)이 나타난다.

메틸테트라하드로폴레이트는 비타민 B_{12}에 메틸기를 전달하여 메틸코발라민(methylcobalamin)을 형성하게 된다. 계속하여 메틸코발라민은 메틸기를 호모시스틴에 전달하여 메티오닌을 만든다. 이 과정에서 비타민 B_{12}가 부족할 경우 대부분의 엽산은 메틸테트라하이드로폴레이트 상태에 갇히고(methyl trap), 다른 활성형 엽산이 만들어지지 못하므로 엽산이 충분하게 존재함에도 불구하고 엽산 결핍 상태가 된다.

한편, 엽산이 핵산 합성에 연관되어 있으므로 이를 응용하여 엽산 대사를 저해하는 물질들이 항암제로 개발되어 있다. 대표적으로 메토트렉세이트(methotrexate)와 5-플루오로유라실(5-fluorouracil)이 항암제로 이용되고 있다(그림 11-7).

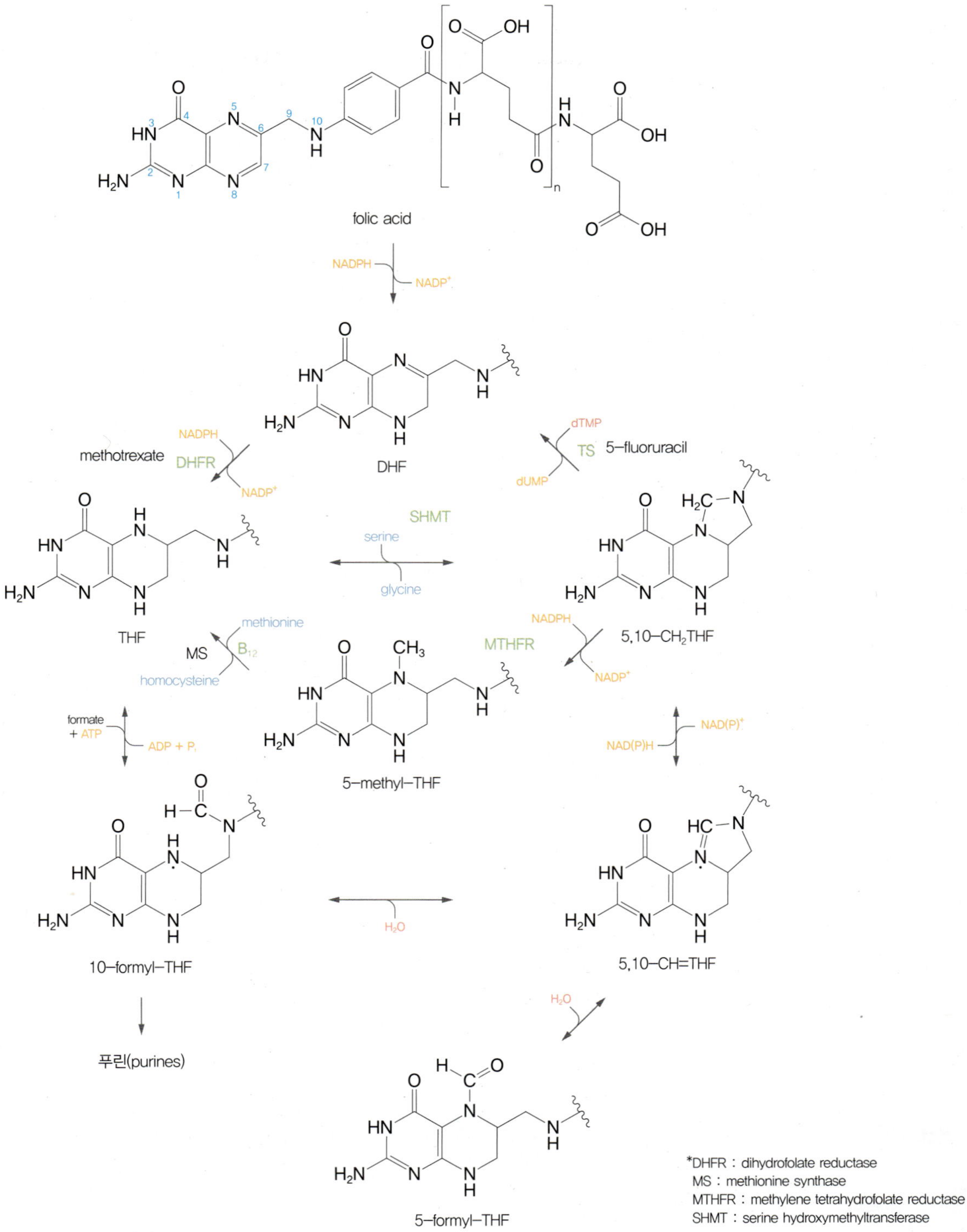

그림 11-7 엽산 대사

엽산은 테트라하이드로엽산(THF)으로 환원된 후 탄소 1단위를 받거나 이동시킬 수 있다.

자료 : GS. Ducker·JD. Rabinowitz, One-Carbon Metabolism in Health and Disease, Cell Metab. 25(1):27-42, 2017.

3) 영양소 섭취기준

한국인 성인의 경우 엽산의 권장섭취량은 미국과 동일하게 1일 400 μg이다. 엽산을 보충하거나 치료를 목적으로 섭취할 경우를 고려하여 1일 상한섭취량은 1,000 μg으로 설정하고 있다. 비타민 B_{12}의 결핍은 치명적인 신경계 손상을 유발하므로 조기 발견이 중요하며, 엽산을 과량 섭취하는 경우 비타민 B_{12} 결핍의 조기 발견이 어려워진다.

미국은 엽산의 결핍으로 인한 신경관 손상을 감소시키고 고호모시스테인혈증(hyperhomocysteinemia)으로 인한 혈관 손상을 방지하기 위하여 엽산 권장량을 이미 400 μg으로 늘렸으며, 시리얼 제품에 엽산을 강화하고 있다.

4) 급원 식품

엽산은 땅콩에 100 g당 246 μg으로 가장 많이 함유되어 있고 호박씨(238 μg), 호두(98 μg), 병아리콩(172 μg), 콩(111 μg), 아스파라거스(149 μg), 시금치(146 μg), 상추(136 μg) 등에도 많이 함유되어 있으며, 동물의 간, 치즈, 달걀 등에도 풍부한 편이다. 오렌지주스 한 컵에는 100 μg 정도의 엽산을 함유하고 있어 비타민 C뿐만 아니라 엽산의 좋은 급원 식품이다. 비타민 C는 엽산이 산화되어 파괴되는 것을 방지해 준다. 한국 사람은 주로 김치와 밥, 달걀, 김, 시금치, 콩나물 등에서, 미국 사람은 시리얼, 채소류에서 엽산을 섭취하고 있다.

엽산은 산성 식품과 함께 가열할 때 쉽게 파괴되며, 수용성이므로 조리수를 통한 손실량도 많으므로 조리 시 유의해야 한다.

5) 영양 건강 문제

엽산은 섭취가 부족하거나 알코올 중독인 경우 결핍되기 쉬우며, 항생제의 일종인

그림 11-8 엽산의 주요 급원 식품

설폰아마이드(sulfonamide), 항경련제, 항간질제, 항말라리아약, 그리고 경구피임약 등의 약물 복용은 엽산의 혈중 농도를 낮춘다.

엽산 결핍의 대표적 증상은 큰적혈구빈혈(megaloblastic anemia)이다. 엽산이 결핍될 경우 적혈구의 합성 초기 과정에 중요한 변화가 나타나 적혈구 전구 세포가 DNA를 합성할 수 없어 세포 분열을 하지 못하고, 이로 인해 세포가 점점 커져서 거대 적혈구모세포(megaloblast)가 되고 이것이 비정상적으로 큰 적혈구로 전환된다. 결과적으로 대부분의 엽산 결핍 환자들은 정상적으로 성숙한 적혈구의 수가 적기 때문에 산소 운반 능력이 감소하여 빈혈을 일으키게 되고 이를 큰적혈구빈혈이라고 한다. 큰적혈구빈혈은 설염과 설사를 동반하는 경우가 많으며, 그 증상이 비타민 B_{12}의 결핍 증상과 유사하므로 진단과 처방에 주의해야 한다. 엽산의 결핍증은 엽산 보충을 통해 쉽게 해결된다.

엽산은 수용성이므로 과잉 섭취에 따른 독성을 나타내는 경우는 드물다. 다만 과량 섭취 시 비타민 B_{12} 결핍에 의한 악성 빈혈(pernicious anemia)의 조기 진단이 어려울 수 있다. 비타민 B_{12} 결핍은 엽산 결핍과는 달리 신경 파괴를 유발하며, 손상된 신경은 회복이 거의 불가능하다.

엽산의 보충 식이는 태아 기형 중 신경관 결손(neural tube defect, NTD)을 예방하는 것으로 잘 알려져 있는데, 전 세계적으로 연간 30만 명 이상의 신경관 결손이 발생하는 것으로 보고되어 있다. 태아의 발생 단계에서 척추 또는 두개(cranium)의 구멍이 막히지 않아 생긴다. 대표적 형태로는 이분척추골(spina bifida), 무뇌증, 뇌탈출증(encephalocele), 후두공뇌탈출기형(iniencephaly)이 있다.

작은적혈구빈혈과 큰적혈구빈혈의 차이

빈혈의 종류는 크게 두 가지, 즉 작은적혈구빈혈(microcytic anemia)과 큰적혈구빈혈(macrocytic anemia)로 나눠진다. 작은적혈구빈혈은 대부분 철분 결핍에 의하여 발생하며 드물게 비타민 B_6 결핍에 의해서도 생기는 반면, 큰적혈구빈혈은 엽산 또는 비타민 B_{12} 결핍 시 발생한다.

작은적혈구빈혈은 적혈구를 구성하는 세포의 분열과 구성단백질 합성은 정상적으로 이루어지지만 철분이 부족한 상태에서 적혈구가 만들어져 크기가 작은 반면, 큰적혈구빈혈은 엽산과 같이 염기 합성에 필수적인 영양소 부족으로 세포 분열이 잘 이루어지지 못해 적혈구 크기가 커지고 단위부피당 적혈구 수가 적은 상태가 된다. 정상적인 적혈구 한 개의 부피(mean corpuscular volume, MCV)는 80~100 fL인데, MCV가 80 이하일 때는 작은적혈구빈혈로 분류하고, MCV가 100 fL 이상일 때는 큰적혈구빈혈이라 한다. (fL $=10^{-15}$ L)

단일염기 다형성(single nucleotide polymorphism, SNP)

DNA 염기서열에서 한 개의 염기서열(A,T,G,C)이 차이를 나타내는 유전적 변화 또는 변이를 말한다. 인구 집단에서 1% 이상의 빈도로 존재하는 2개 이상의 대립 염기서열이 발생하는 위치를 SNP라고 하는데 대립유전자형이 5% 이상의 빈도로 존재하는 경우 일반 다형성(common polymorphism)이라고 하며, 1~5%인 경우 희귀다형성(rare polymorphism)으로 분류한다. SNP의 대표적 예로는 겸상적혈구빈혈(sickle-cell anemia), 베타-지중해빈혈(β-thalassemia), 낭성 섬유증(cystic fibrosis) 등이 있으며, 이들은 모두 명백한 질환 표현형을 보이지만 보통은 증상이 없거나 약간의 차이를 보이는 것이 대부분이다. 인간의 게놈(genome)에는 약 300만 개의 SNP가 존재하는 것으로 추정된다.

엽산 대사 효소 중 메틸렌 테트라하이드로폴레이트 환원효소(methylene tetrahydrofolate reductase, MTHFR)는 5,10-CH_2-THF를 5-CH_3-THF로 전환하는 효소이다. 이 효소의 유전자는 단일염기 다형성(single nucleotide polymorphism, SNP)의 대표적 예로 많이 알려져 있다. 유전자의 677번 위치에 사이토신(cytosine, C) 염기가 있는 집단과 티민(thymine, T) 염기를 가진 집단으로 나뉜다. 677번 위치에 C가 존재하는 경우, 효소의 222번 위치에 알라닌 아미노산이 오게 되고, T 염기가 존재하는 경우는 동일 위치에 발린 아미노산이 위치하게 된다. 이에 따라 효소의 열 안정성이 크게 차이가 나고, 677T는 677C보다 효소 활성과 열 안정성이 낮은 효소를 생성하게 된다. 미국 인구의 약 10%가 677TT 다형성을 가지고 있는 것으로 알려져 있다. 677TT 유전자를 가진 사람들은 약한 고호모시스테인혈증(mild hyperhomocysteinemia)을 보인다. 이에 따라 엽산 결핍 시 신경관 결손을 가진 태아가 태어날 위험성이 증가하고, 심장병, 치매, 대장암과 림프성 백혈병의 발병 가능성도 높아진다.

7. 비타민 B_{12}

비타민 B_{12}(vitamin B_{12})는 코발라민(cobalamin)이라고도 하며, 악성 빈혈을 치료하는 인자로 잘 알려져 있다. 비타민 B_{12}는 엽산 대사와 밀접하게 연결되어 있으며, 결핍될 경우 엽산 결핍으로 이어져 큰적혈구빈혈을 유발한다. 엽산과의 차이는 부족 시 큰적혈구빈혈뿐만 아니라 비가역적이고 치명적인 신경계 손상을 초래한다는 사실이다.

비타민 B_{12}는 8종류의 유도체가 존재하는데 구조적으로는 코린(corrin) 고리 구조 중앙에 코발트(Co) 원자를 함유하고 있다(그림 11-9). 일부 세균과 고세균(archaea)만이 비타민 B_{12}를 만들 수 있다. 이 중 일부 세균은 초식동물이 먹는 식물체에 기생하므로 동물의 장내 균총을 이루며 장내에서 비타민 B_{12}를 생산한다. 따라서 육식을 하는 경우 비타민 B_{12} 결핍 가능성은 거의 없으나, 채식주의자는 결핍 가능성이 있어 보충제를 섭취해야 한다. 보통 식이보충제로 제조되는 비타민 B_{12}는 사이아노코발라민(cyanocobalamin)이다.

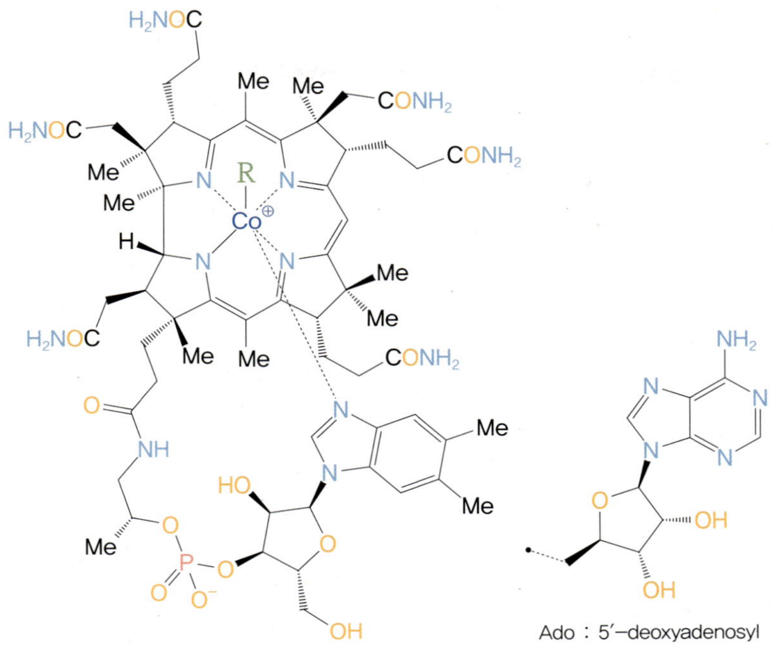

그림 11-9 비타민 B_{12}의 구조

1) 흡수 및 대사

식품에 함유된 비타민 B_{12}는 위에서 분비된 위산과 펩신에 의해 단백질과 분리되며, 유리 비타민 B_{12}는 침샘에서 분비된 R 단백질과 결합한 복합체의 형태로 소장으로 이동한다. 소장의 끝인 회장에 도착하여 이자에서 분비되는 단백질 분해효소인 트립신의 작용으로 단백질이 제거, 분리된 후 위에서 분비된 내인인자(intrinsic factor)와 결합한 후 흡수되어 혈액으로 들어간다.

비타민 B_{12}는 주로 간에 저장되며, 장간순환(enterohepatic circulation)을 하기 때문에 잘 손실되지 않는다. 유전적으로 내인인자가 결여된 사람이나 위산 분비가 부족하거나 제산제를 장기간 섭취하는 경우 비타민 B_{12} 흡수가 안 되므로 주사제 형태의 보충제를 투여받아야 한다.

2) 체내 기능

비타민 B_{12}는 우리 몸에서 2가지 효소의 조효소로 작용한다. 첫 번째는 호모시스테인(homocysteine)에 메틸기를 전달하여 메티오닌(methionine)을 합성하는 메티오닌 합성효소(methionine synthase)이며, 조효소로 메틸코발라민(methylcobalamin)이 이용된다. 이 반응에는 엽산도 5-메틸테트라하이드로폴레이트 형태로 반응에 관여하며, 비타민 B_{12} 부족 시 이 반응의 진행이 원활하지 못하여 2차적 엽산 결핍이 초래된다. 즉, 비타민 B_{12}가 결핍되어 반응이 일어나지 않으면 엽산 유도체들은 대부분 5-메틸테트라하이드로폴레이트 형태로 존재하게 되고, 염기 합성에 필요한 다른 형태의 엽산이 부족한 상황이 발생하여 핵산 합성이 저해되므로 큰적혈구빈혈로 이어진다.

두 번째는 홀수 지방산의 산화 과정의 하나인 메틸말로닐 CoA 뮤타아제(methylmalonyl CoA mutase) 반응으로 메틸말로닐 CoA(methylmalonyl CoA)를 석시닐 CoA로 전환하는 반응에 관여하며, 이때는 데옥시아데노실코발라민(deoxyadenosylcobalamin) 형태의 조효소로 관여한다(그림 11-9).

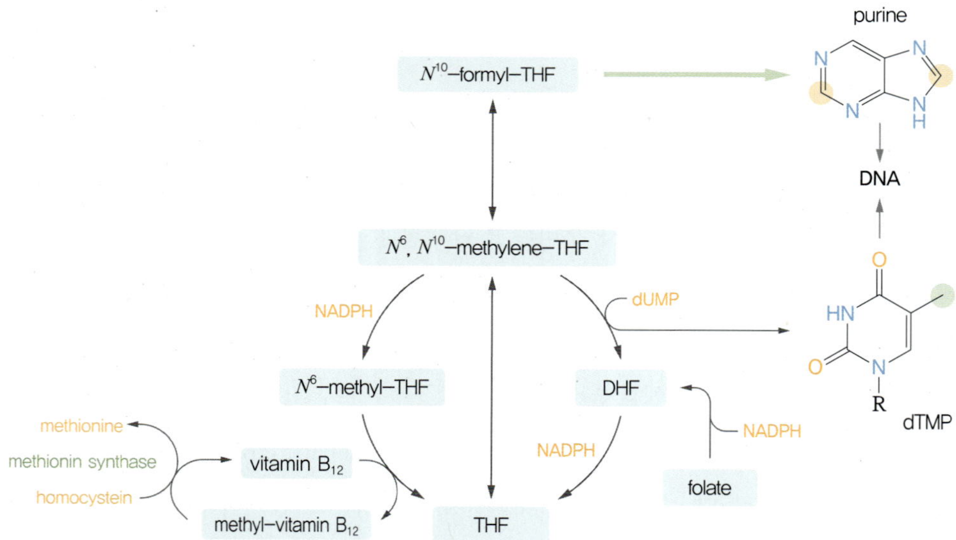

그림 11-10 비타민 B_{12}의 대사 및 기능

아직 정확한 작용 메커니즘은 밝혀지지 않았지만 비타민 B_{12}가 결핍될 경우 신경을 이루는 수초가 파괴되어 마비를 일으키고 심하면 사망하게 된다.

3) 영양소 섭취기준

충분한 양의 비타민 B_{12}를 섭취하고 흡수에 문제가 없는 사람은 간에 저장되므로 상당 기간 섭취하지 않아도 결핍증이 일어날 확률은 낮다. 우리나라 성인 남녀의 비타민 B_{12}의 권장섭취량은 2.4 μg이며, 임신기에는 0.2 μg, 수유기에는 0.4 μg의 추가 섭취를 권하고 있다. 이 수치는 미국의 경우와 동일하다. 노년층의 10~30%가 비타민 B_{12} 흡수에 문제가 있는 것으로 나타나 50세 이후에는 강화식품이나 식이보충제로 권장섭취량을 공급받는 것이 바람직하다.

현재까지 비타민 B_{12}의 과잉 섭취에 따른 독성 발현 보고는 없으며, 이에 따라 상한섭취량도 설정되어 있지 않다.

4) 급원 식품

비타민 B_{12}는 유제품, 육류, 달걀, 생선, 패류와 같은 동물성 식품에만 존재한다. 이들 식품에는 100 g당 1~10 μg이 함유되어 있으며, 동물의 간과 신장에는 10 μg 이상 들어 있다. 식품에 2 μg 이상 들어 있으면 흡수율이 현저하게 감소된다. 채식주의자들은 비타민 B_{12} 강화식품이나 식이보충제로 추가 공급받아야 한다.

5) 영양 건강 문제

비타민 B_{12}의 결핍은 섭취 부족 또는 내인인자 결여로 인한 흡수 불량에 기인한다. 전체 인구의 2~3%는 유전적 자가면역 증상으로 인하여 위의 벽세포(parietal cell) 파괴로 내인인자가 결여되어 있으며, 이 경우 식이성 비타민 B_{12} 흡수가 불가능하여 대표적 결핍 증상인 악성 빈혈이 나타난다. 악성 빈혈 환자는 큰적혈구빈혈로 인한 창백한 피부, 기력 부진, 운동 능력 감소와 신체 말단의 따끔거림, 무감각, 인지 능력 장애 등의 신경 장애 증상을 보인다. 과거에는 이와 같은 비타민 B_{12}의 흡수 장애가 있는 경우 사망하는 경우가 빈번하였으나, 근래에는 비타민 B_{12} (cyanocobalamin, hydroxocobalamin 또는 methylcobalamin)을 근육 주사(회당 500~1,000 μg, 주당 1~2회, 6주)하면 손상된 적혈구 형성 과정과 임상 증세가 바로 호전된다. 그러나 치료 이전까지 진행된 신경 손상은 회복되지 않는다. 따라서 위 벽세포의 노화 또는 위 절제로 흡수에 문제가 있는 노인이나 채식주의자는 비타민 B_{12} 보충제를 섭취하는 것이 바람직하다. 한편 고농도의 엽산 섭취가 비타민 B_{12} 결핍에 의한 신경증, 인지 기능 저하, 빈혈 증상을 악화시키는 것으로 알려져 있다.

6) 임상적 기능

비타민 B_{12}의 한 종류인 하이드록시코발라민(hyroxycobalamin)은 사이안화물(cyanide)에 중독되었을 때 해독제로 이용된다. 즉, 하이드록시코발라민의 하이드록실기가 사이안기로 대체되면서 독성이 없는 사이아노코발라민이 된다.

8. 판토텐산

판토텐산(pantothenic acid)은 비타민 B_5라고도 하며, 코엔자임 에이(coenzyme A, CoA)의 구성 성분이다(그림 11-11). 명칭은 그리스어로 '모든 곳에서'를 의미하는 'pantothen'에서 유래되었다. 이름이 의미하듯이 거의 모든 식품에 함유되어 있어 결핍증이 관찰되는 경우가 거의 없다. 판토텐산은 달걀노른자, 동물의 간, 버섯 등에 많이 함유되어 있다.

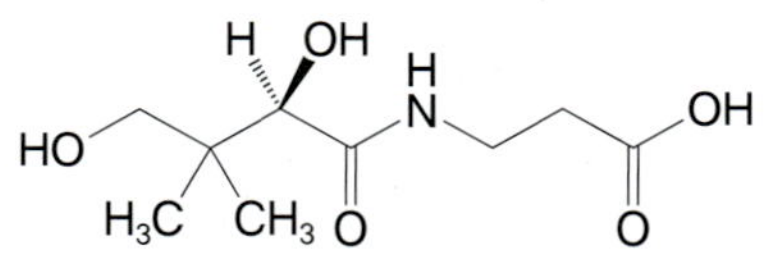

그림 11-11 판토텐산의 구조

1) 흡수 및 대사

판토텐산은 주로 CoA와 아실기 운반 단백질(acyl carrier protein, ACP)의 형태로 식품을 통해 섭취되며, 장내 효소작용으로 판토텐산으로 분해되어 능동수송 메커니즘에 의해 소장 세포로 흡수된다. 소장에서 흡수되어 세포 내에서 CoA 형태로 합성된다. 장내세균에 의해 생합성되지만, 인체의 판토텐산 농도에 기여하는 정도는 아직

확실하지 않다. 주로 소변으로 배설되며 간, 부신, 신장, 뇌, 심장에 소량 저장된다.

2) 체내 기능

판토텐산은 CoA 합성에 관여하며, CoA는 아실기의 운반체로 이용된다. 즉, 세포 내에서 탄소 분자가 이동할 때, 보통 아실기 형태를 취하는데 이때 CoA가 결합하여 아실기를 이동시킨다. 예를 들어 피루브산에서 아세틸 CoA 생성, 시트르산 회로에서 알파-케토글루타르산으로부터 석시닐 CoA 합성 등이 대표적인 예이다. 그 밖에도 지방산 합성 및 분해 대사, 신경전달물질인 아세틸콜린 생합성, 아실화(acylation)와 아세틸화(acetylation)를 통한 신호 전달과 효소 기능 조절 등에도 관여한다(그림 11-12).

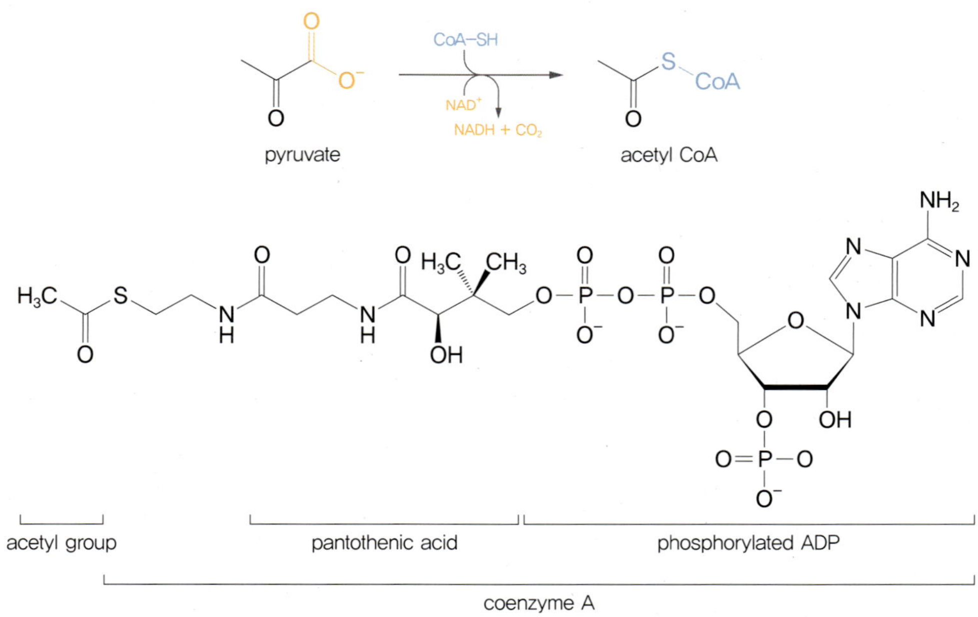

그림 11-12 피루브산으로부터 아세틸 CoA 합성 및 그 구조

3) 영양소 섭취기준

우리나라의 경우 판토텐산에 대한 자료가 거의 없는 실정이므로 미국의 영양소 섭취기준 자료를 이용하여 충분섭취량(adequate intake, AI)을 설정하였다. 성인의 충분섭취량은 남녀 모두 1일 5 mg으로 설정되어 있으며, 고용량 섭취 시 보고된 독성 발

현의 예가 거의 없어 상한섭취량은 없다. 임신기에는 추가적으로 1 mg, 수유기에는 2 mg을 더 섭취하도록 권하고 있다.

4) 급원 식품

판토텐산은 자연계에 널리 분포되어 있으나 식품의 판토텐산 함량에 대한 자료는 많지 않다. 표고버섯, 동물의 간, 신장, 달걀노른자, 해바라기 씨, 전곡류 등에 많이 함유되어 있으며, 판토텐산이 많이 함유된 동물 사료원으로는 알팔파, 곡류, 어분, 탈지 땅콩 분말, 당밀, 버섯, 밀기울, 효모 등이다.

5) 영양 건강 문제

판토텐산은 자연계에 널리 분포하고 있으며 장내세균에 의해서도 합성되므로 영양적 결핍 증세는 매우 드물다. 결핍 증세는 다른 비타민 B군 결핍 증세와 유사한데, 에너지 대사 결손으로 과민증, 불안, 피로감, 무감각, 권태감, 식욕 부진, 복부 통증, 말초신경염으로 인한 팔과 다리의 경련 등이 일어난다. 또한 불면증, 호흡기 감염, 발이 화끈거리는 느낌 등의 증세가 나타나기도 한다. 또한 인슐린 민감성 증가, 저혈당 증세를 보이기도 한다. 사람에서는 독성작용이 알려져 있지 않아 상한섭취량도 설정되어 있지 않다.

9. 비오틴

비오틴(biotin)은 비타민 H 또는 비타민 B_8라고도 부르며, 탄수화물, 지질, 아미노산 대사에서 카복실화에 관여한다. 1920년대 달걀흰자를 섭취한 쥐에서 피부염, 탈모, 근육 운동 실조 등이 나타나는 사실을 관찰한 이후, 1940년 기오르기(Gyorgy)가 비오틴이 달걀흰자에 의해 유도되는 건강 문제를 해결할 수 있다는 사실을 밝혔다. 후에 연구자들에 의해 비오틴과 달걀흰자의 단백질 아비딘(avidin)이 매우 견고하게 결합하여 비오틴 결핍증을 유발한다는 사실이 확인되었다.

1) 흡수 및 대사

일반적으로 비오틴은 식품에서 단백질과 결합되어 있거나 비오시틴(biocytin) 형태로 존재하며, 인체에 흡수되기 위해서는 단백질 분해효소(protease)에 의한 가수분해가 이루어져 유리 형태로 전환되어야 한다. 옥수수에 존재하는 비오틴은 ~100% 흡수되는 반면에, 대부분 곡류에 함유된 비오틴은 생체 이용률이 20~40% 정도이다.

날달걀의 흰자위에 들어 있는 아비딘은 소장에서 비오틴과 결합하여 비오틴의 흡수를 방해한다. 그러나 비오틴은 식품 내에 골고루 분포되어 있어 보통 날달걀을 지나치게 많이 섭취하지 않는다면 결핍이 일어나지 않는다. 또한 비오틴은 대장균총에 의해 합성되는 것으로 알려져 있다.

한편 알코올 중독자 또는 위절제술을 받은 사람, 위산 분비가 적은 환경에 있는 사람, 화상 환자, 간질, 노인, 운동선수, 흡연자 등의 경우 혈중 비오틴 농도가 정상인에 비하여 유의적으로 낮은 것으로 알려져 있다.

2) 체내 기능

비오틴은 체내 대사 과정 중 카복실기를 제공하거나 전이하는 카복실화효소의 조효소로 작용한다. 비오틴이 조효소로 작용하는 대표적인 효소는 다음과 같다.

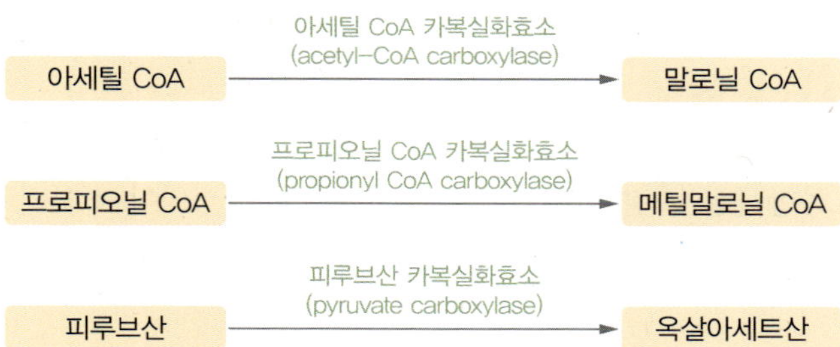

피루브산 카복실화효소는 옥살아세트산을 형성하여 포도당 신생합성반응이 원활하게 진행되도록 한다. 또한 아세틸 CoA 카복실화효소는 지방산 합성에 필수적이며, 프로피오닐 CoA 카복실화효소는 프로피온산의 대사를 통해 홀수 지방산을 대사하여 에너지 발생 또는 포도당 신생합성반응에 기여한다. 또한 측쇄 아미노산인 류신(leucine) 분해작용에 관여하여 에너지 생성, 지질 및 콜레스테롤의 합성에 관여한다.

3) 영양소 섭취기준

아직 비오틴의 요구량에 대한 연구가 충분히 이루어지지 않아 권장섭취량 대신 충분섭취량을 설정하고 있다. 성인의 경우 남녀 모두 충분섭취량으로 하루 30 μg을 권장하고 있다. 독성이 거의 없는 것으로 추정되어 상한섭취량은 설정되어 있지 않다.

4) 급원 식품

비오틴은 식품 내에 널리 분포되어 있다. 특히 달걀노른자, 동물의 간, 전곡류, 효모, 아보카도, 땅콩, 연어, 해바라기씨 등에 함량이 높다.

5) 영양 건강 문제

비오티니다제(biotinidase)는 카복실화효소의 분해산물에서 비오틴을 제거하여 회수하는 중요한 역할을 담당한다. 선천적으로 이 효소가 결여된 경우 비오틴 결핍 가능성이 크므로, 이러한 사람들은 비오틴 섭취 또는 주사제 처방을 받아야 한다.

날달걀의 아비딘이 비오틴의 흡수를 저해하지만 한국인의 일반적 식이에서는 결핍 증세가 나타날 정도는 아니다. 날달걀을 지나치게 많이 먹을 경우 결핍 증세가 나타날 수 있다.

10. 비타민 유사 화합물

비타민 유사 화합물은 다량 섭취되지만 체내에서도 합성되어 비타민처럼 체내 대사 과정을 적절하게 유지하기 위해서는 콜린, 카니틴, 이노시톨, 리포산 등이 필요하다.

1) 리포산

리포산(lipoic acid)은 황 함유 화합물로, 몇 종류의 미생물에는 필수적이나 사람이나 포유류에서는 체내에서 쉽게 합성되기 때문에 필수영양소는 아니다. 리포산은 피루브산 탈수소효소나 알파-케토글루타르산 탈수소효소의 조효소로 작용하므로 탄수화물과 에너지 대사에 중요한 역할을 한다(그림 11-13).

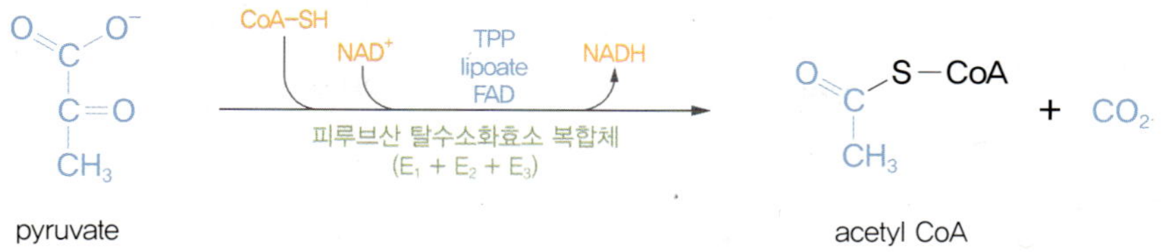

그림 11-13 리포산이 관여하는 피루브산 탈수소효소 반응

2) 이노시톨

이노시톨(inositol)은 포도당과 비슷한 구조로 체내에서 포도당으로부터 합성된다. 이노시톨은 9개의 이성질체가 있으며, 이 중 미오이노시톨만이 인체에서 사용된다. 인지질인 포스파티딜 이노시톨(phosphatidyl inositol)의 구성 성분으로 세포막 구성에도 관여한다. 이노시톨은 동물의 근육에 주로 존재하며, 식물에서는 피트산의 형태로 존재한다. 인체에서 이노시톨의 중요성은 명확하지 않으나 심장, 뇌, 간, 신장, 골격근 등에 널리 분포하고 있다. 사람에게서 결핍 증상은 관찰되지 않으며, 쥐의 경우 성장 장애와 탈모 현상이 보고되어 있다.

3) 카니틴

카니틴(carnitine)은 아미노산인 라이신과 메티오닌으로부터 합성된다(그림 11-14). 카니틴은 세포질에 있는 지방산을 미토콘드리아 기질(matrix)로 운반하는 역할을 하며, 미토콘드리아로 들어온 지방산은 베타-산화 및 시트르산 회로를 거쳐 에너지를

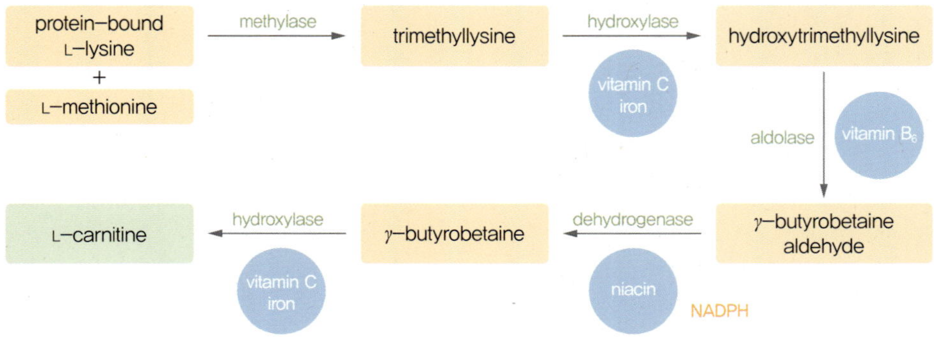

그림 11-14 카니틴 합성 과정

발생한다. 그러므로 카니틴이 부족하면 지방산 대사에 지장을 초래한다.

육류와 우유, 유제품에 풍부하며, 식물성 식품에는 거의 없다. 따라서 단백질 섭취량이 부족한 경우 합성에 지장을 받는다.

4) 콜린

콜린(choline)은 간에서 메티오닌으로부터 메틸기를 받아 합성되며, 생체 내에서 메틸기를 제공함으로써 생리 기능에 중요한 단백질을 합성하는 데 관여한다. 세포막의 주요 지질 성분인 포스파티딜콜린(phosphatidylcholine)과 스핑고미엘린(sphingomyelin)을 합성하기 위해 필요하다, 콜린은 대표적 신경전달물질인 아세틸콜린(acetylcholine) 합성에도 관여하며, 유전자 발현, 세포막에서의 신호 전달, 지질의 운반 및 대사, 초기 뇌 조직의 발달 등에 관여한다.

동물과 달리 사람은 간에서 콜린을 합성하기는 하지만 충분하지 않아 식사를 통해 공급받아야 한다. 콜린은 동식물계에 널리 퍼져 있으며, 특히 달걀노른자, 땅콩, 간, 커피, 대두, 생선, 콜리플라워에 많이 들어 있다. 따라서 정상적인 식사를 하는 경우에 결핍증은 드문 편이다. 그러나 동물에서는 콜린이 결핍된 식이를 하는 경우 지방간 증상을 나타낸다. 이러한 경우 알코올 중독에 의한 지방간과는 달리 콜린이나 레시틴 보충으로는 호전되지 않는다.

단원정리

수용성 비타민에는 비타민 C(ascorbic acid)와 비타민 B 복합체가 있다. 비타민 B 복합체에는 티아민(비타민 B_1, thiamine), 리보플라빈(비타민 B_2, riboflavin), 나이아신(niacin), 비타민 B_6, 엽산(folic acid), 비타민 B_{12}, 판토텐산(pantothenic acid) 및 비오틴(biotin)이 있다. 몇 가지를 제외하면 수용성이므로 체내에서 신장을 통해 쉽게 배설되어 주기적으로 식품을 통해 섭취해야 한다.

1. 비타민 C

- 생명체의 생명 및 건강 유지에 필수적이지만 체내에서 합성하지 못하므로 반드시 식품으로 섭취해야 한다. 체내에서 연골, 건(tendon), 골격과 같은 결합조직의 형성과 유지에 필요한 콜라겐의 합성, 아드레날린 같은 호르몬과 신경전달물질의 형성에 관여한다. 또 철과 칼슘의 흡수를 증진시키고 여러 반응에서 중요한 성분으로 항산화제로 작용한다.
- 급원 식품은 주로 과일 및 채소류로 오렌지, 자몽, 브로콜리, 샐러드용 채소, 피망, 감자, 딸기, 토마토 등이 있으며, 소장에서 단순확산과 능동수송에 의해 흡수된다.
- 하루 권장섭취량은 성인 남녀 100 mg, 상한섭취량은 2,000 mg이며, 섭취가 부족하면 결핍 증상이 쉽게 나타난다. 결핍 증상으로는 콜라겐 합성의 불안정으로 인한 피하 및 잇몸의 출혈과 같은 괴혈병이 나타나고 상처 회복도 지연된다. 괴혈병이 오래 지속되면 치아가 빠지며, 상처가 잘 곪고 뼈의 변형이 일어나 사망에 이를 수 있다.

2. 티아민

- 체내에서 포도당의 대사를 촉진시키며, 당류·지방산·아미노산의 에너지 대사에 관여하고 신경의 기능을 조절한다.
- 급원 식품은 전곡류, 콩류, 종자류, 견과류, 돼지고기, 과일 및 채소류 등이며, 식품 중에는 주로 생리적 활성형인 TPP의 형태로 존재하므로 티아민으로 분해되어 소장의 상부에서 흡수된다.
- 하루 권장섭취량은 성인 남자 1.2 mg, 여자 1.1 mg이며, 섭취가 부족하면 각기병으로 인한 심혈관계와 신경계 이상으로 식욕 감퇴, 정신 혼란, 근육 허약 및 종아리에 근육 통증이 유발될 수 있다.

3. 리보플라빈

- 체내에서 생성되는 조효소인 FAD와 FMN의 구성 성분으로 활성효소로 알려진 플라빈 단백질의 형성에 중요한 기능을 하며, 탄수화물과 지질의 대사 및 지방산의 산화에 관여한다. 단백질의 대사와 건강한 피부조직의 유지에도 관여한다.
- 급원 식품은 우유 및 유제품류, 간, 달걀, 진녹색 채소, 배아, 효모, 전곡류 및 시리얼 등이 있으며, 소장의 상부에서 흡수된다.
- 하루 권장섭취량은 성인 남자 1.5 mg, 여자 1.2 mg이며, 섭취가 부족하면 입술의 가장자리가 헐거나 입가가 찢어지는 구순구각염, 혀에 염증이 생기는 설염 및 구내염 등이 발생한다. 또 모세혈관의 팽창으로 인

한 출혈, 통증으로 눈이 흐려지거나 광선에 쬐면 눈이 부신 광선공포증, 지루성 피부염 등의 피부 질환도 나타난다.

4. 나이아신
- 체내 세포에서 에너지 대사와 관련된 두 조효소 NAD와 NADP의 구성 성분으로 NAD는 해당작용, 시트르산 회로 및 전자전달계와 같은 에너지 생성에 관여하고, NADP는 지방산, 콜레스테롤 및 기타 스테로이드의 합성과 같은 작용에 관여한다.
- 급원 식품은 지방이 적은 육류, 내장 부위, 생선류, 가금류, 전곡류, 시리얼류 및 콩류 등이 있으며, 위와 소장에서 흡수되고 식품 중에 함유된 아미노산인 트립토판은 체내에서 나이아신으로 전환될 수 있다.
- 하루 권장섭취량은 성인 남자 16 mg NE, 여자 14 mg NE이다. 섭취가 부족하면 피부염, 치매 및 설사 등의 증상이 나타나는 펠라그라를 초래할 수 있으며 식욕 감퇴, 정신 혼란, 체력 감소, 근육 허약 등을 유발하기도 한다.

5. 비타민 B_6
- 체내에서 단백질·탄수화물·지질 대사에 필요한 효소의 조효소로 작용하며, 신경전달물질인 세로토닌, 도파민, 에피네프린, 노르에피네프린 및 감마-아미노부틸산 합성에 보조인자이다. 또 헤모글로빈의 구성 성분인 헴(heme)의 합성에도 관련되어 있다.
- 급원 식품은 육류, 가금류, 생선류, 배아, 전곡류, 현미, 달걀 등의 단백질 식품이며, 소장의 중간 및 하부에서 수동적 확산에 의해 흡수된다. 식품 중에는 피리독살-5′-인산과 피리독사민-5′-인산의 형태로 존재하며 인산기가 분리된 후 흡수되어 단백질과 결합하여 이동한다.
- 하루 권장섭취량은 성인 남자 1.5 mg, 여자 1.4 mg이고, 상한섭취량 100 mg이다. 섭취가 부족하면 식욕 감퇴, 구각염 및 설염, 피부염, 말초신경 장애, 빈혈 등이 발생할 수 있고, 신경전달물질의 합성이 원활하게 이루어지지 않아 우울증, 면역 약화, 신경과민 등을 유발할 수 있다.

6. 엽산
- 체내 세포에서 다양한 유도체로 전환되어 조효소로서의 활성을 가지며 세포 분열과 성장에 중요하다. 푸린 염기와 티아민을 합성하여 DNA와 RNA의 합성을 원활하게 하여 적혈구 발달에 중요한 역할을 한다.
- 급원 식품은 시금치와 같은 녹황색 채소, 간, 콩류, 전곡류, 오렌지 및 바나나 등이 있으며, 식품 중에 있는 엽산은 폴리글루타산 부분이 가수분해된 후에 흡수된다.
- 하루 권장섭취량은 성인 남녀 400 μg이고, 상한섭취량은 1,000 μg이다. 결핍 시 큰적혈구빈혈이 유발될 수 있다. 보충 식이는 태아의 신경관 결손을 예방한다.

7. 비타민 B_{12}
- 체세포에 존재하는 조효소의 구성성분이다. 엽산을 활성 형태로 전환하는 데 필수적이어서 결핍 시 엽산

이 DNA와 적혈구를 합성하는 데 생리적 기능을 할 수 없게 된다. 메티오닌 합성과 홀수 지방산의 산화에 관여하고 신경섬유의 보호에 필요한 수초의 형성에도 필수적이다.

- 급원 식품은 육류, 생선류, 배아, 가금류, 치즈, 달걀 및 우유와 같은 동물성 식품이고, 식품에 함유된 비타민 B_{12}는 위에서 분비되는 내인인자의 도움으로 소장의 끝인 회장에서 흡수된다.
- 하루 권장섭취량은 성인 남녀 2.4 μg이며, 섭취가 부족하면 악성 빈혈 및 신경 장애 증상이 유발될 수 있다.

8. 판토텐산

- 아실기 운반 단백질(acyl carrier protein)과 코엔자임 에이(Coenzyme A)의 구성 성분으로 각각 지방산, 콜레스테롤, 스테로이드 호르몬 합성과 포도당 신생합성반응과 같은 에너지 대사에 중요한 역할을 한다. 근육의 수축을 자극하는 신경전달물질인 아세틸콜린의 합성에도 관여한다.
- 급원 식품은 동식물성 식품 등에 골고루 존재하나 내장기관, 달걀, 콩류, 효모 및 전곡류 등에 특히 많이 함유되어 있다. 식품에는 CoA와 아실기 운반 단백질 형태로 존재하며 장내 효소작용을 통해 판토텐산으로 분해된 후 소장에서 능동수송으로 흡수된다.
- 하루 충분섭취량은 성인 남녀 모두 5 mg이다. 식품에 널리 분포되어 있으며 장내세균에 의해서도 합성되므로 결핍증은 매우 드물다. 결핍 증상으로는 에너지 대사 결손으로 인한 피로감, 근육 경련의 유발, 운동신경 조절 악화가 있다.

9. 비오틴

- 체내에서 포도당의 신생합성반응 및 지방산의 합성과 대사에 관여하는 효소의 조효소로 작용한다. 단백질 대사작용을 통한 에너지 생성 및 콜레스테롤 합성에도 관여한다.
- 급원 식품은 간 등의 내장기관, 달걀노른자, 완두 및 콩류, 진녹색 잎채소 등이다. 식품 중에는 단백질과 결합하여 비오시틴 형태로 존재하며 단백질 분해효소에 의해 가수분해된 후 흡수된다.
- 하루 충분섭취량은 성인 남녀 모두 30 μg이다. 결핍 가능성은 낮으나 날달걀을 많이 섭취하면 결핍 증세가 나타날 수도 있으며 식욕 감소, 우울증, 피부 질환 및 근육 통증 등의 증상이 나타난다.

10. 비타민 유사 화합물

- 리포산, 이노시톨, 카니틴 및 콜린 등은 비타민 유사 화합물로 체내에서 쉽게 합성된다. 리포산은 탄수화물의 에너지 대사, 이노시톨은 인지질의 구성 성분으로 세포막의 구성, 카니틴은 지방산을 미토콘드리아 기질로 운반, 콜린은 대표적인 신경전달물질인 아세틸콜린의 합성에 각각 관여한다.

연습문제

1 가임기 여성에게 섭취가 권장되는 대표적인 수용성 비타민을 들고, 체내 기능과 결핍증에 대해서 서술하시오.

2 결핍 시 큰적혈구빈혈을 일으키는 수용성 비타민 두 가지를 열거하고, 이들이 빈혈을 일으키는 원인에 관하여 서술하시오.

참고문헌

문수재·김혜경·홍순명·이경혜·이명희·이영미·이경자·안경미·이민준·김정연·김정현, 알기 쉬운 영양학, 수학사, 2016.

보건복지부·한국영양학회. 2015 한국인 영양소 섭취기준, 2016.

이현기, 증보 영양화학, 수학사, 2004.

Carol Byrd-Bredbenner·Gaile Moe·Jacqueline Berning·Danita Kelley, 김미경·왕수경·신동순·권오란·박윤정 옮김, 생활 속의 영양학(3판), 라이프사이언스, 2016..

허채옥·권순형·김은미·원선임·박용순·박진희·김상연·정경아·김은영·박유신, 기초영양학, 수학사, 2016.

Genetic and Rare Diseases Information Center (GARD)-an NCATS Program, 2015, Archived from the original on 11 November 2017, Retrieved 11 November 2017.

GS. Ducker·JD. Rabinowitz, One-Carbon Metabolism in Health and Disease, ***Cell Metab.*** 25(1):27-42, 2017.

JJ. Otten·JP. Hellwig·LD. Meyers, ***Dietary reference intakes: The essential guide to nutrient requirements***, Washington, DC: The National Academies Press, 2008.

JT. Pinto·J. Zempleni, Riboflavin. ***Adv. Nutr.*** 7:973-5, 2016.

LH. Allen, Vitamin B_{12}. ***Adv. Nutr.*** 3: 54-55, 2012.

Linus Pauling Institute at Oregon State University, Micronutrient Information Center, Retrieved 7 November 2010.

MM. Ficca·JB. Kirkland, Niacin, ***Adv. Nutr.*** 7: 556-8, 2016.

RF. Butterworth, "Thiamin". In ME. Shils·M. Shike·AC. Ross·B. Caballero·RJ. Cousins (eds.), ***Modern Nutrition in Health and Disease*** (10th ed.). Baltimore: Lippincott Williams & Wilkins, 2006.

SS. Gropper·JL. Smith, ***Advanced Nutrition and Human Metabolism*** (6ed.), Wadsworth, Cengage Learning, p. 324, 2013.

USDA Food Composition Databases United States Department of Agriculture, Agricultural Research Service, Release 28, 2015.

https://ods.od.nih.gov/factsheets/Choline-HealthProfessional/?print=1

부록

1. 2015 한국인 영양소 섭취 기준
2. 미국인 영양소 섭취 기준(2015)
3. 표준주기율표
4. SI 단위 접두어

부록 1_2015 한국인 영양소 섭취기준

1) 에너지와 다량영양소

성별	연령	에너지(kcal/일)				탄수화물(g/일)				지방(g/일)				n-6계 지방산(g/일)			
		필요 추정량	권장 섭취량	충분 섭취량	상한 섭취량	평균 필요량	권장 섭취량	충분 섭취량	상한 섭취량	평균 필요량	권장 섭취량	충분 섭취량	상한 섭취량	평균 필요량	권장 섭취량	충분 섭취량	상한 섭취량
영아	0-5(개월)	550						60				25				2.0	
	6-11	700						90				25				4.0	
유아	1-2(세)	1,000															
	3-5	1,400															
남자	6-8(세)	1,700															
	9-11	2,100															
	12-14	2,500															
	15-18	2,700															
	19-29	2,600															
	30-49	2,400															
	50-64	2,200															
	65-74	2,000															
	75 이상	2,000															
여자	6-8(세)	1,500															
	9-11	1,800															
	12-14	2,000															
	15-18	2,000															
	19-29	2,100															
	30-49	1,900															
	50-64	1,800															
	65-74	1,600															
	75 이상	1,600															
임신부[1)]		+0 +340 +450															
수유부		+320															

성별	연령	n-3계 지방산(g/일)				단백질(g/일)				식이섬유(g/일)				수분(mL/일)				
		평균 필요량	권장 섭취량	충분 섭취량	상한 섭취량	평균 필요량	권장 섭취량	충분 섭취량	상한 섭취량	평균 필요량	권장 섭취량	충분 섭취량	상한 섭취량	평균 필요량	권장 섭취량	충분섭취량 액체	충분섭취량 총수분	상한 섭취량
영아	0-5(개월)			0.3				10								700	700	
	6-11			0.8		10	15									500	800	
유아	1-2(세)					12	15					10				800	1,100	
	3-5					15	20					15				1,100	1,500	
남자	6-8(세)					25	30					20				900	1,800	
	9-11					35	40					20				1,000	2,100	
	12-14					45	55					25				1,000	2,300	
	15-18					50	65					25				1,200	2,600	
	19-29					50	65					25				1,200	2,600	
	30-49					50	60					25				1,200	2,500	
	50-64					50	60					25				1,000	2,200	
	65-74					45	55					25				1,000	2,100	
	75 이상					45	55					25				1,000	2,100	
여자	6-8(세)					20	25					20				900	1,700	
	9-11					30	40					20				900	1,900	
	12-14					40	50					20				900	2,000	
	15-18					40	50					20				900	2,000	
	19-29					45	55					20				1,000	2,100	
	30-49					40	50					20				1,000	2,000	
	50-64					40	50					20				900	1,900	
	65-74					40	45					20				900	1,800	
	75 이상					40	45					20				900	1,800	
임신부[1)]						+12 +25	+15 +30					+5					+200	
수유부						+20	+25					+5				+500	+700	

1) 에너지, 단백질 임신부 1, 2, 3분기별 부가량

성별	연령	메티오닌+시스테인(g/일)				류신(g/일)				이소류신(g/일)				발린(g/일)				라이신(g/일)			
		평균 필요량	권장 섭취량	충분 섭취량	상한 섭취량	평균 필요량	권장 섭취량	충분 섭취량	상한 섭취량	평균 필요량	권장 섭취량	충분 섭취량	상한 섭취량	평균 필요량	권장 섭취량	충분 섭취량	상한 섭취량	평균 필요량	권장 섭취량	충분 섭취량	상한 섭취량
영아	0-5(개월)			0.4				1.0				0.6				0.6				0.7	
	6-11	0.3	0.4			0.6	0.8			0.3	0.4			0.3	0.5			0.6	0.8		
유아	1-2(세)	0.3	0.4			0.6	0.8			0.3	0.4			0.4	0.5			0.6	0.7		
	3-5	0.3	0.4			0.7	0.9			0.3	0.4			0.4	0.5			0.6	0.8		
남자	6-8(세)	0.5	0.6			1.1	1.3			0.5	0.6			0.6	0.7			1.0	1.2		
	9-11	0.7	0.8			1.5	1.9			0.7	0.8			0.9	1.1			1.4	1.8		
	12-14	1.0	1.2			2.1	2.6			1.0	1.2			1.2	1.5			2.0	2.4		
	15-18	1.1	1.3			2.4	3.0			1.1	1.3			1.4	1.7			2.2	2.7		
	19-29	1.0	1.3			2.3	3.0			1.0	1.3			1.3	1.6			2.4	3.0		
	30-49	1.0	1.3			2.3	2.9			1.0	1.3			1.3	1.6			2.3	2.9		
	50-64	1.0	1.2			2.2	2.7			1.0	1.2			1.2	1.5			2.2	2.8		
	65-74	0.9	1.2			2.1	2.6			0.9	1.2			1.2	1.5			2.1	2.7		
	75 이상	0.9	1.1			2.0	2.6			0.9	1.1			1.1	1.4			2.1	2.6		
여자	6-8(세)	0.5	0.6			1.0	1.2			0.5	0.6			0.6	0.7			0.9	1.2		
	9-11	0.6	0.7			1.4	1.7			0.6	0.7			0.8	1.0			1.2	1.5		
	12-14	0.8	1.0			1.8	2.3			0.8	1.0			1.1	1.3			1.7	2.1		
	15-18	0.8	1.0			1.9	2.3			0.8	1.0			1.1	1.3			1.7	2.1		
	19-29	0.8	1.1			1.9	2.4			0.8	1.1			1.1	1.3			2.0	2.5		
	30-49	0.8	1.0			1.8	2.3			0.8	1.0			1.0	1.3			1.9	2.4		
	50-64	0.8	1.0			1.8	2.2			0.8	1.0			1.0	1.2			1.8	2.3		
	65-74	0.7	0.9			1.7	2.1			0.7	0.9			0.9	1.2			1.7	2.2		
	75 이상	0.7	0.9			1.6	2.0			0.7	0.9			0.9	1.1			1.6	2.0		
임신부		0.3	0.3			0.6	0.7			0.3	0.3			0.3	0.4			0.3	0.4		
수유부		0.3	0.4			0.9	1.1			0.5	0.6			0.5	0.6			0.4	0.4		

성별	연령	페닐알라닌+티로신(g/일)				트레오닌(g/일)				트립토판(g/일)				히스티딘(g/일)			
		평균 필요량	권장 섭취량	충분 섭취량	상한 섭취량	평균 필요량	권장 섭취량	충분 섭취량	상한 섭취량	평균 필요량	권장 섭취량	충분 섭취량	상한 섭취량	평균 필요량	권장 섭취량	충분 섭취량	상한 섭취량
영아	0-5(개월)			0.9				0.5				0.2				0.1	
	6-11	0.5	0.7			0.3	0.4			0.1	0.1			0.2	0.3		
유아	1-2(세)	0.5	0.7			0.3	0.4			0.1	0.1			0.2	0.3		
	3-5	0.6	0.7			0.3	0.4			0.1	0.1			0.2	0.3		
남자	6-8(세)	0.9	1.1			0.5	0.6			0.1	0.2			0.3	0.4		
	9-11	1.3	1.6			0.7	0.9			0.2	0.2			0.5	0.6		
	12-14	1.7	2.2			1.0	1.3			0.3	0.3			0.7	0.9		
	15-18	2.0	2.4			1.1	1.4			0.3	0.4			0.8	0.9		
	19-29	2.7	3.4			1.1	1.4			0.3	0.3			0.8	1.0		
	30-49	2.7	3.3			1.1	1.3			0.3	0.3			0.7	0.9		
	50-64	2.6	3.2			1.0	1.3			0.3	0.3			0.7	0.9		
	65-74	2.4	3.1			1.0	1.2			0.2	0.3			0.7	0.9		
	75 이상	2.4	3.0			1.0	1.2			0.2	0.3			0.7	0.8		
여자	6-8(세)	0.8	1.0			0.5	0.6			0.1	0.2			0.3	0.4		
	9-11	1.1	1.4			0.6	0.8			0.2	0.2			0.4	0.5		
	12-14	1.5	1.8			0.9	1.1			0.2	0.3			0.6	0.7		
	15-18	1.5	1.9			0.9	1.1			0.2	0.3			0.6	0.7		
	19-29	2.2	2.8			0.9	1.1			0.2	0.3			0.6	0.8		
	30-49	2.2	2.7			0.9	1.1			0.2	0.3			0.6	0.8		
	50-64	2.1	2.6			0.8	1.0			0.2	0.3			0.6	0.7		
	65-74	2.0	2.5			0.8	1.0			0.2	0.2			0.5	0.7		
	75 이상	1.9	2.3			0.7	0.9			0.2	0.2			0.5	0.7		
임신부[1]		0.8	1.0			0.3	0.4			0.1	0.1			0.2	0.2		
수유부		1.5	1.9			0.4	0.6			0.2	0.2			0.2	0.3		

2) 지용성 비타민

성별	연령	비타민 A(μg RAE/일)				비타민 D(μg/일)				비타민 E(mg α-TE/일)				비타민 K(μg/일)			
		평균 필요량	권장 섭취량	충분 섭취량	상한 섭취량	평균 필요량	권장 섭취량	충분 섭취량	상한 섭취량	평균 필요량	권장 섭취량	충분 섭취량	상한 섭취량	평균 필요량	권장 섭취량	충분 섭취량	상한 섭취량
영아	0-5(개월)			350	600			5	25			3				4	
	6-11			450	600			5	25			4				7	
유아	1-2(세)	200	300		600			5	30			5	200			25	
	3-5	230	350		700			5	35			6	250			30	
남자	6-8(세)	320	450		1,000			5	40			7	300			45	
	9-11	420	600		1,500			5	60			9	400			55	
	12-14	540	750		2,100			10	100			10	400			70	
	15-18	620	850		2,300			10	100			11	500			80	
	19-29	570	800		3,000			10	100			12	540			75	
	30-49	550	750		3,000			10	100			12	540			75	
	50-64	530	750		3,000			10	100			12	540			75	
	65-74	500	700		3,000			15	100			12	540			75	
	75 이상	500	700		3,000			15	100			12	540			75	
여자	6-8(세)	290	400		1,000			5	40			7	300			45	
	9-11	380	550		1,500			5	60			9	400			55	
	12-14	470	650		2,100			10	100			10	400			65	
	15-18	440	600		2,300			10	100			11	500			65	
	19-29	460	650		3,000			10	100			12	540			65	
	30-49	450	650		3,000			10	100			12	540			65	
	50-64	430	600		3,000			10	100			12	540			65	
	65-74	410	550		3,000			15	100			12	540			65	
	75 이상	410	550		3,000			15	100			12	540			65	
임신부[1]		+50	+70		3,000			+0	100			+0	540			+0	
수유부		+350	+490		3,000			+0	100			+3	540			+0	

3) 수용성 비타민

성별	연령	비타민 C(mg/일)				티아민(mg/일)				리보플라빈(mg/일)				니아신(mg NE/일)[1]				
		평균 필요량	권장 섭취량	충분 섭취량	상한 섭취량	평균 필요량	권장 섭취량	충분 섭취량	상한 섭취량	평균 필요량	권장 섭취량	충분 섭취량	상한 섭취량	평균 필요량	권장 섭취량	충분 섭취량	상한 섭취량[2]	상한 섭취량[2]
영아	0-5(개월)			35				0.2				0.3				2		
	6-11			45				0.3				0.4				3		
유아	1-2(세)	30	35		350	0.4	0.5			0.5	0.5			4	6		10	180
	3-5	30	40		500	0.4	0.5			0.5	0.6			5	7		10	250
남자	6-8(세)	40	55		700	0.6	0.7			0.7	0.9			7	9		15	350
	9-11	55	70		1,000	0.7	0.9			1.0	1.2			9	12		20	500
	12-14	70	90		1,400	1.0	1.1			1.2	1.5			11	15		25	700
	15-18	80	105		1,500	1.1	1.3			1.4	1.7			13	17		30	800
	19-29	75	100		2,000	1.0	1.2			1.3	1.5			12	16		35	1,000
	30-49	75	100		2,000	1.0	1.2			1.3	1.5			12	16		35	1,000
	50-64	75	100		2,000	1.0	1.2			1.3	1.5			12	16		35	1,000
	65-74	75	100		2,000	1.0	1.2			1.3	1.5			12	16		35	1,000
	75 이상	75	100		2,000	1.0	1.2			1.3	1.5			12	16		35	1,000
여자	6-8(세)	45	60		700	0.6	0.7			0.6	0.8			7	9		15	350
	9-11	60	80		1,000	0.7	0.9			0.8	1.0			9	12		20	500
	12-14	75	100		1,400	0.9	1.1			1.0	1.2			11	15		25	700
	15-18	70	95		1,500	1.0	1.2			1.0	1.2			11	14		30	800
	19-29	75	100		2,000	0.9	1.1			1.0	1.2			11	14		35	1,000
	30-49	75	100		2,000	0.9	1.1			1.0	1.2			11	14		35	1,000
	50-64	75	100		2,000	0.9	1.1			1.0	1.2			11	14		35	1,000
	65-74	75	100		2,000	0.9	1.1			1.0	1.2			11	14		35	1,000
	75 이상	75	100		2,000	0.9	1.1			1.0	1.2			11	14		35	1,000
임신부		+10	+10		2,000	+0.4	+0.4			+0.3	+0.4			+3	+4		35	1,000
수유부		+35	+40		2,000	+0.3	+0.4			+0.4	+0.5			+2	+3		35	1,000

성별	연령	비타민 B_6(mg/일)				엽산(μg DFE/일)[3]				비타민 B_{12}(μg/일)				판토텐산(mg/일)				비오틴(μg/일)			
		평균 필요량	권장 섭취량	충분 섭취량	상한 섭취량	평균 필요량	권장 섭취량	충분 섭취량	상한 섭취량	평균 필요량	권장 섭취량	충분 섭취량	상한 섭취량	평균 필요량	권장 섭취량	충분 섭취량	상한 섭취량	평균 필요량	권장 섭취량	충분 섭취량	상한 섭취량
영아	0-5(개월)			0.1				65				0.3				1.7				5	
	6-11			0.3				80				0.5				1.9				7	
유아	1-2(세)	0.5	0.6		25	120	150		300	0.8	0.9					2				9	
	3-5	0.6	0.7		35	150	180		400	0.9	1.1					2				11	
남자	6-8(세)	0.7	0.9		45	180	220		500	1.1	1.3					3				15	
	9-11	0.9	1.1		55	250	300		600	1.5	1.7					4				20	
	12-14	1.3	1.5		60	300	360		800	1.9	2.3					5				25	
	15-18	1.3	1.5		65	320	400		900	2.2	2.7					5				30	
	19-29	1.3	1.5		100	320	400		1,000	2.0	2.4					5				30	
	30-49	1.3	1.5		100	320	400		1,000	2.0	2.4					5				30	
	50-64	1.3	1.5		100	320	400		1,000	2.0	2.4					5				30	
	65-74	1.3	1.5		100	320	400		1,000	2.0	2.4					5				30	
	75 이상	1.3	1.5		100	320	400		1,000	2.0	2.4					5				30	
여자	6-8(세)	0.7	0.9		45	180	220		500	1.1	1.3					3				15	
	9-11	0.9	1.1		55	250	300		600	1.5	1.7					4				20	
	12-14	1.2	1.4		60	300	360		800	1.9	2.3					5				25	
	15-18	1.2	1.4		65	320	400		900	2.0	2.4					5				30	
	19-29	1.2	1.4		100	320	400		1,000	2.0	2.4					5				30	
	30-49	1.2	1.4		100	320	400		1,000	2.0	2.4					5				30	
	50-64	1.2	1.4		100	320	400		1,000	2.0	2.4					5				30	
	65-74	1.2	1.4		100	320	400		1,000	2.0	2.4					5				30	
	75 이상	1.2	1.4		100	320	400		1,000	2.0	2.4					5				30	
임신부		+0.7	+0.8		100	+200	+220		1,000	+0.2	+0.2					+1				+0	
수유부		+0.7	+0.8		100	+130	+150		1,000	+0.3	+0.4					+2				+5	

[1] 1 mg NE(니아신 당량)=1 mg 니아신=60 mg 트립토판 [2] 니코틴산/니코틴아미드 [3] Dietary Folate Equivalents, 가임기 여성의 경우 400 μg/일의 엽산보충제 섭취를 권장함, 엽산의 상한섭취량은 보충제 또는 강화식품의 형태로 섭취한 μg/일에 해당됨.

4) 다량 무기질

성별	연령	칼슘(mg/일)				인(mg/일)				나트륨(mg/일)				
		평균 필요량	권장 섭취량	충분 섭취량	상한 섭취량	평균 필요량	권장 섭취량	충분 섭취량	상한 섭취량	평균 필요량	권장 섭취량	충분 섭취량	상한 섭취량	목표 섭취량
영아	0-5(개월)			210	1,000			100				120		
	6-11			300	1,500			300				370		
유아	1-2(세)	390	500		2,500	380	450		3,000			900		
	3-5	470	600		2,500	460	550		3,000			1,000		
남자	6-8(세)	580	700		2,500	490	600		3,000			1,200		
	9-11	650	800		3,000	1,000	1,200		3,500			1,400		2,000
	12-14	800	1,000		3,000	1,000	1,200		3,500			1,500		2,000
	15-18	720	900		3,000	1,000	1,200		3,500			1,500		2,000
	19-29	650	800		2,500	580	700		3,500			1,500		2,000
	30-49	630	800		2,500	580	700		3,500			1,500		2,000
	50-64	600	750		2,000	580	700		3,500			1,500		2,000
	65-74	570	700		2,000	580	700		3,500			1,300		2,000
	75 이상	570	700		2,000	580	700		3,000			1,100		2,000
여자	6-8(세)	580	700		2,500	490	550		3,000			1,200		
	9-11	650	800		3,000	1,000	1,200		3,500			1,400		2,000
	12-14	740	900		3,000	1,000	1,200		3,500			1,500		2,000
	15-18	660	800		3,000	1,000	1,200		3,500			1,500		2,000
	19-29	530	700		2,500	580	700		3,500			1,500		2,000
	30-49	510	700		2,500	580	700		3,500			1,500		2,000
	50-64	580	800		2,000	580	700		3,500			1,500		2,000
	65-74	560	800		2,000	580	700		3,500			1,300		2,000
	75 이상	560	800		2,000	580	700		3,000			1,100		2,000
임신부		+0	+0		2,500	+0	+0		3,000			1,500		2,000
수유부		+0	+0		2,500	+0	+0		3,500			1,500		2,000

성별	연령	염소(mg/일)				칼륨(mg/일)				마그네슘(mg/일)			
		평균 필요량	권장 섭취량	충분 섭취량	상한 섭취량	평균 필요량	권장 섭취량	충분 섭취량	상한 섭취량	평균 필요량	권장 섭취량	충분 섭취량	상한 섭취량[1)]
영아	0-5(개월)			180				400				30	
	6-11			560				700				55	
유아	1-2(세)			1,300				2,000		65	80		65
	3-5			1,500				2,300		85	100		90
남자	6-8(세)			1,900				2,600		135	160		130
	9-11			2,100				3,000		190	230		180
	12-14			2,300				3,500		265	320		250
	15-18			2,300				3,500		335	400		350
	19-29			2,300				3,500		295	350		350
	30-49			2,300				3,500		305	370		350
	50-64			2,300				3,500		305	370		350
	65-74			2,000				3,500		305	370		350
	75 이상			1,700				3,500		305	370		350
여자	6-8(세)			1,900				2,600		125	150		130
	9-11			2,100				3,000		180	210		180
	12-14			2,300				3,500		245	290		250
	15-18			2,300				3,500		285	340		350
	19-29			2,300				3,500		235	280		350
	30-49			2,300				3,500		235	280		350
	50-64			2,300				3,500		235	280		350
	65-74			2,000				3,500		235	280		350
	75 이상			1,700				3,500		235	280		350
임신부				2,300				+0		+32	+40		350
수유부				2,300				+400		+0	+0		350

1) 식품외 급원의 마그네슘에만 해당

5) 미량 무기질

성별	연령	철(mg/일)				아연(mg/일)				구리(μg/일)				불소(mg/일)			
		평균 필요량	권장 섭취량	충분 섭취량	상한 섭취량	평균 필요량	권장 섭취량	충분 섭취량	상한 섭취량	평균 필요량	권장 섭취량	충분 섭취량	상한 섭취량	평균 필요량	권장 섭취량	충분 섭취량	상한 섭취량
영아	0-5(개월)			0.3	40			2				240				0.01	0.6
	6-11	5	6		40	2	3					310				0.5	0.9
유아	1-2(세)	4	6		40	2	3		6	220	280		1,500			0.6	1.2
	3-5	5	6		40	3	4		9	250	320		2,000			0.8	1.7
남자	6-8(세)	7	9		40	5	6		13	340	440		3,000			1.0	2.5
	9-11	8	10		40	7	8		20	440	580		5,000			2.0	10.0
	12-14	11	14		40	7	8		30	570	740		7,000			2.5	10.0
	15-18	11	14		45	8	10		35	650	840		7,000			3.0	10.0
	19-29	8	10		45	8	10		35	600	800		10,000			3.5	10.0
	30-49	8	10		45	8	10		35	600	800		10,000			3.0	10.0
	50-64	7	10		45	8	9		35	600	800		10,000			3.0	10.0
	65-74	7	9		45	7	9		35	600	800		10,000			3.0	10.0
	75 이상	7	9		45	7	9		35	600	800		10,000			3.0	10.0
여자	6-8(세)	6	8		40	4	5		13	340	440		3,000			1.0	2.5
	9-11	7	10		40	6	8		20	440	580		5,000			2.0	10.0
	12-14	13	16		40	6	8		25	570	740		7,000			2.5	10.0
	15-18	11	14		45	7	9		30	650	840		7,000			2.5	10.0
	19-29	11	14		45	7	8		35	600	800		10,000			3.0	10.0
	30-49	11	14		45	7	8		35	600	800		10,000			2.5	10.0
	50-64	6	8		45	6	7		35	600	800		10,000			2.5	10.0
	65-74	6	8		45	6	7		35	600	800		10,000			2.5	10.0
	75 이상	5	7		45	6	7		35	600	800		10,000			2.5	10.0
임신부		+8	+10		45	+2.0	+2.5		35	+100	+130		10,000			+0	10.0
수유부		+0	+0		45	+4.0	+5.0		35	+370	+480		10,000			+0	10.0

성별	연령	망간(mg/일)				요오드(μg/일)				셀레늄(μg/일)				몰리브덴(μg/일)				크롬(μg/일)			
		평균 필요량	권장 섭취량	충분 섭취량	상한 섭취량	평균 필요량	권장 섭취량	충분 섭취량	상한 섭취량	평균 필요량	권장 섭취량	충분 섭취량	상한 섭취량	평균 필요량	권장 섭취량	충분 섭취량	상한 섭취량	평균 필요량	권장 섭취량	충분 섭취량	상한 섭취량
영아	0-5(개월)			0.01				130	250			9	45							0.2	
	6-11			0.8				170	250			11	65							5.0	
유아	1-2(세)			1.5	2.0	55	80		300	19	23		75				100			12	
	3-5			2.0	3.0	65	90		300	22	25		100				100			12	
남자	6-8(세)			2.5	4.0	75	100		500	30	35		150				200			20	
	9-11			3.0	5.0	85	110		500	39	45		200				300			25	
	12-14			4.0	7.0	90	130		1,800	49	60		300				400			35	
	15-18			4.0	9.0	95	130		2,200	55	65		300				500			40	
	19-29			4.0	11.0	95	150		2,400	50	60		400	25	30		550			35	
	30-49			4.0	11.0	95	150		2,400	50	60		400	20	25		550			35	
	50-64			4.0	11.0	95	150		2,400	50	60		400	20	25		550			35	
	65-74			4.0	11.0	95	150		2,400	50	60		400	20	25		550			35	
	75 이상			4.0	11.0	95	150		2,400	50	60		400	20	25		550			35	
여자	6-8(세)			2.5	4.0	75	100		500	30	35		150				200			15	
	9-11			3.0	5.0	85	110		500	39	45		200				300			20	
	12-14			3.5	7.0	90	130		2,000	49	60		300				400			25	
	15-18			3.5	9.0	95	130		2,200	55	65		300				400			25	
	19-29			3.5	11.0	95	150		2,400	50	60		400	20	25		450			25	
	30-49			3.5	11.0	95	150		2,400	50	60		400	20	25		450			25	
	50-64			3.5	11.0	95	150		2,400	50	60		400	20	25		450			25	
	65-74			3.5	11.0	95	150		2,400	50	60		400	20	25		450			25	
	75 이상			3.5	11.0	95	150		2,400	50	60		400	20	25		450			25	
임신부				+0	11.0	+65	+90			+3	+4		400				450			+5	
수유부				+0	11.0	+130	+190			+9	+10		400				450			+20	

자료 : 보건복지부·한국영양학회, 2015 한국인 영양소 섭취기준, 2016.

부록 2_미국인 영양소 섭취 기준(2015)

		1~3	4~8		9~13		14~18		19~30		31~50		51 이상	
		Child	Female	Male	Female	Male	Female	Male	Female	Male	Female	Male	Female	Male
Calorie level(s) assessed		1,000	1,200	1,400, 1,600	1,600	1,800	1,800	2,200, 2,800, 3,200	2,000	2,400, 2,600, 3,000	1,800	2,200	1,600	2,000
다량영양소														
단백질(g/일)	RDA	13	19	19	34	34	46	52	46	56	46	56	46	56
단백질(% kcal)	AMDR	5~20	10~30	10~30	10~30	10~30	10~30	10~30	10~35	10~35	10~35	10~35	10~35	10~35
탄수화물(g/일)	RDA	130	130	130	130	130	130	130	130	130	130	130	130	130
탄수화물(% kcal)	AMDR	45~65	45~65	45~65	45~65	45~65	45~65	45~65	45~65	45~65	45~65	45~65	45~65	45~65
식이섬유(g/1,000 kcal)	14g/1,000 kcal	14	16.8	19.6	22.4	25.2	25.2	30.8	28	33.6	25.2	30.8	22.4	28
단순당(% kcal)	DGA	< 10%	< 10%	< 10%	< 10%	< 10%	< 10%	< 10%	< 10%	< 10%	< 10%	< 10%	< 10%	< 10%
총지방(% kcal)	AMDR	30~40	25~35	25~35	25~35	25~35	25~35	25~35	20~35	20~35	20~35	20~35	20~35	20~35
포화지방(% kcal)	DGA	< 10%	< 10%	< 10%	< 10%	< 10%	< 10%	< 10%	< 10%	< 10%	< 10%	< 10%	< 10%	< 10%
Linoleic acid(g)	AI	7	10	10	10	12	11	16	12	17	12	17	11	14
Linolenic acid(g)	AI	0.7	0.9	0.9	1	1.2	1.1	1.6	1.1	1.6	1.1	1.6	1.1	1.6
무기질														
칼슘(mg/일)	RDA	700	1,000	1,000	1,300	1,300	1,300	1,300	1,000	1,000	1,000	1,000	1,200	1,000[b)]
철분(mg/일)	RDA	7	10	10	8	8	15	11	18	8	18	8	8	8
마그네슘(mg/일)	RDA	80	130	130	240	240	360	410	310	400	320	420	320	420
인(mg/일)	RDA	460	500	500	1,250	1,250	1,250	1,250	700	700	700	700	700	700
칼륨(mg/일)	AI	3,000	3,800	3,800	4,500	4,500	4,700	4,700	4,700	4,700	4,700	4,700	4,700	4,700
나트륨(mg/일)	UL	1,500	1,900	1,900	2,200	2,200	2,300	2,300	2,300	2,300	2,300	2,300	2,300	2,300
아연(mg/일)	RDA	3	5	5	8	8	9	11	8	11	8	11	8	11
구리(μg/일)	RDA	340	440	440	700	700	890	890	900	900	900	900	900	900
망간(mg/일)	AI	1.2	1.5	1.5	1.6	1.9	1.6	2.2	1.8	2.3	1.8	2.3	1.8	2.3
셀레늄(μg/일)	RDA	20	30	30	40	40	55	55	55	55	55	55	55	55

(계속)

		1~3	4~8		9~13		14~18		19~30		31~50		51 이상	
		Child	Female	Male	Female	Male	Female	Male	Female	Male	Female	Male	Female	Male
Calorie level(s) assessed		1,000	1,200	1,400, 1,600	1,600	1,800	1,800	2,200, 2,800, 3,200	2,000	2,400, 2,600, 3,000	1,800	2,200	1,600	2,000
비타민														
비타민 A(μg/일)	RDA	300	400	400	600	600	700	900	700	900	700	900	700	900
비타민 E(mg 알파 토코페롤/일)	RDA	6	7	7	11	11	15	15	15	15	15	15	15	15
비타민 D(IU/일)	RDA	600	600	600	600	600	600	600	600	600	600	600	600[c]	600[c]
비타민 C(mg/일)	RDA	15	25	25	45	45	65	75	75	90	75	90	75	90
비타민 B_1(mg/일)	RDA	0.5	0.6	0.6	0.9	0.9	1	1.2	1.1	1.2	1.1	1.2	1.1	1.2
비타민 B_2(mg/일)	RDA	0.5	0.6	0.6	0.9	0.9	1	1.3	1.1	1.3	1.1	1.3	1.1	1.3
나이아신(mg/일)	RDA	6	8	8	12	12	14	16	14	16	14	16	14	16
비타민 B_6(mg/일)	RDA	0.5	0.6	0.6	1	1	1.2	1.3	1.3	1.3	1.3	1.3	1.5	1.7
비타민 B_{12}(μg/일)	RDA	0.9	1.2	1.2	1.8	1.8	2.4	2.4	2.4	2.4	2.4	2.4	2.4	2.4
콜린(mg/일)	AI	200	250	250	375	375	400	550	425	550	425	550	425	550
비타민 K(μg/일)	AI	30	55	55	60	60	75	75	90	120	90	120	90	120
엽산(μg/일)	RDA	150	200	200	300	300	400	400	400	400	400	400	400	400

[a]RDA=Recommended Dietary Allowance(권장섭취량), AI=Adequate Intake(충분섭취량), UL=Tolerable Upper Intake Level(최대 섭취량), AMDR=Acceptable Macronutrient Distribution Range(섭취 가능한 범위), DGA=2015-2020 Dietary Guidelines recommended limit(식이섬유 최소 섭취기준); 14 g/1,000 kcal

[b]71세 이상 남성에 대한 칼슘 권장섭취량은 1,200 mg/일.

[c]71세 이상 남성과 여성에 대한 비타민 D 권장섭취량은 800 IU임.

자료 : Institute of Medicine. Dietary Reference Intakes: The essential guide to nutrient requirements. Washington (DC): The National Academies Press; 2006.
Institute of Medicine. Dietary Reference Intakes for Calcium and Vitamin D. Washington (DC): The National Academies Press; 2010.

부록 3_표준주기율표

표 준 주 기 율 표
Periodic Table of the Elements

표기법 :

원자 번호 **기호** 원소명(국문) 원소명(영문) 일반 원자량 표준 원자량

1	2	3	4	5	6	7	8	9	10	11	12	13	14	15	16	17	18
1 **H** 수소 hydrogen 1.008 [1.0078, 1.0082]																	2 **He** 헬륨 helium 4.0026
3 **Li** 리튬 lithium 6.94 [6.938, 6.997]	4 **Be** 베릴륨 beryllium 9.0122											5 **B** 붕소 boron 10.81 [10.806, 10.821]	6 **C** 탄소 carbon 12.011 [12.009, 12.012]	7 **N** 질소 nitrogen 14.007 [14.006, 14.008]	8 **O** 산소 oxygen 15.999 [15.999, 16.000]	9 **F** 플루오린 fluorine 18.998	10 **Ne** 네온 neon 20.180
11 **Na** 소듐 sodium 22.990	12 **Mg** 마그네슘 magnesium 24.305 [24.304, 24.307]											13 **Al** 알루미늄 aluminium 26.982	14 **Si** 규소 silicon 28.085 [28.084, 28.086]	15 **P** 인 phosphorus 30.974	16 **S** 황 sulfur 32.06 [32.059, 32.076]	17 **Cl** 염소 chlorine 35.45 [35.446, 35.457]	18 **Ar** 아르곤 argon 39.948
19 **K** 포타슘 potassium 39.098	20 **Ca** 칼슘 calcium 40.078(4)	21 **Sc** 스칸듐 scandium 44.956	22 **Ti** 타이타늄 titanium 47.867	23 **V** 바나듐 vanadium 50.942	24 **Cr** 크로뮴 chromium 51.996	25 **Mn** 망가니즈 manganese 54.938	26 **Fe** 철 iron 55.845(2)	27 **Co** 코발트 cobalt 58.933	28 **Ni** 니켈 nickel 58.693	29 **Cu** 구리 copper 63.546(3)	30 **Zn** 아연 zinc 65.38(2)	31 **Ga** 갈륨 gallium 69.723	32 **Ge** 저마늄 germanium 72.630(8)	33 **As** 비소 arsenic 74.922	34 **Se** 셀레늄 selenium 78.971(8)	35 **Br** 브로민 bromine 79.904 [79.901, 79.907]	36 **Kr** 크립톤 krypton 83.798(2)
37 **Rb** 루비듐 rubidium 85.468	38 **Sr** 스트론튬 strontium 87.62	39 **Y** 이트륨 yttrium 88.906	40 **Zr** 지르코늄 zirconium 91.224(2)	41 **Nb** 나이오븀 niobium 92.906	42 **Mo** 몰리브데넘 molybdenum 95.95	43 **Tc** 테크네튬 technetium	44 **Ru** 루테늄 ruthenium 101.07(2)	45 **Rh** 로듐 rhodium 102.91	46 **Pd** 팔라듐 palladium 106.42	47 **Ag** 은 silver 107.87	48 **Cd** 카드뮴 cadmium 112.41	49 **In** 인듐 indium 114.82	50 **Sn** 주석 tin 118.71	51 **Sb** 안티모니 antimony 121.76	52 **Te** 텔루륨 tellurium 127.60(3)	53 **I** 아이오딘 iodine 126.90	54 **Xe** 제논 xenon 131.29
55 **Cs** 세슘 caesium 132.91	56 **Ba** 바륨 barium 137.33	57–71 란타넘족 lanthanoids	72 **Hf** 하프늄 hafnium 178.49(2)	73 **Ta** 탄탈럼 tantalum 180.95	74 **W** 텅스텐 tungsten 183.84	75 **Re** 레늄 rhenium 186.21	76 **Os** 오스뮴 osmium 190.23(3)	77 **Ir** 이리듐 iridium 192.22	78 **Pt** 백금 platinum 195.08	79 **Au** 금 gold 196.97	80 **Hg** 수은 mercury 200.59	81 **Tl** 탈륨 thallium 204.38 [204.38, 204.39]	82 **Pb** 납 lead 207.2	83 **Bi** 비스무트 bismuth 208.98	84 **Po** 폴로늄 polonium	85 **At** 아스타틴 astatine	86 **Rn** 라돈 radon
87 **Fr** 프랑슘 francium	88 **Ra** 라듐 radium	89–103 악티늄족 actinoids	104 **Rf** 러더포듐 rutherfordium	105 **Db** 두브늄 dubnium	106 **Sg** 시보귬 seaborgium	107 **Bh** 보륨 bohrium	108 **Hs** 하슘 hassium	109 **Mt** 마이트너륨 meitnerium	110 **Ds** 다름슈타튬 darmstadtium	111 **Rg** 뢴트게늄 roentgenium	112 **Cn** 코페르니슘 copernicium	113 **Nh** 니호늄 nihonium	114 **Fl** 플레로븀 flerovium	115 **Mc** 모스코븀 moscovium	116 **Lv** 리버모륨 livermorium	117 **Ts** 테네신 tennessine	118 **Og** 오가네손 oganesson

57 **La** 란타넘 lanthanum 138.91	58 **Ce** 세륨 cerium 140.12	59 **Pr** 프라세오디뮴 praseodymium 140.91	60 **Nd** 네오디뮴 neodymium 144.24	61 **Pm** 프로메튬 promethium	62 **Sm** 사마륨 samarium 150.36(2)	63 **Eu** 유로퓸 europium 151.96	64 **Gd** 가돌리늄 gadolinium 157.25(3)	65 **Tb** 터븀 terbium 158.93	66 **Dy** 디스프로슘 dysprosium 162.50	67 **Ho** 홀뮴 holmium 164.93	68 **Er** 어븀 erbium 167.26	69 **Tm** 툴륨 thulium 168.93	70 **Yb** 이터븀 ytterbium 173.05	71 **Lu** 루테튬 lutetium 174.97
89 **Ac** 악티늄 actinium	90 **Th** 토륨 thorium 232.04	91 **Pa** 프로트악티늄 protactinium 231.04	92 **U** 우라늄 uranium 238.03	93 **Np** 넵투늄 neptunium	94 **Pu** 플루토늄 plutonium	95 **Am** 아메리슘 americium	96 **Cm** 퀴륨 curium	97 **Bk** 버클륨 berkelium	98 **Cf** 캘리포늄 californium	99 **Es** 아인슈타이늄 einsteinium	100 **Fm** 페르뮴 fermium	101 **Md** 멘델레븀 mendelevium	102 **No** 노벨륨 nobelium	103 **Lr** 로렌슘 lawrencium

* 표준 원자량은 2011년 IUPAC에서 결정한 새로운 형식을 따른 것으로 [ ] 안에 표시된 숫자는 2종류 이상의 안정한 동위원소가 존재하는 경우에 지각 시료에서 발견되는 자연 존재비의 분포를 고려한 표준 원자량의 범위를 나타낸 것임. 자세한 내용은 *Pure Appl. Chem.* 83, 359–396(2011); doi:10.1351/PAC-REP-10-09-14을 참조.

** 붉은색으로 표시된 원소는 필수영양소(다량원소와 미량원소)

부록 4_SI 단위 접두어

10^n	접두어	기호
10^{24}	요타(yotta)	Y
10^{21}	제타(zetta)	Z
10^{18}	엑사(exa)	E
10^{15}	페타(peta)	P
10^{12}	테라(tera)	T
10^{9}	기가(giga)	G
10^{6}	메가(mega)	M
10^{3}	킬로(kilo)	k
10^{2}	헥토(hecto)	h
10^{1}	데카(deca)	da
$1 (10^{0})$		
10^{-1}	데시(deci)	d
10^{-2}	센티(centi)	c
10^{-3}	밀리(milli)	m
10^{-6}	마이크로(micro)	μ
10^{-9}	나노(nano)	n
10^{-12}	피코(pico)	p
10^{-15}	펨토(femto)	f
10^{-18}	아토(atto)	a
10^{-21}	젭토(zepto)	z
10^{-24}	욕토(yocto)	y

연습문제 풀이와 정답

01 서론

1 영양이란 식품을 섭취하고 소화, 흡수, 대사하는 과정을 거쳐 영양소를 이용하여 에너지 생성 및 체조직 구성 등의 기능을 함으로써 생명 활동을 유지하는 과정이다. 영양소의 섭취가 부적절할 경우 영양 결핍, 영양 과잉 및 영양 불균형과 같은 영양 불량 상태를 일으키고 건강 문제를 유발할 수 있으므로 균형 잡힌 영양 상태를 유지해야 한다.

2 우리나라의 6가지 식품군은 곡류(300 kcal), 고기·생선·달걀, 콩류(100 kcal), 채소류(15 kcal), 과일류(50 kcal), 우유·유제품류(125 kcal), 유지·당류(45 kcal)이며, 영양소의 섭취기준은 영양의 부족을 평가하기 위한 평균필요량(estimated average requirement, EAR), 영양 권장량과 동일한 개념인 권장섭취량(recommended nutrient intake, RNI), 영양소 필요량에 대한 정확한 자료가 부족하여 권장섭취량을 정할 수 없는 경우 역학조사를 통하여 얻은 건강한 사람들의 영양소 섭취량의 중앙값인 충분섭취량(adequate intake, AI), 건강 유해 영향이 나타나지 않는 최대 영양소 섭취 수준이 되는 상한섭취량(tolerable upper intake level, UL)이 있다.

02 탄수화물

1 탄수화물은 체내에서 소화 흡수된 후 포도당으로 분해되어 필요한 에너지의 60% 이상을 공급하고, 남은 포도당은 글리코겐 형태로 근육과 간에 저장되거나 체지방 형성에 이용된다. 또 단백질의 절약작용, 케톤증의 방지, 신체의 구성 성분, 그리고 단맛을 제공하는 기능도 한다.

2 당뇨병에는 이자의 인슐린 분비 기능 저하로 인슐린이 부족한 상태인 제1형 당뇨병과, 인슐린 분비 기능은 일정 수준을 유지하나 인슐린 저항성(수용체 감소)과 같은 부작용으로 인해 상대적으로 인슐린 결핍 상태인 제2형 당뇨병이 있다. 당뇨병을 관리하기 위해서는 전곡류에 들어 있는 다당류나 식이섬유와 같은 복합 당질의 충분한 섭취가 필요하다. 식이섬유는 소화는 되지 않으나 물을 흡수하여 겔(gel)을 형성하는 성질이 있어서 포만감을 줄 뿐만 아니라 탄수화물과 지질의 소화와 흡수 속도를 늦추어 혈당의 급격한 상승을 예방한다.

3 여기에 해당하는 당은 라피노스, 스타키오스 등이 있으며 이들은 갈락토스, 포도당, 과당으로 구성되어 있는 3당류와 4당류이다. 이들 당은 가스 유발 인자로 알려져 있어서 콩류를 먹으면 배에 가스가 차는 불편함이 따른다.

이러한 불리한 점에도 불구하고 올리고당으로서의 장점들이 최근 관심을 받고 있다. 소위 대두올리고당이라고 불리는 당들은 기능성이 있는 식품 원료이며, 올리고당 형태로 이용되거나 대두올리고당을 만드는 원료로 이용되고 있다. 올리고당은 충치 예방에 도움이 되고 장내의 유익한 세균 증식을 돕는 효과가 있는 젖당(갈락토스-포도당) 구조에 과당이 한 분자가 더 붙어 있거나, 라피노스에 갈락토스가 한 분자 더 붙어 있는 구조로서 분해되면 젖당 구조를 가질 수 있어 장내세균(유익한 균) 증식에 효과적이다.

올리고당은 비피두스 증식 효과뿐만 아니라 체내에서 수용성 식이섬유와 같은 작용을 하는 것으로 보고되어 있으며, 소장의 소화효소에 의해 소화되지 않고 체내에서의 작용 역시 수용성 식이섬유와 비슷한데 비피두스의 선택적 증식 효과가 더 뛰어나다. 올리고당은 소화효소에 의해 분해되지 않고 소화 흡수가 되지 않은 채 대장에 도달하는 난소화성 물질로, 대장에 존재하는 비피두스균과 같은 유익균에 의해 아세테이트, 프로피온산, 부틸산 같은 휘발성 지방산으로 전환되므로 칼로리가 거의 없다. 체내 소화효소에 의해서 완전히 소화되지 않아 낮은 열량을 발생하는 물질로 다른 감미료에 비해 다이어트 효과를 기대할 수 있다. 예를 들면 대두올리고당의 감미도는 설탕의 70% 정도이며, 올리고당이 생산하는 열량은 설탕의 절반에 해당한다.

03 지질

1 포화지방산에는 지방산의 사슬 내에 이중결합 없이 단일결합만 존재하고, 불포화지방산에는 지방산 사슬 내에 1개 이상의 이중결합이 존재한다. 불포화지방산은 1개의 이중결합을 가진 단일불포화지방산과 2개 이상의 이중결합을 가진 다가불포화지방산으로 나뉜다.

2 γ-리놀렌산은 체내에서 리놀레산으로부터 합성되지만 α-리놀렌산은 합성되지 않는다.

3 n-3 지방산(오메가-3 지방산)은 화학 구조에서 말단 메틸기로부터 3번째 탄소 원자에 이중결합이 존재하는 것을 특징으로 하는 다가불포화지방산으로 식물성 기름에서 발견되는 α-리놀렌산, 등푸른생선에 존재하는 에이코사펜타엔산(EAP)과 도코사헥사엔산(DHA)이 대표적이다. 오메가-3 지방산의 섭취가 건강적 측면에서 유익한 점으로는 두뇌 발달 촉진, 노인성 치매 예방, 학습 능력 향상을 들 수 있다.

한편 트랜스지방산은 반추동물의 위에 공생하는 미생물에 의해 합성되므로 반추동물의 생산물(우유, 유제품, 고기)에 함유되어 있으며, 식용유지의 경화 과정에서도 생성되는 지방산의 일종으로 심장병 발생 위험성을 증가시킨다.

04 단백질

1 아미노산은 아미노기(-NH_2)와 카복실기(-COOH)를 가진 생물체 내 단백질 분자를 구성하는 단위로 20종이 있으며, 체내에서 필요한 양이 충분히 합성되지 않아 반드시 섭취해야 하는 필수아미노산과 체내에서 합성 가능한 비필수아미노산으로 나뉜다. 단백질은 근육 및 골격 등과 같은 신체의 구성 성분으로서뿐만 아니라 효소, 호르몬 및 신경전달물질을 합성하고, 영양소 운반 및 에너지원으로도 기능한다.

2 오랫동안 단백질 섭취가 부족하면 에너지 섭취 부족과 함께 발육 장애, 체중 감소, 근육의 쇠약, 2차성 빈혈 및 부종을 유발할 수 있으며, 어린이의 경우에는 콰시오커와 마라스무스와 같은 단백질 결핍증이 나타난다. 반대로 단백질의 과다 섭취는 소화불량, 설사, 탈수, 메스꺼움, 두통, 간과 신장의 손상, 요독증 등과 연관이 있다는 보고가 있다. 또한 체액의 산성화로 뼈에서 칼슘의 용출이 증가되어 골밀도를 저하시킬 수 있다.

05 소화와 흡수

1 탄수화물은 입에서 전분 분해효소인 침 아밀라아제(salivary amylase, ptyalin)에 의해 덱스트린이나 엿당으로 일부 분해되며, 위에서는 탄수화물의 소화가 거의 일어나지 않고 소장에서 대부분 이루어진다. 소장에서 탄수화물은 이자 아밀라아제(pancreatic amylase)에 의해 이당류인 엿당까지 분해된 후 소장의 공장 점막세포벽의 미세융모에 있는 말타아제(maltase), 수크라아제(sucrase), 락타아제(lactase) 등의 이당류 분해효소에 의해 포도당, 과당, 갈락토스 등의 단당류로 분해되어 과당은 촉진확산, 그리고 포도당과 갈락토스는 능동수송에 의해 흡수된다.

식이섬유를 분해하는 소화효소가 입이나 소장에는 존재하지 않아 그대로 대장까지 내려간 후 불용성 식이섬유는 배설되고, 수용성 식이섬유는 장내세균에 의해 분해되어 단쇄지방산과 가스를 생성하며, 단쇄지방산은 대장 세포의 에너지원으로 활용된다.

2 단백질은 구강 내에서 소화되지 않고 위에서 소화가 시작되는데 위산에 의해 펩시노겐이 펩신으로 전환되어 단백질을 폴리펩타이드 형태인 펩톤으로 먼저 분해한다. 소장에 도달한 폴리펩타이드는 이자와 소장에서 분비되는 소화효소에 의해 더 작은 폴리펩타이드나 다이펩타이드로 분해된 후 최종적으로 소장 점막의 펩티다아제(peptidase)에 의해 아미노산으로 분해된다. 완전 분해된 아미노산은 소장 점막에서 주로 능동수송으로 흡수되며 일부는 단순확산으로도 흡수된다.

지질은 혀밑샘에서 분비되는 리파아제(lipase)에 의해 소화가 시작되며, 위에서는 소량의 중성지질이 다이글리세라이드와 유리지방산으로 분해된다. 본격적인 지질의 소화는 소장에서 일어나는데 쓸개즙에 지질이 유화된 후 이자 지방 분해효소에 의해 지방산과 모노글리세라이드로 분해된다. 분해된 지방산, 모노글리세라이드는 단순확산을 통해 세포 내로 흡수된 후 단쇄와 중쇄 지방산은 모세혈관을 통하여, 장쇄지방산은 모노글리세라이드와 결합하여 중성지질로 되고, 킬로미크론을 형성하여 흡수되어 유미관, 림프관을 거쳐 간으로 운반된다.

3 유리지방산과 모노아실글리세라이드(monoacylglyceride)는 중성지질(triacylglyceride)로 재합성된다. 중성지질 자체는 세포막을 통과할 수 없지만 킬로미크론이라는 지단백질 입자로 영입된다. 킬로미크론은 중성지질 이외에 인지질, 특정 단백질류, 콜레스테롤과 그 에스터로 이루어져 있다. 킬로미크론은 림프의 세포 배출(lymphatic exocytosis)에 의해 방출되며, 흉관(thoracic duct)을 통해 우유상 에멀션 형태로 혈관으로 방출된다.

06 에너지 대사

1 체내에 필요한 에너지는 흡수된 영양 성분 가운데 탄수화물(4 kcal/g), 지질(9 kcal/g) 및 단백질(4 kcal/g)에 의해 생성되며, 생명 유지를 위한 기본적인 신체 기능을 수행하는 데 필요한 기초대사, 일상의 모든 신체 활동에 필요한 활동대사, 섭취한 식품의 소화, 흡수, 대사에 필요한 에너지 소비 및 환경 변화에 필요한 적응대사를 통해 소비된다.

2 에너지의 불균형은 비만과 저체중을 초래할 수 있는데 에너지 섭취 과잉으로 인한 비만은 고혈압, 당뇨병 및 심장 질환 등을 유발할 수 있고, 에너지 섭취 부족으로 인한 저체중은 체지방과 체단백질의 손실로 인하여 질병에 대한 면역력 감소 또는 회복력을 저하시킨다. 어린이의 경우는 성장을 지연시킬 수 있다. 또한 신경성 섭식 장애인 신경성 거식증과 폭식증은 에너지의 불균형으로 인한 비만이나 신체 쇠약을 유발할 수 있다.

3 비만 관리를 위한 식이요법이 필요한 상태로, 균형 잡힌 식생활을 습관화하고 신체 활동은 점차 늘려나간다. 적절한 운동을 병행하면서 식사를 정해진 시간에 평소 식사량의 3분의 2 정도만 섭취하도록 하며, 1회 식사에 30분 이상의 시간을 들여 음식을 천천히 먹고 특히 저녁은 과식하지 않도록 한다. 식이섬유와 단백질이 풍부한 현미밥, 채소, 두부, 해조류 위주로 식사하고, 볶거나 튀기는 요리 대신 찌거나 굽거나 데친 요리를 먹는다. 간식을 꼭 먹어야 한다면 채소, 저지방 유제품, 과일 중에서 선택한다.

4 뇌는 지방산을 사용할 수 없고 반드시 포도당이어야만 한다. 이는 미토콘드리아가 존재하지 않는 적혈구의 경우도 마찬가지이다. 이들 세포 및 기관은 해당 과정으로만 에너지를 생산할 수 있다.

5 간은 포도당 신생합성반응을 위한 적절한 기질이 공급되어야 한다. 근육 소모는 유리아미노산을 생산하고, 이들 아미노산은 피루브산, 옥살아세트산 등을 거쳐 포도당으로 전환된다.

07 물

1 물은 생명 활동 유지를 위한 필수영양소 중의 하나로 신체 구성 성분의 60~70%를 차지하며, 영양소와 노폐물의 운반, 체온 조절, 체내 대사반응의 용매, 전해질의 균형, 그리고 외부 충격으로부터 체내 기관을 보호하는 기능을 한다. 체내의 수분은 식품(50%), 음료수(40%) 및 대사수에 의해 섭취되고, 소변, 피부 호흡, 폐호흡 및 대변을 통해 배설된다.

2 체내 수분량의 1~2%가 손실되면 갈증을 느끼고, 4~12%가 손실되면 피로를 느끼며 무기력해지고, 20% 이상 손실 시 사망하게 된다. 또한 단백질 섭취 부족으로 혈중 알부민의 농도가 감소하면 혈액 삼투압 유지를 위해서 혈중 수분이 세포간액으로 빠져나가면서 부종을 일으킨다.

08 다량무기질

1 칼슘은 골격과 치아의 주요 구성 성분이며, 혈액의 응고작용, 신경 자극 전달, 세포의 대사 및 근육의 수축과 이완 기능을 한다. 칼슘과 인의 비율이 1:1일 때 흡수가 가장 효율적이며, 칼슘에 비해 인의 섭취량이 많아지면 골격이 약해지거나 골격 성장이 부진할 수 있다.

2 골다공증은 성호르몬인 에스트로겐의 분비 저하로 뼈 밀도가 낮아져서 발생하는데 뼈의 주요 성분인 칼슘의 섭취가 잘 이루어지지 않거나 운동 부족으로 악화될 수 있는 병이다. 칼슘 또는 비타민 D가 부족한 식사를 오래 계속하면 골격 조직에서 칼슘 유출이 심각하게 일어남으로써 골격의 강직성이 저하된다. 예방을 위해서는 뼈째 먹는 생선, 우유 및 유제품을 섭취하고 가벼운 맨손체조 등 운동을 습관화하는 것이 중요하다. 우유를 생산하는 젖소의 경우 송아지의 뼈 형성을 위해 칼슘이 함유된 우유를 만드느라 자신의 뼈를 튼튼하게 유지하지 못하기 때문에 뼈에 많은 구멍이 뚫려 있음을 볼 수 있다. 반면

일반적인 한우는 임신 횟수가 젖소보다 적고 운동을 많이 하기 때문에 이와 같은 현상을 발견할 수 없다. 따라서 임산부나 산모가 출산 전후 골격의 강직성을 위해 칼슘 섭취를 잘해야 하는 이유 역시 여기에 있다.

3 나트륨 결핍증이 나타나는 경우는 매우 드물지만, 나트륨을 장기간 과다 섭취하면 고혈압의 주요 원인이 된다. 고혈압 외에 뇌졸중, 좌심실 비후, 부종, 위궤양 및 위암을 일으키기도 한다. 또 소변 중 칼슘 배설량을 증가시켜 과칼슘뇨증으로 인해 신장 결석(kidney stone)의 원인이 되기도 한다.

09 미량무기질

1 철은 체내 효소, 헤모글로빈 및 미오글로빈의 성분으로 산소의 이동과 저장, 신경과 두뇌의 발달과 정상적인 면역 기능 유지에 관여한다. 철분의 섭취가 부족할 경우 철 결핍성 빈혈이 나타난다. 철 대사에 관여하는 미량무기질은 구리로 체내에서 철의 흡수를 돕고, 결합조직을 구성하는 콜라겐과 엘라스틴 합성에 필수적인 라이실 산화효소를 활성화시켜 결합조직의 합성에도 관여하며 여러 가지 금속효소의 구성 성분으로 존재한다. 구리 섭취가 부족할 경우 적혈구와 백혈구 수치의 감소로 인한 빈혈, 골격의 비정상화, 머리카락 탈색, 결합조직의 손상 및 성장 부진 등을 초래할 수 있다.

2 셀레늄은 항산화 기능을 가진 대표적 미량무기질로, 체내 글루타티온 과산화효소의 구성 성분으로 활성산소를 제거하여 세포의 산화적 손상과 지질과산화를 예방하며, 비타민 E의 절약, 갑상선호르몬의 활성형 전환 및 면역 기능에도 중요한 역할을 하는 것으로 알려져 있다. 셀레늄 섭취가 부족할 경우 요오드 결핍으로 갑상선 기능저하증이 악화할 수 있으며, 탈모, 생식 불능, 근육의 통증 및 약화, 간과 이자 기능의 약화, 그리고 최근에는 심장 근육 질환인 케산병을 유발하는 것으로 알려져 있다. 그 밖에도 구리, 아연, 망간은 대표적인 항산화효소인 초과산화물 제거효소(SOD)의 활성에 필수적이다.

10 지용성 비타민

1 비타민 D의 전구물질에는 식물체에 존재하는 비타민 D_2(ergocalciferol)와 동물체에 존재하는 비타민 D_3(cholecalciferol)가 있다. 비타민 D_3는 피부에 있는 7-데하이드로콜레스테롤(7-dehydrocholesterol)이 자외선에 의해 전환된 불활성화 형태로 간에 저장되었다가, 필요시 25-OH-비타민 D_3로 전환된 후 신장에서 활성 형태인 1,25-$(OH)_2$-비타민

D_3(calcitriol)로 전환된다. 비타민 D_2는 식품에 존재하는 불활성 형태로 섭취된 후 저장되었다가 필요시 비타민 D_3와 동일한 과정을 거쳐 활성형 형태로 전환된다.

2 당근이나 오렌지와 같이 베타-카로틴을 함유한 식품의 과다 섭취 시 카로틴혈증이 나타난다. 이는 피부 및 지방세포에 축적되기 때문으로 특별한 부작용은 알려진 바 없으며, 섭취를 중단하면 증상은 사라진다.

11 수용성 비타민

1 가임기 여성에 가장 섭취를 권장하는 수용성 비타민은 엽산으로, 신경관이 손상된 아기의 출산 위험을 감소시키기 위해서 임신 전과 초기 몇 주간 섭취를 권장한다. 엽산은 체내 세포에서 다양한 유도체로 전환되어 조효소로서의 활성을 가지며, DNA 합성과 세포분열, 아미노산 대사, 적혈구 성숙에 중요한 역할을 한다. 엽산의 섭취가 부족하면 적혈구 전구세포가 DNA를 합성할 수 없어 세포 분열을 하지 못하여 큰적혈구빈혈을 유발할 수 있다.

2 섭취 부족 시 큰적혈구빈혈을 일으키는 수용성 비타민으로는 엽산과 비타민 B_{12}가 있다. 엽산은 푸린 염기와 티아민을 합성하여 DNA와 RNA 합성을 원활하게 하는데 섭취가 부족하면 적혈구 전구세포가 DNA를 합성할 수 없어 세포분열이 잘 안 되어, 적혈구 크기가 커지는 큰적혈구빈혈을 유발한다. 비타민 B_{12}는 엽산을 활성 형태로 전환시키는 데 필수적인 비타민으로 섭취 부족 시 엽산의 농도가 적당해도 활성형 엽산이 부족한 상태가 되어 DNA를 합성할 수 없게 되므로 적혈구 생성이 잘 안 되어 큰적혈구빈혈이 유발된다.

찾아보기

ㄱ

가소화 필수아미노산가 80
가스트린 95
가스트린저해펩타이드 96
각기병 180, 206
갈락토사민 30
갈락토스 26, 28, 39
갈락투론산 29
갈색지방조직 104
감마-아미노부틸산 215
감마-아미노뷰티르산 67
감칠맛 64
갑상선글로불린 170
갑상선기능항진증 107, 170
갑상선종 170
갑상선종유발물질 170
강심 배당체 37
개입 단계 118
거식증 106
건강기능식품 소재 40
건성 각기병 209
겐티오바이오스 32
견갑골하 피부 두께 126
경장영양 106
고셰병 38
고콜레스테롤 혈증 127
고호모시스테인혈증 220
골다공증 153
골연화증 153, 191
골 흡수 151
공복혈당 장애 41
공액리놀레산 50
공장 94, 122
과당 26, 28
괴혈병 203
구강 내 리파아제 121
구루병 153
구순구각염 212
국민건강영양조사 16
권장섭취량 18
근육세포질그물 151
글루카곤 119
글루카곤 호르몬 111
글루코사민 36
글루코코티코이드 119
글루콘산 30
글루타티온 69, 131
글루타티온 과산화효소 171
글루타티온 환원효소 171
글루테닌 63
글루텐 63
글루텔린 63, 76
글리세르알데하이드 26
글리시닌 77
글리아딘 63
글리코겐 32, 34, 110
글리코겐 합성효소 119
글리코케노데옥시콜산 128
글리코콜산 95, 128
기초대사율 103
기형유발물질 188

ㄴ

나이아신 67, 182, 212
나트륨 154
내당능 장애 41
내인성 인자 93
노르에피네프린 215
노화 34
능동수송 97
닌하이드린 65

ㄷ

다가불포화지방산 49
다당류 26
다량 원소 148
다이아스타제 31
다이옥시게나아제 185
다이하이드록시아세톤 26
단당류 26
단백질 상호 보완 82
단백질 소화율 보정 아미노산가 80
단백질인산화효소 C 151
단쇄지방산 48
단일불포화지방산 49
단일염기 다형성 222
단풍시럽뇨병 208
당뇨 41
당뇨병 121
당알코올 39
당화헤모글로빈 41
대사수 108, 142
대사작용 107
데옥시아데노실코발라민 224
데옥시콜산 95
데하이드로아스코브산 202
덱스트린 35
도파민 67, 215
동화작용 107, 108
들깨유 50
등전점 64
D-만누론산 36

■ ㄹ
라미나리오스 36
라미나린 36
라이실 산화효소 168
락타아제 31
락토글로불린 75
락트알부민 29, 75
레시틴 51
레티날 183
레티놀 183
레티놀 결합단백질 129
레틴산 183
로돕신 186
리놀레산 49, 53
리놀렌산 49
리보스 28
리보플라빈 209
리보핵산 38
리소인지질 121
리코펜 184
리포비텔레닌 74
리포비텔린 74
리포산 182, 230
림프관 95

■ ㅁ
마그네슘 155
마라스무스 85
만난 29, 36
만노스 26, 28, 29
만니톨 29
말타아제 31
말토덱스트린 35
망간 173
메나디온 195
메나퀴논 195
메토트렉세이트 218
메티오닌 224
메티오닌 합성효소 224
메틸말로닐 CoA 224
메틸말로닐 CoA 뮤타아제 224
메틸코발라민 218, 224
멜리바이오스 32
모나콜린 K 127
모노글리세라이드 121
몰리브덴 173
미국 농무성 15
미량 원소 148
미세융모 96
미셀 122
미오신 76, 151
밀론 반응 78

■ ㅂ
배당체 37
베타-구조 69
베타-글루칸 40
베타-락토글로불린 75
베타-병풍 구조 70
베타-산화 123
베타-세포 41
베타-아밀라아제 34
베타-카로틴 185
베타-하이드록시뷰티르산 39
베타-회전 69
벽세포 93
변광회전 31
변성 72
보결분자단 61
보조인자 162, 165
복합단백질 61
봄열량계 102
부갑상선호르몬 149, 150, 190
부종 73
분절운동 96
불포화지방산 48
불포화효소 125
뷰렛 반응 78
비오시틴 229
비오티니다제 230
비오틴 182, 228
비타민물질 180
비타민 B_1 182, 206
비타민 B_2 182
비타민 B_6 182, 214
비타민 B_{12} 182, 222
비타민 C 202
비타민 D 189
비토 반점 188
비필수아미노산 129
비헴철 164
비환원당 31
빌리루빈 128

■ ㅅ
사이아노코발라민 222
사포닌 37
4차 구조 71
산증 156
산화적 인산화 108
산화적 탈아미노반응 130
삼두박근 부위 피부층 두께 126
상한섭취량 18
생물가 81
생체전기저항분석법 126
석시닐 CoA 224
설염 212
설탕 30
섬유소 35
성인형 당뇨 41
세계보건기구 14
세레브로사이드 37
세로토닌 67, 215
세룰로플라스민 167

7-데하이드로콜레스테롤 189
세칼린 63
세크레틴 96
세팔린 51
세포간질 73
셀레노시스테인 171
셀레늄 171
셀로바이오스 32
셀룰라아제 32
셀리악병 63
소수결합 71
소아형 당뇨 41, 121
속쓰림 94
솔비톨 29
수동적 확산 97
수산화인회석 148
수산화효소 203
수소결합 71
수용성 비타민 181
수크라제 31
수크로스 30
스테롤 48, 51
스테아르산 48
스트렙토코쿠스 무탄스 42
스티그마스테롤 51
스핑고미엘린 51, 232
습성 각기병 209
시토스테롤 51
시트르산 회로 107
식도괄약근 93
식사에 따른 열발생 103
식이섬유 40
식이 지침 14
식품구성자전거 16
신경관 결손 221
신경관 결함 217
신장 결석 152, 204
실제 이용률 82
십이지장 94
쓸개 94

■ ㅇ

아그리콘 37
아나필락시스 87
아라비노스 28
아라킨 77
아르기나아제 173
아마씨유 50, 52
아미그달린 37
아미노기 전달반응 130
아미노당 29, 36
아밀라아제 34
아밀로스 33
아밀로텍스트린 35
아밀로펙틴 33
아베닌 63
아비딘 228
아세토아세테이트 39
아세톤 39
아세틸글루코사민 30
아세틸콜린 232
아스파트산아미노기 전달효소 131
아실기 운반 단백질 226
아연 집게 166
아크로덱스트린 35
악성 빈혈 93, 221, 222
안구건조증 188
안토시아니딘 37
알긴산 36
알긴산나트륨 36
R 단백질 223
알도스 30
알도스테론 139, 154
알라닌아미노기 전달효소 130
알부민 129
알칼리증 156
알파-나선 69
알파-리놀렌산 53
알파-아밀라아제 34
알파-케토글루타르산 탈수소효소 207
알파-케토산 107
알파-케토산 탈수소효소 208
액틴 76, 151
야맹증 188
에고스테롤 51, 190
에고칼시페롤 190
에를리히 반응 78
에리트로덱스트린 35
에리트로스 27
S-S결합 71
HMG-CoA 환원효소 127
에피네프린 67, 119, 215
n-3 계열 49
n-3 지방 125
n-6 계열 49
N-아세틸글루코사민 36
엔테로키나아제 94
MCT 오일 52
여성호르몬 153
연동운동 96
염소 155
엽산 182
엿당 39
영양소 섭취기준 17
영양표시제도 18
오리제닌 76
오메가-루프 69
오브알부민 29, 74
오스테오칼신 196
5탄당 28
오탄당 회로 207
5-플루오로유라실 218
옥살산 150

올레산 49
올리고당 26
옵신 186
와파린 196
요산 174
요소 회로 131
용혈성 빈혈 192
우론산 29
운반 RNA 109
위 내 리파아제 121
유문괄약근 94
유미관 95, 97, 122
유미즙 93
유화 122
유황 반응 79
융모 96
이노시톨 29
이뇨 촉진호르몬 154
이눌라아제 35
이눌린 35
이당류 26
이소티오시아네이트 170
이자액 94
이중에너지X선흡수법 126
2차 구조 69
2형 당뇨 41, 121
이화작용 107
이황화결합 72
인디칸 37
인슐린 비의존성 121
인슐린 비의존성 당뇨 41
인슐린 의존성 121
인슐린 의존성 당뇨 41
인지질 48, 51
11-시스 레티날 186
1,25-다이하이드록시 콜레칼시페롤 190
1,25-$(OH)_2D_3$ 190
1차 구조 69
1형 당뇨 41, 121
임신성 당뇨 41, 121

■ ㅈ

자당 30
자일로스 28, 39
작은적혈구빈혈 216
잔토프로테인 반응 78
잔토필 184
잔틴 산화효소 173
장간순환 95, 223
장쇄지방산 48
전령 RNA 109
전화효소 31
접합효소 218
정맥영양 106
정전기적 결합 71
젖당 28, 31, 39
젖당분해효소 42
젖당불내증 31, 42
제아잔틴 184
제인 77
젤라틴 62
조골세포 150
주세포 93
중성지질 48, 126
중쇄지방산 48
지단백리파아제 122
지방간 232
지방변 122
지방산 합성효소 125
지용성 비타민 181
지질 48

■ ㅊ

청산 배당체 37
체질량지수 106
초과산화물 제거효소 173
초저밀도 지단백 122
촉진확산 97
충분섭취량 18
충치 42
치아씨유 50
친핵성 공격 124

■ ㅋ

카니틴 123, 231
카니틴-아실카니틴 수송체 123
카로티노이드 183
카세인 75
카세인인산펩타이드 152
칼륨 155
칼빈딘 150
칼슘 결합단백질 190
칼시토닌 149, 190
캄페스테롤 51
케라틴 76
케톤 다이어트 106
케톤증 39, 106
케톤체 39, 124
케톨기 전달효소 115, 207
코발라민 222
코발트 222
코티솔 119
콘알부민 74
콜라겐 62
콜라겐 분해효소 151
콜레스테롤 127
콜레시스토카이닌 96
콜레칼시페롤 189
콜린 67, 232
콰시오커 85
크레아틴 131
크롬 174
큰적혈구빈혈 217, 218

키틴 36
킬로미크론 97, 122, 183
킬로미크론 잔유물 97

■ ㅌ
타우로케노데옥시콜산 128
타우로콜산 128
타이로신 73
탄당 26, 27
테타니 156
테트라하이드로폴레이트 218
토코트라이엔올 180
토코페롤 180
투라노스 32
25-하드록시 콜레칼시페롤 190
트라이요오도타이로닌 169
트랜스알돌라아제 115
트랜스지방 53
트랜스지방산 53
트랜스페린 162
트레오스 27
트레할로스 32
트립토판 73
특이동적 작용 105
티록신 169
티아민 파이로인산 206
티올라아제 124
티올리시스 124

■ ㅍ
파골세포 150
파세올린 77
판토텐산 182, 226
팔미트산 48
페리오스틴 196
페리틴 162
펜토스 인산 경로 114
펠라그라 212
펠링 용액 31
펩시노겐 93
펩신 93
평균필요량 17
포도당 26, 39
포도당 생성 아미노산 73
포도당 신생합성반응 39, 111
포스비틴 74
포스파티드산 126
포스파티딜세린 51
포스파티딜이노시톨 51
포스파티딜콜린 232
포스포리파아제 121
포스포리파아제 C 151
포스포릴라아제 119
포화지방산 48
폭식증 106
푸신 36
푸코이딘 36
프럭탄 35
프로트롬빈 195
프롤라민 63, 76
프티알린 93
플라바논 37
플라보놀 37
플라본 37
플루오린 172
피루브산 카복실화효소 173
피루브산 탈수소효소 113, 207
피루브산 탈탄산효소 208
피트산 29, 150
필로퀴논 194
필수아미노산 66, 129
필수지방산 53

■ ㅎ
하이드록시아파타이트 191
하이드록시코발라민 226
한국인을 위한 식생활 지침 15
한천 36
합성대사 108
항상성 149
항이뇨호르몬 139
해당작용 107
헤마토크릿 165
헤모글로빈 129
헤모시데린 162
헥소스 인산회로 114
혈당지수 39, 40
호데인 63
호모시스테인 223
호화 34
홉킨스-콜 반응 78
활동대사량 103
회장 94
휘발성 지방산 97
휴식대사량 103
흉관 95

영문

■ A
acetate 48
acetoacetate 124
acetone 124
acetylcholine 232
achrodextrin 35
acidosis 156
ACP 226
actin 76, 151
active transport 97
acyl carrier protein 226
adequate intake 18
ADH 139
agar 36
aglycone 37

alanine transaminase 131
aldonic acid 29
aldose 30
aldosterone 139, 154
alginic acid 36
alkalosis 156
allosteric regulation 118
α-amylase 34
α-D-galacturonic acid 29
α-helix 69
α-keto acid 107
α-ketoglutarate dehydrogenase 207
ALT 131
amino sugar 29, 36
amygdalin 37
amylase 31, 34
amylodextrin 35
amylopectin 33
amylose 33
anabolism 107
anaphylaxis 87
angular stomatitis 212
anorexia nervosa 106
anthocyanidine 37
anti-diuretic hormone 139
arabinose 28
arabitol 40
arachidic acid 48
arachidonic acid 49
arachin 77
arginase 173
ascorbate 202
aspartate transaminase 131
AST 131
atrial natriuretic hormone 154
avenins 63
avidin 228

■B

basal metabolic rate 103
beriberi 180, 206
β-amylase 34
β-cell 41
β-glucan 40
β-hydroxybutyrate 124
β-lactoglobulin 75
β-oxidation 123
β-pleated sheet 70
β-turn 69
biocytin 229
bioelectrical impedance analysis 126
biological value 81
biotin 182, 228
Biotindase 230
Bito's spot 188
BMI 106
body mass index 106
bomb calorimeter 102
bone resorption 151
branched-chain α-keto acid dehydrogenase 208
bulimia nervosa 106
butyrate 48

■C

$Ca_{10}(PO_4)_6(OH)_2$ 148
calbindins 150, 190
calcitonin 149, 190
campesterol 51
capric acid 48
caproic acid 48
caprylic acid 48
cardiac glycoside 37
carnitine 123, 231
carnitine-acylcarnitine translocase 123
carotenoid 183
casein phosphopeptide 152
catabolism 107
CCK 96
celiac disease 63
cellobiose 32
cellulase 32
cellulose 35
cephalin 51
cerebroside 37
ceruloplasmin 167
cheilosis 212
chief cell 93
chitin 36
chlorine 155
cholecalciferol 189
cholecytokinin 96
choline 68, 232
chromium 174
chylomicron 97, 122, 183
chylomicron remnant 97
chyme 93
citric acid cycle 38, 107
CLA 50
cobalamin 182, 222
cofactor 162
collagen 62
collagenase 151
committed step 118
conalbumin 74
conjugase 218
conjugated linoleic acid 50
conjugated protein 61
cortisol 119
CPP 152
creatine 131
cyanocobalamin 222, 225

cyanogenic glycosides 37

■ D

dehydroascorbic acid 202
denaturation 72
dental caries 42
deoxyadenosyl-cobalamin 224
deoxycholic acid 95
deoxyribonucleic acid 38
desaturase 125
DEXA 126
dextrin 35
D-galactosamine 30
D-gluconic acid 30
D-glucosamine 36
DHA 49, 125
DIAAS 80
diabetes mellitus 41, 121
diastase 31
dietary reference intakes 17
diet-induced thermogenesis 103
Digestible Indispensable Amino Acid Score 80
dihydroxyacetone 26
dioxygenase 185
disaccharide 26
disulfide bond 72
D-mannuronic acid 36
DNA 38
docosahexaenoic acid 49
docosahexanoic acid 125
dopamine 67, 215
DRIs 17
dry beriberi 209
duodenum 94

■ E

EAR 17
edema 73
eicosapentaenoic acid 49, 125
electrostatic bond 71
11-*cis* retinal 186
emulsification 122
enteral nutrition 106
enterohepatic circulation 95, 223
enterokinase 94
EPA 49, 125
epinephrine 67, 119, 215
ergocalciferol 190
ergosterol 51, 190
erythritol 40
erythrodextrin 35
erythrose 27
esophageal sphincter 93
essential amino acid 66, 129
estimated average requirements 17
estrogen 153

■ F

facilitated diffusion 97
FAS 125
fat soluble vitamins 181
fatty acid 53
fatty acid synthase 125
Fehling's solution 31
ferritin 162
5-fluorouracil 218
5-hydroxycholecalciferol 190
flavanone 37
flavone 37
flavonol 37
Fluorine 172
folate 182
fructan 35
fructose 26, 28
fructose-2,6-bisphosphate 112
fucoidin 36
fuscin 36

■ G

GABA 67, 215
galactose 26, 28
gallbladder 94
γ-aminobutyric acid 67, 215
gastric inhibitory peptide 96
gastric lipase 121
gastrin 96
Gaucher's disease 38
gelatin 62
gelatinization 34
gentiobiose 32
gestational diabetes 121
GI 40
gliadins 63
glossitis 212
glucagon 119
glucocorticoid 119
glucogenic amino acids 73
gluconeogenesis 39, 111
glucosamine 36
glucose 26
glutathione 69
glutathione peroxidase 171
glutathione reductase 171
glutelins 63
gluten 63
glutenins 63
glycemic index 40
glyceraldehyde 26
glycerol 40
glycinin 77
glycochenodeoxycholic acid 128
glycocholic acid 95, 128
glycogen 32, 34, 110

glycogenolysis 111
glycogen synthase 119
glycolysis 107
glycosides 37
goiter 170
goitrogen 170

H

HbAlc 41
heartburn 94
hematocrit 165
hemolytic anemia 192
hemosiderin 162
HMG-CoA 127
homeostasis 149
homocysteine 224
hordeins 63
hydrogen bond 71
hydrophobic bond 71
hydroxocobalamin 225
hydroxyapatite 191
hydroxylase 203
hypercholesterolemia 127
hyperhomocysteinemia 220
hyperthyroidism 107, 170
hyroxycobalamin 226

I

IDDM 41, 121
ileum 94
indican 37
inositol 29
interstitial fluid 73
intrinsic factor 93
inulase 35
inulin 35
invertase 31
isoelectric point 64
isothiocyanate 170

J

jejunum 94, 122
juvenile diabetes 121

K

kalium 155
keratin 76
ketone bodies 124
ketosis 106
kidney stone 152
Kreb's cycle 38
kwashiorkor 85

L

lactalbumin 29
lactase 31
lacteal 95, 122
lactitol 40
lactose 28, 31
lactose intolerance 31
laminarin 36
laminariose 36
lauric acid 48
lecithin 51
lingual lipase 121
linoleic acid 49
linolenic acid 49
linseed oil 52
lipoic acid 182, 230
lipoprotein lipase 122
lipovitellenin 74
lipovitellin 74
lycopene 184
lymphatic duct 95
lysophospholipid 121
lysyl oxidase 168

M

macrocytic anemi 218
macroelements 148
magnesium 155
maltase 31
maltitol 40
maltodextrin 35
Manganese 173
mannan 29, 36
mannitol 29, 40
mannose 26, 29
maple syrup urine disease 208
marasmus 86
MCT oil 52
medium-chain triglyceride oil 52
melibiose 32
menadione 195
menaquinone 195
messenger RNA 109
metabolic water 108, 142
metabolism 107
methionine 224
methionine synthase 224
methotrexate 218
methylcobalamin 218, 224, 225
methylmalonyl CoA 224
methylmalonyl CoA mutase 224
methyl trap 218
micelle 122
microcytic anemia 216
microelements 148
Molybdenum 173
monacolin K 127
monoglyceride 121
monosaccharide 26
monounsaturated fatty acid 49
mutarotation 31
myosin 76, 151

myristic acid 48

N

N-acetylglucosamine 30, 36
NADPH 109
natrium 154
net protein utilization 82
neural tube defect 221
niacin 67, 182, 212
NIDDM 41, 121
night blindness 188
ninhydrin 65
non-essential amino acids 129
non-heme iron 164
nonreducing sugar 31
norepinephrine 215
NPU 82
NTD 221
nucleophilic attack 124

O

oleic acid 49
oligosaccharide 26
omega loop 69
opsin 186
oryzenin 76
osteoblast 150
osteocalcin 196
osteoclast 150
osteomalacia 153, 191
osteoporosis 153
ovalbumin 29, 74
ovotransferrin 74
oxalic acid 150
oxidative deamination 130
oxidative phosphorylation 108

P

palmitic acid 48
pancreatic juice 94
pantothenic acid 182, 226
parathyroid hormone 150, 190
parenteral nutrition 106
parietal cell 93
passive diffusion 97
PDCAAS 80
pellagra 212
pentose 28
pentose phosphate pathway 114, 207
pepsin 93
pepsinogen 93
periostin 196
peristalsis 96
pernicious anemia 93, 221
phaseolin 77
phosphatidic acid 126
phosphatidylcholine 51, 232
phosphatidyl ethanolamine 51
phosphatidyl inositol 51
phosphatidyl serine 51
phospholipase 121
phospholipase C 151
phospholipid 51
phosphorylase 119
phosvitin 74
phylloquinone 194
phytic acid 29, 150
pI 64
polysaccharide 26
polyunsaturated fatty acid 49
potassium 155
primary structure 69
prolamine 63
propionate 48
prosthetic group 61
protein complementation 82
Protein Digestibility Corrected Amino Acid Score 80
protein kinase C 151
prothrombin 195
PTH 190
ptyalin 93
pyloric sphincter 94
pyridoxine 182, 214
pyruvate carboxylase 173
pyruvate decarboxylase 208
pyruvate dehydrogenase 113, 207

Q

quaternary structure 71

R

RDA 18
recommended dietary allowances 18
resting metabolic rate 103
retinal 183
retinoic acid 183
retinol 183
retinol binding protein 129
retrogradation 34
rhodopsin 186
riboflavin 182, 209
ribonucleic acid 38
ribose 28
rickets 153
RNA 38

S

saponin 37
sarcoplasmic reticulum 151
saturated fatty acid 48

scurvy 203
secalins 63
secondary structure 69
secretin 96
segmentation movement 96
Selenium 171
selenocysteine 171
serotonin 67, 215
7-dehydrocholesterol 189
sheet 69
single nucleotide polymorphism 222
sitosterol 51
SNP 222
sodium 154
sodium alginate 36
sorbitol 29, 40
specific dynamic action 105
sphingomyelin 51, 232
S-S bond 71
stearic acid 48, 49
steatorrhea 122
sterols 51
stigmasterol 51
Streptococcus mutans 42
subscapular skinfold 126
sucrase 31
sugar alcohol 39

T

T3 169
T4 169
taurochenodeoxycholic acid 128
taurocholic acid 128
teratogen 188
tetany 156
tetrahydrofolate 218
tetrose 27
THF 218
thiaminase 208
thiamine 182, 206
thiamine pyrophosphate 206
thiolase 124
thiolysis 124
thoracic duct 95
threose 27
Thyroglobulin 170
thyroxine 169
tocopherol 180
tocotrienol 180
tolerable upper intake levels 18
TPP 206
trace elements 148
trans-fatty acid 53
transaldolase 115
transamination 130
transferrin 162
transfer RNA 109
transketolase 115, 207
trehalose 32
triacylglycerol 126
triceps skinfold 126
triglyceride 126
triiodothyronine 169
triose 26
tube feeding 106
turanose 32
tyrosine 73

U

UL 18
umami 64
unsaturated fatty acid 48
urea cycle 131
uric acid 174
uronic acid 29
USDA 15

V

vitamers 180
vitamin B_1 206
vitamin B_6 214
vitamin B_{12} 222
vitamin C 202
vitamin K_3 195
VLDL 122

W

warfarin 196
water soluble vitamins 182
wet beriberi 209
WHO 14

X

xanthine oxidase 173
xanthophyll 184
xerophthalmia 188
xylitol 40
xylose 28

Z

zeaxanthin 184
zein 77
Zinc finger 166

저자 소개

김정상(대표 저자)

현재 경북대학교 식품공학부 교수

서울대학교 식품공학과

미국 UC-Berkeley 영양학과 박사

강남주

현재 경북대학교 식품공학부 교수

중앙대학교 식품공학과

서울대학교 식품공학과 박사

남주옥

현재 경북대학교 식품공학부 교수

경북대학교 농화학과

경북대학교 의과대학 생화학교실 이학박사

이성준

현재 고려대학교 식품공학과 교수

서울대학교 식품공학과

미국 Harvard University 영양학과 박사

정우식

현재 경북대학교 식품공학부 교수

경북대학교 식품공학과

미국 Rutgers University 식품과학과 이학박사

생각이 필요한 영양화학

2020년 8월 25일 초판 인쇄
2020년 8월 31일 초판 발행

저 자 김정상 · 강남주 · 남주옥 · 이성준 · 정우식

발행인 이 영 호
발행처 **수 학 사**
06653 서울특별시 서초구 효령로 263
출판등록 1953년 7월 23일 No.16-10
전화번호 02) 584-4642(代) 팩스 02) 521-1458
http://www.soohaksa.co.kr
디자인 북큐브

정가 24,000원

ISBN 978-89-7140-732-5 93590